过程安全管理体系

建设与运行指南

雍瑞生　主编

石油工业出版社

内容提要

　　本书全面介绍了过程安全管理体系的建设与实施运行，内容涵盖了从社会责任与领导力的塑造，到组织内部职责的明确和资源的合理配置；从安全管理运行的策划，到实施与运行的把控；再到承包商与供应商的严格管理，以及应急响应机制的高效构建。此外，本书深入探讨了事故事件管理的有效策略、绩效评价的方式方法，并对未来的发展趋势进行了展望。

　　本书为企业安全管理人员提供了丰富的知识和实践指导。通过深入阅读本书，相关工作人员可以系统地学习并掌握过程安全管理体系的各个环节，从而在实际工作中能够更加精准地把握安全管理的要点，提高企业的安全管理能力。本书适合企业安全管理领域的专业人士研读，也适合对此领域感兴趣的其他人员阅读。

图书在版编目（CIP）数据

　　过程安全管理体系建设与运行指南 / 雍瑞生主编 .
北京：石油工业出版社，2024. 9. --ISBN 978-7-5183-
6888-4

　　Ⅰ . TQ02-62

　　中国国家版本馆 CIP 数据核字第 2024TZ4287 号

出版发行：石油工业出版社
　　　　　（北京安定门外安华里 2 区 1 号楼　　100011）
　　　　网　址：www.petropub.com
　　　　编辑部：（010）64523553　　　图书营销中心：（010）64523633
经　　销：全国新华书店
印　　刷：北京晨旭印刷厂

2024 年 9 月第 1 版　　2024 年 9 月第 1 次印刷
787 毫米 × 1092 毫米　　开本：1/16　印张：20
字数：420 千字

定价：98.00 元
（如出现印装质量问题，我社图书营销中心负责调换）

《过程安全管理体系建设与运行指南》

编写组

主　编： 雍瑞生

副主编： 马端祝　陈高松

成　员： （按姓氏笔画排序）

王晓鹏　申伟平　刘文才　李慧源　张　雪

张　啸　罗方伟　曹欣宜　彭其勇　程宗华

潘星宇　魏振强

▷ ▷ ▷ 序

　　能源安全是关系国家经济社会发展的全局性、战略性问题，对国家繁荣发展、人民生活改善、社会长治久安至关重要。2014 年，习近平总书记提出了"四个革命、一个合作"（推动能源消费革命、能源供给革命、能源技术革命、能源体制革命，全方位加强国际合作）能源安全新战略，提出一系列新理念、新观点、新要求，为新时代我国能源高质量发展指明了方向、提供了遵循。2021 年 10 月 21 日，习近平总书记考察调研胜利油田时强调："石油能源建设对我们国家意义重大，中国作为制造业大国，要发展实体经济，能源的饭碗必须端在自己手里。"石油石化行业坚定不移贯彻落实能源安全新战略，为保障国家能源安全、推进中国式现代化建设贡献石油力量。

　　党的二十大报告指出，要推进国家治理体系和治理能力的现代化进程，同时要平衡发展与安全的关系，建设更高水平的平安中国。在这一宏伟蓝图中，石油石化行业的安全生产管理体系的建设是落实国家治理能力现代化的重要组成部分。作为国民经济的支柱产业之一，石油石化行业涵盖了勘探开发、炼油化工、油气储运等领域，且处于易燃、易爆和有毒、有害的作业环境，尽管监督严格，仍事故多发。因此，持续推进石油石化行业 HSE 管理体系建设，保障生产和过程安全显得尤为重要。

　　2022 年批准发布的《化工过程安全管理导则》（AQ/T 3034—2022）增加了安全领导力、安全生产责任制、安全生产合规性管理、本质安全等八个要素，对石油石化行业落实 HSE 管理和过程安全管理提出了更高的要求。本书的编者应中国应急管理学会石油石化安全与应急工作委员会要求，编写《过程安全管理体系建设与运行指南》一书，对石油石化行业 HSE 管理体系建设和运行作了重新梳理。

本书的主编雍瑞生曾担任过大型石油石化企业主要负责人，具有丰富的石油石化企业 HSE 管理经验，是国内 HSE 管理体系建设的先行者，带领团队率先推行体系建设，创建了石油石化企业 HSE 管理体系建设的样板企业。副主编马端祝长期从事 HSE 管理体系建设与咨询，在炼厂设备设施完整性管理、动设备状态预知维修安全技术等方面积累了丰富的经验；副主编陈高松长期从事石油石化行业 QHSE 管理咨询、安全风险分级防控、HSE 体系管理和 QHSE 管理体系认证技术、工具和方法的开发与推广应用。本书的编写团队长期从事石油石化行业 HSE 管理体系咨询和支持工作，有丰富的现场管理和咨询经验，曾指导多家大型石油石化企业开展 HSE 管理体系的建设和运行。

《过程安全管理体系建设与运行指南》一书以石油石化行业为背景，系统梳理了过程安全管理的流程和要求，归纳了过程安全管理体系建设框架和要素，涵盖了石油石化企业安全管理的各方面内容。本书可作为石油石化行业 HSE 管理体系建设的指导书，同时也能为流程性行业和工业园区的安全管理和研究提供帮助和借鉴，还可供高等院校相关专业师生教学参考。

中国工程院院士

2024 年 8 月

▷▷▷ 前　言

安全生产事关人民福祉，事关经济社会发展大局。习近平总书记在中国共产党十九大报告中指出，"树立安全发展理念，弘扬生命至上、安全第一的思想，健全公共安全体系"。

2021年9月1日新版《中华人民共和国安全生产法》颁布实施后，应急管理部在2022年10月发布了《化工过程安全管理导则》（AQ/T 3034—2022），这一新标准取代了先前的《化工企业工艺安全管理实施导则》（AQ/T 3034—2010）。新标准将管理要素的数量从12个扩充至20个，不仅包括了详尽的技术规范，还整合了相关法规的要求。

为了帮助石油石化企业更好地落实新导则各项要求，中国应急管理学会石油石化安全与应急工作委员会及时部署，提出了编制一部将HSE管理体系与新标准紧密融合、相辅相成的建设与运行指南的工作任务。

雍瑞生作为中国应急管理学会石油石化安全与应急工作委员会的副会长，主动承担了组织编写的任务。为了确保书籍的质量和专业性，雍瑞生、马端祝组建了HSE管理咨询经验丰富、具有安全科学技术专业学术研究背景的编写团队，规划了书籍的整体架构与主要内容。陈高松带领编写团队稳步推进了各章节的编写工作，并对关键细节进行了多轮研讨与优化。

本书以《健康安全环境管理体系　第1部分：规范》（Q/SY 08002.1—2022）作为主构架，同时结合《化工过程安全管理导则》（AQ/T 3034—2022）中对化工企业过程安全管理的生产实践，对各要素逐一展开论述，以帮助企业掌握体系建设和实施的关键步骤及注意事项，为企业了解过程安全管理体系的核心要素和实践方法提供参考和支持。

　　本书共分为十章。第一章由彭其勇和潘星宇共同编写，详细论述了我国安全生产的基本状况及国内外安全管理体系的发展历程。第二章由彭其勇和王晓鹏合作完成，明确界定了企业在承担社会责任方面的具体要求，并深入探讨了如何运用安全领导力有效实现企业的 HSE 方针目标。第三章由申伟平编写，阐述了过程安全体系的组织架构、职责分配及相关文件类型的要求。第四章由申伟平、李慧源和程宗华共同编写，详细说明了过程安全管理体系策划阶段的关键内容。第五章着重于执行与运维阶段的控制管理。张啸负责编写生产运维及建设项目的安全管理章节；刘文才承担了设备与设施完整性管理及检维修作业安全管理的编写工作；张雪主要负责启动前安全检查与仪表管理相关章节的编写；李慧源负责培训、沟通及消防和交通安全管理四个方面的内容；王晓鹏对现场管理进行了详尽阐述；程宗华编写了危险物品管理、清洁生产及健康管理的相关内容。第六章由申伟平编写，介绍了承包商和供应商管理的相关内容。第七章由潘星宇编写，详细阐述了应急管理的具体要求。第八章由程宗华编写，描述了事故事件管理的重点要求。第九章由陈高松编写，详细阐述了绩效评价的工作程序。第十章由张雪、李慧源和罗方伟共同编写，展望了本质安全、工业互联网＋安全技术、智能化工厂的管理思路与方法。

　　本书编写的团队成员长期致力于 HSE 管理工作，不仅积累了丰富的实践经验，还拥有扎实的学术基础，确保了本书在基本概念和原理上的精确性，并为本书增添了与实际工作紧密相连的最佳实践和案例分析。

　　现任中国石油化工集团有限公司副总经理李永林先生，长期从事大型石油石化企业管理工作，对 HSE 管理体系建设有独到的见解，在本书的编写过程中给予了许多具体的指导和支持。

　　我们荣幸地邀请了中国工程院张来斌院士审阅本书。张院士肯定了编写本书的重要意义，并欣然为本书作序。在此向张院士致以诚挚的感谢。

　　我们期望本书能成为 HSE 管理体系建设的一部指导书，助力企业全面提升安全管理水平。此外，本书也可以为安全科学技术研究提供参考。

　　由于水平有限，书中难免有不妥之处，恳请读者批评指正。

目 录

1 绪论

1.1 安全生产形势

当前全国安全生产基础还不稳固，事故仍有反复，依然处于攻坚克难、滚石上山的关键期。党中央要求各行业、企业要提高政治站位，保持清醒头脑，继续落实关于全面加强安全生产工作的意见和"十四五"安全生产规划方案，以防范重大安全风险和提升本质安全水平、人员技能素质水平、信息化智能化管控水平、安全监管能力水平为着力点，精准推进治本攻坚行动，突出审批许可、监管执法、基层基础等重点环节，加强监测预警和数字化转型，保持重大事故隐患动态清零，推动全国安全生产形势持续稳定好转，以高水平安全服务高质量发展，为经济社会发展营造良好安全环境。

安全生产事关人民福祉，事关经济社会发展大局。党的十八大以来，党和国家将安全工作上升到前所未有的高度加以重视和落实，习近平总书记高度重视安全生产工作，作出一系列关于安全生产的重要论述，一再强调要统筹发展和安全发展。确立了健全风险防范化解机制，坚持从源头上防范化解重大安全风险，真正把问题解决在萌芽之时、成灾之前。并强调：生命重于泰山，坚守安全红线，强化措施落实，推动安全生产工作取得显著成效。

1.2 安全管理体系发展历程

在国际层面，相关安全管理体系的发展历程可以追溯到 20 世纪 80 年代后期。在这一时期，一些跨国公司和大型现代化联合企业开始建立自律性的职业健康与环境保护的管理制度，以强化自身的社会关注力和控制损失。1996 年，英国率先颁布了《职业健康安全管理体系指南》（BS 8800）。同年，美国工业卫生协会（AIHA）也制定了《职业健康安全管理体系》的指导性文件。1997 年，澳大利亚和新西兰提出了《职业健康安全管理体系原则、体系和支持技术通用指南》的草案。同一时间，日本工业安全卫生协会（JISHA）发布了《职业健康安全管理体系导则》，而挪威船级社（DNV）则制定了《职业健康安全管理体系认证标准》。2007—2020 年，OHSAS 18001 得到了进一步的修订，使其与 ISO 9001 和 ISO 14001 标准的语言和架构进一步融合。

1990 年，美国石油协会（API）制定了标准《工艺危害管理》（API RP 750），这是化工工艺安全管理领域的一个重要里程碑。随后，美国化工工艺安全中心（CCPS）在1994年至1995年期间针对设计、建造、试车、操作、维修、变更和停车等不同阶段，出版了一系列《化工工艺安全管理导则》和《过程安全管理实施指南》。这些文件为化工企业提供了具体的指导和建议，帮助它们建立和实施有效的工艺安全管理系统。

进入21世纪后，美国环境保护署（EPA）在职业安全健康管理局（OSHA）的基础上，颁布了《化学品事故预防规定》和《净化空气法案之灾害性泄漏预防》（RMP），这些法规进一步扩展了工艺安全的监管范围，涵盖了环境和公众安全。

与此同时，我国原安全生产监督管理总局于2010年制定并发布了《化工企业工艺安全管理实施导则》（AQ/T 3034—2010）。这标志着我国化工企业在过程安全管理方面建立了系统的管理思路和框架。随着行业的发展和技术的进步，原有的标准需要更新以适应新的安全管理需求。因此，经过修订的《化工过程安全管理导则》（AQ/T 3034—2022）于2023年4月1日正式施行。这个新标准代替了2010年的版本，成为指导化工行业安全管理的新规范。

HSE管理体系的雏形始于20世纪80年代壳牌石油公司提出的"强化安全管理"概念。随后，这一概念被进一步发展成手册，并以文件形式固化下来。随着工业化的快速发展，人们开始更加关注工业安全与健康问题，HSE概念逐渐引入中国。与此同时，国际标准化组织（ISO）开始研究和制定与HSE相关的国际标准。此阶段由几起重大事故推动，诸如瑞士SANDEZ大火、英国北海油田的帕玻尔·阿尔法平台事故及EXXON公司的VALDEZ泄油事件，这些事故引起了国际工业界对安全管理重要性的广泛关注，并促使企业采取更为有效和完善的HSE管理系统来预防类似事故事件发生。进入20世纪90年代，HSE管理体系得到了广泛的推广和应用。许多大型石油公司开始提出自己的HSE管理体系，如壳牌公司的安全管理体系（SMS）、中国石油的健康安全环境管理体系（HSEMS）等。这些体系在石油、化工等行业中得到了广泛应用，并取得了显著的成效。此外，ISO 9000质量管理体系标准的出版也进一步推动了HSE管理体系的发展，使得越来越多的企业开始关注和实施HSE管理。

2　社会责任与领导力

安全生产是企业发展的重要保障，是在生产经营中贯彻的一个重要理念。企业是社会大家庭的一个细胞，只有抓好自身安全生产、保一方平安，才能促进社会大环境的稳定，进而也为企业创造良好的发展环境，所以企业应履行好其社会安全责任，保障安全生产。

在企业安全生产和管理中，领导扮演着至关重要的角色，他们是一个企业安全管理工作的核心力量，负责整个安全管理体系的建立、维护和运行。企业领导的安全领导力不仅影响企业总体的安全环境氛围，更决定了企业员工的士气、员工工作态度及企业的安全绩效和可持续发展。

2.1　社会责任

2.1.1　概述

企业是社会中独立的个体，也是重要的社会组织，在国家的经济增长、社会的快速发展、人民的幸福生活方面发挥着不可替代的作用。企业的发展靠的是社会和人民大众，所以企业在发展中就要充分考虑与发展相关的社会各方的利益，并回馈于社会。

企业社会责任经过多年的发展，已经越来越完善，其所包含的内容日渐丰富。企业的安全环保责任包含了安全责任、环境责任、健康责任、社会责任、政府责任和道德责任等。

（1）安全责任：企业对安全负有责任。应采取相应措施，充分考虑安全的因素，保障员工的安全，强化生产经营过程的安全管理，保证安全检查、警戒性检查和安全教育等，以免发生安全事故。

（2）环境责任：企业对环境管理、节约资源能源和减排降污负有责任。应采取有效措施，减少污染，保护森林和自然生态，保护人类健康，维护企业可持续发展和社会稳定。

（3）健康责任：企业有责任为员工提供安全健康的工作环境，建立完整的健康服务体系，定期安排健康体检，并在健康检查过程中及时发现和处理危险病变。

（4）社会责任：企业有责任及时参与社会活动，如开展公益活动、捐款公益活动、赞助活动等，以改善居民的生活质量和助推社会发展。

（5）政府责任：企业有责任配合政府有关政策及法律法规，如遵守税收和社会保障、工伤保险、安全生产责任制等政策。

（6）道德责任：企业应履行道德责任，应该维护市场公平，确保质量安全，保护消费者的合法权益，实行诚实信用经营，遵守有关法律法规，尊重他人，遵守道德礼仪。

2.1.2　相关术语和定义

（1）社会责任：指一个组织对社会应负的责任。一个组织应以一种有利于社会的方式进行经营和管理。社会责任通常是指组织承担的高于组织自己目标的社会义务，它超越了法律与经济对组织所要求的义务，社会责任是组织管理道德的要求，完全是组织出于义务的自愿行为。

（2）社会责任管理体系：指确保企业履行相应社会责任，实现良性发展的相关制度安排与组织建设。企业结合自身实际积极构建社会责任管理体系，进行科学规范化管理、培养全体员工的社会责任意识，进而提高履行社会责任的效果。企业社会责任管理体系的构建涉及将社会责任融入企业价值观、发展战略、发展规划、业务过程、部门管理、岗位管理、品牌管理等七部分。其中，社会责任融入企业价值观、发展战略和发展规划，是整个社会责任管理的基础。

（3）社会责任报告：指的是企业将其履行社会责任的理念、战略、方式方法，其经营活动对经济、环境、社会等领域造成的直接和间接影响、取得的成绩及不足等信息，进行系统的梳理和总结，并向利益相关方进行披露的方式。企业社会责任报告是企业非财务信息披露的重要载体，是企业与利益相关方沟通的重要桥梁。

2.1.3　社会责任管理体系

我国首个用于认证的社会责任管理体系标准《社会责任管理体系　要求及使用指南》（GB/T 39604—2020）已经出台，该标准将社会责任工作纳入系统化管理的轨道。

社会责任聚焦于组织，专注于组织对社会和环境的责任。社会责任的核心主要包含了组织治理、人权、劳动实践、环境、消费者问题、公平运行实践、社区参与和发展等方面。社会责任管理体系为组织管理其决策和活动的社会影响提供一个框架，通过防止和控制不良的社会影响、促进有益的社会影响及改进其社会责任绩效，使组织能够以社会责任为抓手，从顶层治理（价值观、使命、精神和发展战略等）视野出发，基于管理体系一体化的思想（各类管理体系有机衔接并协调、有效运行），将其他相关管理体系（质量管理体系、环境管理体系、职业健康安全管理体系、反腐败管理体系、合规管理体系、知识产权管理体系、信息安全管理体系等）视为社会责任管理体系内的一个系统化"过程"，以应对相关社会责任主题或其议题方面的社会责任风险和机遇，来更好地履行其社会责任，从而成为对社会更负责任的组织。

2.1.4　企业社会责任与安全生产责任的关系

　　企业社会责任与企业安全生产责任是从属关系。履行安全生产责任是要求企业在生产经营过程中保障人的安全、物的安全、环境的安全，其中保障人的安全是最重要的。以人为本是目前大多数企业在安全生产管理上的信条和态度，良好地履行安全生产责任是对员工及其家属利益的保护，也是对社会利益的维护。而企业履行社会责任则要求企业在追求利益的同时要顾及社会经济、政府、商业伙伴、消费者、员工、环境、慈善事业等多方面，既要带动企业的发展，也要履行自身在社会大家庭中的责任和义务，实现与诸多利益相关者的和谐统一，比安全生产责任的内容多、范围广。因此，安全生产责任属于企业社会责任中的一部分，并且是非常重要和基础的部分。企业履行社会责任就必须要履行安全生产责任，企业履行安全生产责任也是履行社会责任的"一环"。

2.1.5　履行社会责任

　　企业履行社会责任，需要持续改进生产技术、工艺，提供安全绿色产品和服务，主动回应社会关注，及时披露健康安全环境信息，参与社会公益活动，展示健康安全环境业绩，并协助政府、社区开展应急救援和社会发展援助工作。主要包含以下几个方面：

　　（1）成立社会责任管理工作委员会，每年发布社会责任报告，及时披露 HSE 信息，主动展示 HSE 业绩。

　　（2）将安全发展、绿色发展、和谐发展作为履行社会责任的首要任务，并从责任落实、风险管控、员工培训、审核检查、监督考核等多方面开展工作。

　　（3）建立与政府、公众和媒体的沟通机制，及时回应社会关注的 HSE 问题，定期向社会及相关方发布 HSE 信息。

　　（4）积极参与社会公益活动，协助地方政府开展应急救援和社会发展援助工作。

　　（5）持续改进生产技术、工艺和产品的性能表现，避免造成人员伤害和环境污染。

　　（6）向员工及相关方告知产品特性、危害后果，并提供预防及应急措施。

　　（7）参与并支持周边社区应急行动，告知紧急情况下采取的应急措施，并为社区应急提供相应援助等。

2.1.6　社会责任报告

　　当前，越来越多的企业认识到了社会责任的重要性，企业社会责任已经成为利益相关方关注的焦点之一。企业发布社会责任报告已经成为一股潮流，是许多企业的"必修课程"。

　　2009 年 12 月，中国社会科学院经济学部企业社会责任研究中心发布了《中国企业社会责任报告编写指南》（CASS-CSR 1.0），提出了"四位一体"的社会责任模型。2022 年 7 月，《中国企业社会责任报告指南》（CASS-ESG 5.0）发布，更新了理论框架、完善了披露标准、细化了操作指导、规范了编写流程且更加注重价值管理，从报告前言、治理责任、环境风险管理、社会风险管理、价值创造和报告后记 6 个方面设置 20 余项议题、153 个指标，推动建立接轨国际、适应本土的 ESG 信息披露指标体系。

安全生产责任一直是企业社会责任中最重要的责任之一，企业社会责任报告中通常会有一个章节对企业的安全生产进行详细的描述。在通用指标体系的六大部分中，安全生产属于社会绩效部分。社会绩效部分共有 36 个核心指标，安全生产指标占其中 6 个，分别是安全生产管理体系、安全应急管理机制、安全教育与培训、安全培训绩效、安全生产投入、员工伤亡人数。企业的社会责任报告想要满足这 6 个指标，必须要披露与这 6 个指标相关的内容，这 6 个安全生产指标的解读见表 2.1。

表 2.1　6 个安全生产指标解读

指标	解读
安全生产管理体系	描述企业建立安全生产组织体系、制定和实施安全生产制度、采取有效的防护手段等确保员工安全的制度和措施，包括安全风险管理体系、职业安全卫生管理体系和职业健康安全管理体系等
安全应急管理机制	描述企业在建立应急管理组织、规范应急处理流程、制订应急预案、开展应急演练等方面的制度和措施
安全教育与培训	列出具体的教育培训方式，并简要描述
安全培训绩效	主要包括企业安全培训覆盖面、培训次数、培训人数等，要有具体数值
安全生产投入	一般指企业年度安全生产总投入，包括劳动保护投入、安全措施投入、安全培训投入，以具体数值为准
员工伤亡人数	包括员工工伤人数、员工死亡人数，以具体数值为准

某企业会责任报告安全内容如下：

（1）安全生产管理体系。

统筹发展和安全，坚持任何决策优先考虑安全环保风险，健全完善安全风险分级管控机制，持续强化以领导干部为重点的全员安全生产责任落实；强化 QHSE 一体化审核，修订完善 HSE 量化审核标准，形成《QHSE 管理体系量化审核标准》（第 3 版）；印发《海外项目 HSE 管理体系审核实施指南》和《海外项目 HSE 审核标准》，促进公司国内国际 HSE 监管一体化；对 120 余家生产经营单位实施两次全覆盖 QHSE 审核，督促整改隐患问题，清退不合格承包商，考核问责相关管理人员；实施基层站队 HSE 标准化建设"百千示范工程"，评选 20 个公司级示范站队，强化示范引领；强化安全环保履职能力评估，对新任职企业主要负责人开展安全生产述职评审，对企业新提拔任用管理者、新上岗调岗；岗位人员 100% 任前接受履职能力评估，确保能岗匹配。

（2）安全应急管理机制。

企业坚持"应急准备为主，应急准备与应急救援相结合"的原则，不断完善应急管理机制，加强应急救援能力建设。2021 年，修订突发事件总部应急预案，形成"1+21"应急预案体系，编制新版应急物资目录；完成国家危化品应急救援基地建设，开展应急演练，持续提升突发事件应急处置能力。

（3）安全教育与培训。

企业坚持应用现代企业培训理念，大力推进"互联网＋培训"挖潜人力资源价值，建立人才培养需求分析，持续创新培训方式，实行多样化、差异化职业培训。2021年，制定《"十四五"员工教育培训规划》，分类分级开展岗位标准化培训建设；以培养创新精神、专业能力和创新创效能力为重点，科学构建岗位培训标准和内容体系，全面提升培训工作的标准化、科学化和规范化水平。

（4）其他方面。

安全培训绩效、安全生产投入、员工伤亡人数等其他多个方面的数据均以图表的形式展现，图2.1为截取的某企业社会责任报告数据展现内容。

业绩数据

业绩指标	2017	2018	2019	2020	2021
员工					
从业人数（万人）	152.26	144.84	141.95	130.45	117.72
女性员工比例（%）	33.9	33.3	32.4	31.3	30.43
少数民族员工比例（%）	6.2	6.3	6.3	6.4	6.51
员工本土化率（%）	83	84.4	84.92	88	86.67
职业健康体检率（%）	98.5	99.97	99.62	99.23	100
心理健康咨询热线服务时长（小时）	1289	1200	1200	2017	1228
培训经费投入（亿元）	16	22.4	19.8	14.5	15.2
培训总时长（万小时）	—	—	—	2100	2662
培训人次（万人次）	—	—	102.3	69.3	31.8
安全					
事故总起数（起）	283	214	249	176	176
百万工时死亡率（人/百万工时）	0.0048	0.0032	0.0024	0.0018	0.0014
—百万工时死亡率（人/百万工时）—员工	0.0025	0.0025	0.0012	0.0023	0.0014
—百万工时死亡率（人/百万工时）—承包商	0.0119	0.0045	0.0048	0.0008	0.0015
交通事故千台车死亡率（‰）	0.069	0.050	0.0783	0.0569	0.0431
环境					
化学需氧量（COD）排放量（万吨）	—	—	—	—	0.57
二氧化硫（SO_2）排放量（万吨）	—	—	—	—	1.36
氮氧化物（NO_x）排放量（万吨）	—	—	—	—	10.8
节能量（万吨标准煤）	88	86	82	79	74
节水量（万立方米）	1241	1213	1084	1033	1049
节地（公顷）	1180	1253	1247	1190	1120

图2.1　某企业社会责任报告部分业绩数据截取

2.2 安全领导力

领导力是体系有效运行的动力来源，是体系运行有效性的关键因素。领导在安全方面的意识、管理水平，直接影响了企业在安全方面取得的业绩。在不断强调企业安全生产主体责任的今天，如果企业领导对安全管理不重视，缺乏现代安全管理理念、能力和意识，在抓 HSE 管理工作中仍采用"事后管理"的手段，安全制度得不到有效执行，则企业安全管理势必滑坡，进而增大安全风险的发生，进一步增加了事故的发生率。

2.2.1 概述

安全领导力是指在管辖的范围内充分利用组织现有人力、财力和物力资源及客观条件，带领整个组织或团队，以最合理的安全成本实现最佳的安全效益的能力。一个领导，如果在安全上的能力不足，对安全的认识不清，不能有效定义安全价值，将直接影响企业的安全价值观，企业的安全水平自然受到限制。

各级领导应通过以下方式履行承诺，展现领导力：

（1）遵守法律法规和其他要求。

（2）组织制定并落实健康安全环境方针。

（3）确保健康安全环境目标和指标的制定和实现。

（4）提供必要的资源。

（5）引领全员参与健康安全环境管理事务。

（6）主持开展管理评审，促进持续改进。

（7）编制实施个人安全行动计划，开展安全述职、安全观察与沟通、安全经验分享、安全生产承包点等活动，体现有感领导。

2.2.2 相关术语和定义

（1）有感领导：企业各级领导通过以身作则的良好个人安全行为，使员工真正感知到安全生产的重要性，感受到领导做好安全的示范性，感悟到自身做好安全的必要性。

（2）七个带头：带头宣贯 HSE 理念，带头学习和遵守 HSE 规章制度，带头制订和实施个人安全行动计划，带头开展安全观察与沟通，带头开展 HSE 培训，带头识别和防控 HSE 风险，带头开展安全经验分享。

（3）个人安全行动计划：指各级领导干部在履行本单位、本系统、本部门业务范围内 HSE 管理工作职责的同时，制订个人阶段性（月度、季度和年度）的安全行动计划。

（4）行为安全观察与沟通：针对各级管理者如何到基层与作业人员就作业行为、环境、规程、工器具等方面 HSE 事项进行探讨、交流而建立的一套实施程序和方法。

（5）安全观察：对一名正在工作的人员观察 30s 以上，以确认有关任务是否在安全地执行，包括对员工作业行为和作业环境的观察。

2.2.3　有感领导

2.2.3.1　有感领导的具体体现

各级领导通过带头履行安全职责，模范遵守安全规定，以自己的言行展现对安全的重视，开展但不限于"七个带头"，让员工看到、听到和感受到领导高标准的安全要求，并且能够根据安全生产实际需要，在 HSE 方面投入人力、物力，影响和带动全体员工自觉执行安全规章制度，形成良好的安全生产氛围。

2.2.3.2　如何实施有感领导

明确规定：通过宣传手册或其他形式，对有感领导的实施做以描述和说明；在相关的安全制度中明确规定领导应做的工作；在岗位职责中，明确规定领导应带头履行的职责；在岗位和单位的 HSE 绩效考核指标中，明确规定对有感领导的具体考核要求。

三种方式：有感领导的实施，可分为领导带头、上级推动下级、下级推动上级三种方式。

（1）领导带头：各级领导要做领头羊，不做赶羊人。要通过行动履行领导承诺，展示榜样作用，实现有感领导。

（2）上级推动下级：上级领导不仅自己要展示有感领导，还要通过自己的言行，推动下级主管在工作和生活中，带头履行安全职责，严格遵守安全规定，为下属员工层层展示有感领导。

（3）下级推动上级：作为下属员工，尤其是副职，要认真思考上级领导如何在工作和生活中展示有感领导，及时提醒并创造条件使上级领导能够更好地展示有感领导。

注意事项：有感领导的展示要真心实做，不能演戏；有感领导的展示要长期坚持，不能搞运动；有感领导的展示要讲究方法，不能简单粗放；有感领导的展示要讲究实效，不能让员工没有触动。

2.2.3.3　有感领导应达到的几种效果

通过领导的榜样作用，展示出对安全的重视和高标准的行为，至少应达到以下效果：

（1）感动员工。冲击其思想，触动其灵魂，激发树立"我要安全"的理念，认识到安全是自己的事。

（2）感化员工。要使员工在感动之际，有所思、有所想、有所悟，使之能够对照反思自己的不足和缺陷，进而转变行为，培养高标准的安全习惯。

（3）培育文化。通过持续实施有感领导，不断感动和感化员工，培养员工高标准、严要求的习惯，由点到面，积少成多，使执行安全规定、落实安全措施逐步成为全体员工的自觉行动，形成群体行为习惯，培育企业特色的安全文化。

2.2.4 个人安全行动

个人安全行动计划需要明确工作内容（HSE 管理知识学习、培训，现场检查、安全活动及个人安全述职等）和实施时间，并且将计划内容在规定的时间内付诸实际行动。

2.2.4.1 个人安全行动计划的编制

个人安全行动计划应由本人亲自编制和实施，编制前应充分了解和掌握本岗位 HSE 管理工作重点，并需与直线领导和下属进行沟通。其作为年度计划，应在每年初制订，编制完成后需提交直线领导审核确认，行动计划表采用统一的模板，主要内容可包括目标、任务、频次、计划完成时间、实施情况及直线领导意见等内容。

个人行动计划可包括个人层面、领导层面和职务层面。

（1）个人层面：指作为一名员工，个人经过努力准备要做的事情。比如：乘坐机动车无论何时无论在哪个座位都系好安全带，不在公共场所吸烟，保持自己的办公环境整洁有序，每天留意身边的安全信息，每次开会积极进行安全经验分享，主动参加 HSE 相关培训等。

（2）领导层面：指作为一名领导，自己率先要做到并能影响别人的事情。比如：不仅自己系安全带，还要关注大家上车就都系好安全带，带头为下属进行 HSE 培训，在自己影响范围内加大 5S 宣传力度和考核力度，亲自开展安全经验分享，按时进行安全观察与沟通等。

（3）职务层面：指作为一个层面或方面的负责人，应立足于岗位职责和分工，结合本专业年度 HSE 目标，确定需要关注并开展的 HSE 重点工作，以推动 HSE 管理职责与生产经营活动有机融合。各级领导应按照专业分工，结合下述分类示例的内容编制，比如：办公室类可包括应急系统建设及应急信息收集、主办大型活动的 HSE 管理、办公系统安全管理等内容。党、政、工、团类可包括主办大型活动时的 HSE 管理，安全文化培育、基层建设，组织 HSE 劳动竞赛，劳动保护和职业健康监督等内容。

个人安全行动计划的基本内容至少包括但不限于：亲自参加 HSE 审核（检查），亲自开展安全经验分享，亲自开展行为安全观察与沟通，亲自参加 HSE 培训，亲自参加应急预案演练，其他体现有感领导的内容。

2.2.4.2 个人安全行动计划的实施

个人安全行动计划在编制后、实施前需经网络、公告栏等媒体进行公示，并保持一年，各级领导制订的个人安全行动计划要按照行动内容逐项实施。在实施过程中，对发现的安全问题及时协调解决，督促责任部门或单位落实整改措施，实施结果需具备证实性材料，形式包括审核检查表、会议纪要、工作照片、培训记录、工作方案、工作日志等，并在实施记录中相应的月份栏内画"√"，见表 2.2，按年度对行动计划进行总结等。

姓名：王某某　　　　职务：经理　　　　日期：202×-1-20

表 2.2　202×年度个人安全行动计划表

序号	行动	频次	1月	2月	3月	4月	5月	6月	7月	8月	9月	10月	11月	12月	备注
1	组织制订公司年度 HSE 工作计划	1次/年	√												
2	年初与部门及基层负责人签订 HSE 责任状	1次/年	√												
3	组织召开年度管理评审会议	1次/年	√												
4	组织召开公司 HSE 委员会，总结 HSE 工作	1次/季			√			√			√			√	
5	组织开展安全环保隐患排查治理工作	1次/季		√			√			√			√		
6	带头定期到承包点开展督导活动	适时			√			√			√			√	
7	组织开展督导公司 HSE 日常监督、特殊时段检查	适时		√	√		√	√			√			√	
8	带头开展"安全经验分享"	常态													会议前
9	带头开展 HSE 风险识别与防控	适时				√									部门组织时
10	带头参加公司 HSE 体系审核	1次/季							√						
11	带头开展 HSE 培训	1次/年						√							
12	……														

编制：　　　　　　　　　　　　　　审核：

2.2.5　行为安全观察与沟通

行为安全观察与沟通主要旨在改变目前由管理人员进行的集中式、权威式、警察式的HSE 安全检查现状，其与传统检查区别见表 2.3，行为安全观察与沟通是在管理者和员工之间建立一种请教、咨询、互动式的平等、双向沟通机制，落实有感领导的载体，真正体现"以人为本"。通过管理者对员工的行为进行安全观察，以及与员工的平等沟通，让员工真正体会到企业对 HSE 工作的重视，进而提高企业的 HSE 工作业绩。

表 2.3　传统检查与行为安全观察与沟通对比

项目	传统检查	行为安全观察与沟通
目的	通过检查发现问题，整改隐患	通过观察和讨论员工行为及后果，统计对比分析原因，为 HSE 决策提供依据和参考
对象	人的不安全行为和物的不安全状态	以人的不安全行为为主，以物的不安全状态为辅
方式	员工与检查者是对立的，员工处于被动	员工与检查者是互动和平等的（表扬、感谢、反思）
内容	人、物、环境、管理等	以观察人的行为为主
范围	全面（多场所）	局部（一个场所或一个人）
结果	以挑错、处罚为主	观察结果不作为处罚依据

2.2.5.1　行为安全观察与沟通的方式

行为安全观察与沟通以计划和随机两种方式进行。在制订行为安全观察与沟通计划时，要考虑覆盖所有区域和班次，并覆盖不同的作业时间段，如夜班作业、超时加班及周末工作。计划中包含"安全观察人员、观察区域、按年度编制的行为安全观察与沟通日程安排表、行为安全观察与沟通报告的要求"等内容，有计划的行为安全观察与沟通应按小组执行，通常由企业内有直线领导关系的人员组成安全观察小组，每个安全观察小组的人员通常限制在 1～3 人，有计划的行为安全观察与沟通不宜由单人执行，随机的行为安全观察与沟通可由个人或多人执行。

2.2.5.2　行为安全观察与沟通的方法

行为安全观察与沟通包含六个步骤，分别是观察、表扬、讨论、沟通、启发和感谢。

第一步：观察。现场观察员工的行为，决定如何接近员工，并安全地阻止不安全行为。

第二步：表扬。对员工的安全行为进行表扬。

第三步：讨论。与员工讨论观察到的不安全行为、状态及可能产生的后果，鼓励员工讨论更为安全的工作方式。

第四步：沟通。就如何安全地工作与员工取得一致意见，取得员工的承诺。

第五步：启发。引导员工讨论工作地点的其他安全问题。

第六步：感谢。对员工的配合表示感谢。

注意事项：在实施过程中，领导要以请教的方式与员工平等地交流讨论安全和不安全行为，避免双方观点冲突，使员工接受安全的做法；要说服并尽可能与员工在安全上取得共识，而不是使员工迫于纪律的约束或领导的压力做出承诺，避免员工被动执行；要引导和启发思考更多的安全问题，提高员工的安全意识和技能。

2.2.5.3 行为安全观察与沟通的内容

行为安全观察与沟通应重点关注可能引发伤害的行为，应综合参考以往的伤害调查、未遂事件调查及安全观察的结果，包括以下七个方面：

（1）员工的反应：员工在看到他们所在区域内有观察者时，他们是否改变自己的行为（从不安全到安全）。员工在被观察时，有时会做出反应，如改变身体姿势、调整个人防护装备、改用正确工具、抓住扶手、系上安全带等。这些反应通常表明员工知道正确的作业方法，只是由于某种原因没有采用。

（2）员工的位置：员工身体的位置是否有利于减少伤害发生的概率。

（3）个人防护用品：员工使用的个人防护用品是否合适、是否完好、是否正确使用。

（4）工具和设备：员工使用的工具和设备是否合适、是否完好、是否正确使用，非标工具是否获得批准。

（5）规程：是否有操作规程，员工是否理解并遵守操作规程。

（6）人体工效学：作业场所和环境是否符合人体工效学原则。

（7）整洁：作业场所是否整洁有序。

注意事项：行为安全观察与沟通的重点是观察和分析员工在工作地点的行为及可能产生的后果。安全观察既要识别不安全行为，也要识别安全行为。观察到的所有不安全行为和状态都应指出并制止。

2.2.5.4 行为安全观察与沟通的结果

观察者应在行为安全观察与沟通过程中填写报告表，具体内容见表2.4。

行为安全观察与沟通报告表中不记录被观察人员的姓名。管理部门定期对行为安全观察与沟通结果进行统计分析。包含对所有的行为安全观察与沟通信息和数据进行分类统计；分析统计结果的变化趋势；根据统计结果和变化趋势提出安全工作的改进建议；利用专职安全人员的独立观察结果对安全观察统计结果进行对比分析，提出行为安全观察与沟通的改进建议。企业应定期公布统计分析结果，并为企业的安全管理决策提供依据和参考。

表 2.4　行为安全观察与沟通记录表

观察区域：_____　　观察日期：_____　　观察时间：_____ 时—— 时——　　观察人：_____

员工的反应	员工的位置	个人防护用品	工具和设备	规程	人体工效学	整洁
观察到的人员的异常反应	可能	未使用或未正确使用，是否完好	□不适合该作业；	□没有建立；	办公室、操作和检维修环境	□作业区域是否整洁有序；
□调整个人防护装备；	□被撞击；	□眼睛和脸部；	□未正确使用；	□不适用；	□是否符合人体工效学原则；	□工作场所是否井然有序；
□改变原来的位置；	□被夹住；	□耳部；	□工具和设备本身不安全；	□不可获取；	□重复的动作；	□材料及工具摆放是否适当；
□重新安排工作；	□离física坠落；	□头部；	□其他	□员工不知道或不理解；	□躯体位置；	□其他
□停止工作；	□绊倒或滑倒；	□手和手臂；		□没有遵照执行；	□姿势；	
□接上电线；	□接触极端温度的物体；	□脚和腿部；		□其他	□工作场所；	
□上锁挂牌；	□接触、吸入或食取有害物质；	□呼吸系统；			□工作区域设计；	
□其他	有害物质：	□躯干；			□工具和把手；	
	□不合理的资质；	□其他			□照明；	
	□接触转动的设备；				□噪声；	
	□搬运负荷过重；				□其他	
	□接触振动的设备；					
	□其他					

观察	不安全行为或者状况描述			不安全行为类别	可能造成的伤害（轻伤／重伤／死亡）、其他事故
观察区域					

保存部门：所属单位 HSE 主管部门　　　　　　　　　　　　保存期限：1 年

2.3 安全方针

2.3.1 概述

2.3.1.1 国家安全生产方针

国家安全生产方针是"安全第一、预防为主、综合治理"。安全第一，就是要求从事生产经营活动必须把安全放在首位，不能以牺牲人的生命、健康为代价换取发展和效益；预防为主，就是要求把安全生产工作的重心放在预防上，强化隐患排查治理，打非治违，从源头上控制、预防和减少生产安全事故；综合治理，就是要求运用行政、经济、法治、科技等多种手段，充分发挥社会、职工、舆论监督各个方面的作用，抓好安全生产工作。

2.3.1.2 企业安全生产方针

企业安全生产方针是最高管理者作为承诺而声明的一组原则，它概述了企业支持和持续改进其安全绩效的长期方向。安全生产方针提供了一个总体方向，并为企业制定目标和采取措施以实现安全管理体系的预期结果提供了框架，在制订安全生产方针时，要明确企业安全管理的原则和基本政策，需考虑与其他方针的一致性和协调性，满足法律法规、事故预防、社会责任和持续改进的要求并与企业的生产经营活动和健康安全环境风险特点相适应。

2.3.1.3 企业安全生产目标

安全生产目标是为实现企业的安全使命而确定的安全绩效标准，该标准决定了必须采取的行动计划。

安全生产目标按照周期长短可以分为长期目标、中期目标和短期目标。

长期目标一般是指五年以上的目标，它是指企业通过实施特定战略所期望的结果。其主要特征为：长期目标是企业安全宗旨的具体体现，具备一定的挑战性，激励人们去完成，各层次的管理人员都必须清楚地理解他们所要实现的安全目标，必须了解完成安全目标的主要标准，明确具体安全目标的内容及实现目标的时间进度，当安全环境出现意外变化时，能适时调整目标。

中期目标是指在一定的目标体系中受长期目标所制约的子目标，是达成长期目标的一种中介目标。其主要特征为：中期目标要与长期目标保持一致，是在总结企业安全生产形势的基础上制定出的目标，有比较明确的时间且可做适当调整，企业各级人员对安全管理充满信心，企业愿意将目标公布于众。

短期目标通常是指时间在一至两年内的目标，是中期目标和长期目标的具体化、现实化和可操作化，是最清楚的目标。其主要特征为：目标具备可操作性、切合实际、适应环境，目标可能是企业自己选择的，也可能是上级安排的、被动接受的，明确规定了具体的完成时间和要求等。

安全生产目标可在相关职能和层次设立，目标可以是战略性的、战术性的或运行层面的。战略性目标可被设立为改进安全管理体系整体绩效（如消除噪声暴露）；战术性目标可被设立在设施、项目或过程层面（如从源头降低噪声）；运行层面的目标可被设立在活动层面（如围挡单台机器以降低噪声）。

企业安全生产目标在设定时要确保在计划期限内通过一定努力可以实现，避免高不可攀和轻而易举两种倾向。安全目标的内容应该明确、具体、切实可行，可将目标分为结果性指标和管理性指标，管理性指标尽可能量化，如"下一年度将员工的千人负伤率降低10%"等。

2.3.2　安全（HSE）方针示例

2.3.2.1　某大型石油公司安全（HSE）方针

某石油公司 HSE 方针：以人为本、预防为主、全员履责、持续改进。

以人为本：将员工作为企业生存发展的根本，关爱员工生命，关心员工健康，尽最大努力为员工提供安全、健康的工作环境。

预防为主：超前防范、超前预警、超前管控，尽最大努力从源头上防范各类安全环保事故事件和职业病的发生。

全员履责：人人都负有安全责任，人人都是安全的受益者、参与者、推动者，都应认真落实岗位安全责任、履行安全职责。

持续改进：坚持问题导向，持续聚焦风险，在现有技术和经济可行条件下，尽最大努力将风险削减到尽可能低的水平。

2.3.2.2　某大型石化公司安全方针

某石化公司 HSE 方针：以人为本、安全第一、预防为主、综合治理。

某石化集团安全方针：以人为本、预防为主、全员参与、持续改进。

某化工集团 HSE 方针：以人为本、安全第一、健康环保、持续发展。

2.3.3　安全（HSE）目标示例

2.3.3.1　战略（愿景）目标

某石油公司 HSE 战略目标：追求零伤害、零污染、零事故，在健康、安全与环境管理方面达到国际同行业先进水平。

某石化公司 HSE 愿景目标：零伤害、零污染、零事故。

某石化集团安全目标：努力实现零伤害、零事故、零污染。

某化工集团 HSE 管理愿景目标：零伤害、零职业病、零污染，创国际一流的 HSE 业绩，打造世界一流企业，持续改进 HSE 绩效。

2.3.3.2　企业安全（HSE）目标

结果指标，如：杜绝重伤及以上生产安全事故；杜绝火灾、爆炸事故；杜绝职业病；杜绝交通责任事故；杜绝环境污染事故等。

管理指标，如：特种作业人员、特种设备作业人员持证上岗率 100%；有毒有害场所监测率、职业健康查体率 100%；HSE 培训计划实施率 100%；特种设备和安全装置检测合格率 100%；检查发现问题及时整改验证率 100%；员工违章行为同比去年消减 20% 以上等。

3　组织机构职责和投入

3.1　安全组织机构设置

3.1.1　概述

适宜的安全组织机构，是有效实施安全管理、保障安全管理体系有效运行的基础。《中华人民共和国安全生产法》（以下简称《安全生产法》）规定，矿山、金属冶炼、建筑施工、运输单位和危险物品的生产、经营、储存、装卸单位，应当设置安全生产管理机构或者配备专职安全生产管理人员。其他生产经营单位，从业人员超过一百人的，应当设置安全生产管理机构或者配备专职安全生产管理人员；从业人员在一百人以下的，应当配备专职或者兼职的安全生产管理人员。

3.1.2　设立组织机构

3.1.2.1　组织机构设置原则

组织机构设置遵循精干高效、科学先进、规范适用、责权匹配原则，以企业战略目标为出发点，以业务活动分析划分为依据，确定职能范围，配置管理要素，建立管理成本低、信息畅通、市场竞争力强、安全表现水平高的运行机制，提高企业整体效益，为企业战略谋划提供保障。

3.1.2.2　组织机构设置方法

企业最高管理者确保为安全管理体系的建立、实施、保持和改进提供必要的资源（包括基础设施、人力资源、技术资源、财力资源和信息资源），负责建立健全企业安全管理组织机构，明确与健康安全环境风险和影响相关的各级职能、层次及员工的职责、权限和相互关系。各单位负责人根据工作需要以书面形式确定本单位各岗位人员的职责和权限，经批准后予以传达，并通过其他方式进行有效沟通。

3.1.2.3　组织机构设置要求

企业安全组织机构应按照线性模式进行设置。

企业成立安全生产委员会（以下简称"安委会"），结合实际需要设立专业委员会（以下简称"分委会"）；按照程序设置安全总监、副总监；按照要求设置安全生产管理部门和安全生产监督部门。

企业所属二级单位成立安全生产委员会，结合实际需要设立专业委员会；按照程序设置安全总监、副总监；按照要求设置安全生产管理部门；对于生产规模大、管理幅度大、安全风险大的二级单位按照程序设立安全生产监督部门。

基层单位成立安全管理领导小组，配置专（兼）职安全管理人员。基层班组配置兼职安全员。

3.1.3 安委会和分委会

3.1.3.1 企业安委会设置与组成

企业成立安委会，企业主要领导担任组长，其他领导担任副组长，成员由机关职能部门、二级单位主要负责人担任。

企业安委会是企业安全生产的决策机构，统一领导企业安全生产工作，主要职责为：贯彻落实国家安全生产方针政策、法律法规和企业"以人为本、质量至上、安全第一、环保优先"理念；审议企业安全生产发展规划和年度工作计划，并督促落实；督促安全生产责任制落实和安全生产规章制度执行；组织安全生产大检查或者安全管理体系审核，督促重大生产安全事故隐患立项整改；审定企业生产安全事故应急救援预案；组织生产安全事故的内部调查；审定安全生产先进企业、基层站队和个人，决定表彰事宜；讨论决定安全生产工作中的重大问题及应当采取的措施。

3.1.3.2 企业分委会设置与组成

企业设立覆盖生产、设备、经营、工程建设、承包商管理等专业委员会，由企业分管业务领导担任组长，成员由相关机关职能部门主要负责人、二级单位分管业务领导担任。负责各专业管理事务中安全生产决策和领导，并向企业安委会报告。主要职责为：审议专业安全管理工作计划；健全完善专业安全管理制度规程；组织开展专业安全检查和审核；研究分析、协调解决专业安全管理问题；定期向安委会汇报工作，协调落实安委会决议等。

3.1.4 安全机构

3.1.4.1 安全管理和监督机构的设置

《安全生产法》（2021）第二十五条规定：生产经营单位安全生产管理机构及安全生产管理人员职责为：组织或者参与拟订本单位安全生产规章制度、操作规程和生产安全事故应急救援预案；组织或者参与本单位安全生产教育和培训，如实记录安全生产教育和培训情况；组织开展危险源辨识和评估，督促落实本单位重大危险源的安全管理措施；组织或者参与本单位应急救援演练；检查本单位的安全生产状况，及时排查生产安全事故隐患，提出改进安全生产管理的建议；制止和纠正违章指挥、强令冒险作业、违反操作规程的行为；督促落实本单位安全生产整改措施。

某企业《安全生产管理规定》第十三条规定：所属生产经营企业及其下属二级生产经营单位应当根据工作需要按照程序设置安全总监、副总监。所属生产经营企业及其下属二级生产经营单位应当按照规定设立安全生产管理部门，配备满足要求的专职安全管理人员，应当有注册安全工程师从事安全生产管理工作。其他单位应当按照规定设立安全生产管理部门或者配备专兼职安全管理人员。对于生产规模大、管理幅度大、安全风险大的所属企业，应当按照程序设立安全监督机构，下属主要生产单位和安全风险较大的单位可以根据需要按照程序设立专业安全监督机构，配备满足安全监督工作需要且能力符合要求的安全监督人员。

3.1.4.2　安全生产监管人员的配置

根据《国家安全监管总局　工业和信息化部关于危险化学品企业贯彻落实〈国务院关于进一步加强企业安全生产工作的通知〉的实施意见》（安监总管三〔2010〕186号）第一章第三条及《注册安全工程师管理规定》（国家安全生产监督管理总局令第11号）第六条相关规定，安全生产监管人员配置应满足如下要求：

（1）炼化和销售企业专职安全生产监管人员应不少于企业员工总数的2%，其他企业专职安全监管人员配备比例不得低于员工总数的1.5%。

（2）专职安全监管人员取得中级及以上注安比例在40%以上。

（3）其他涉及"两重点一重大"的企业专职安全监管人员及相关人员的学历、职称等符合相关规定要求。

（4）HSE专职人员整体的专业覆盖面、业务背景等满足管理需要。

3.2　安全生产责任制

3.2.1　概述

安全生产责任制是安全生产的灵魂，是企业岗位责任制的重要组成部分，也是企业最基本的一项管理制度。实践证明，只有建立健全安全生产责任制，才能增强生产经营单位和企业员工的责任感，调动全体员工做好安全生产的积极性，共同承担安全生产责任，严格管控安全生产风险，从而防止事故的发生。建立健全全员安全生产责任制应遵循的要求如下：

《安全生产法》（2021）第二十二条规定：生产经营单位的全员安全生产责任制应当明确各岗位的责任人员、责任范围和考核标准等内容。生产经营单位应当建立相应的机制，加强对全员安全生产责任制落实情况的监督考核，保证全员安全生产责任制的落实。

3.2.2　相关术语和定义

（1）直线责任：是指组织的各职能部门和管理层次及其管理人员，承担其业务范围内工作的相应安全生产责任。

（2）属地管理：是指生产作业现场的每一个员工对自己所管辖区域内人员（包括自己、同事、承包商员工和访客）的安全、设备设施的完好、作业过程的安全、工作环境的整洁负责。

3.2.3　安全生产责任清单

为贯彻落实《安全生产法》（2021）第二十二条中的相关要求，全面压实全员安全生产责任链条，企业应组织编制所有岗位安全生产责任清单。

3.2.3.1　安全生产责任清单编制原则

按照"管行业必须管安全、管业务必须管安全、管工作必须管安全"的要求，结合企业各类岗位的性质、业务特点和具体工作内容，规范并细化各级领导班子、各类岗位的安全生产责任，确保责任覆盖全面、边界清晰、上下衔接，明确责任落实的工作任务，量化任务完成的工作标准，规范任务达标的可追溯性结果，形成"一岗一清单"，构建完善以生产经营安全风险管控为核心，明职知责、履职尽责、考职问责、失职追责的全员安全生产责任体系，确保岗位安全生产责任制可落实、可执行、可考核、可追溯，形成企业生产经营各项业务安全管理层层负责、人人有责、各负其责、履职尽责的工作格局。

3.2.3.2　安全生产责任清单主要内容

安全生产责任清单内容应包括安全生产职责、工作任务、工作标准、工作结果、考核标准和安全承诺等内容，应简明扼要、清晰明确、便于操作。

（1）安全生产职责。

安全生产职责包括通用安全生产职责和业务风险管控职责。通用安全生产职责应考虑国家、地方政府、上级部门及企业相关规定，包括贯彻落实法律法规具体职责及上级要求、健全岗位安全责任制、完善业务管理制度和操作规程、事故教训吸取和资源利用、岗位人员安全培训和能力提升等通用要求；业务风险管控职责应考虑所管理具体业务的危害因素辨识、风险分析评估、风险防控方案或措施制订和落实、事故隐患排查整改、应急措施制订和落实、对下级单位（岗位）的监督检查（包括本业务领域内或涉及本业务的作业风险防控措施落实情况的监督检查）及持续改进业务领域安全绩效等要求。

（2）工作任务。

工作任务是保障安全生产职责落实所需要完成的具体任务，是对每一项安全生产职责的进一步细化分解。应结合业务管理、生产活动全过程中的具体环节、步骤和程序，明确履行每一项安全生产职责要完成的具体工作。工作任务应按照负责、组织、协调、参与及监督检查等形式描述具体内容。

（3）工作标准。

工作标准是为评价岗位安全生产工作任务完成情况所确定的标准。对每一条工作任务进行细化描述，包括完成每一条工作任务的程序、方法、时限、频次、工作结果等。工作标准应明确具体，尽可能量化，对于工作标准的执行情况，要能够监督考核。

（4）工作结果。

工作结果是检验工作任务完成并符合工作标准的可查询结果，包括阶段性和结果性的工作成果等。工作结果应有可溯性，有痕迹可查，应能通过工作结果验证或推定工作达标、任务完成和履职尽责。

（5）考核标准。

考核标准是依据工作质量标准和工作结果而设定的关键性考核指标，通过指标权重的分配，引导干部员工做好重点工作任务，强化关键管控环节的职责履行。考核方式应与责任目标紧密结合，考核标准应量化，指标赋值应注重奖惩结合，可采取全部完成得满分，部分完成按比例得分，失职不得分或扣分的方式赋值，强化过程性、阶段性考核。考核结果要公开、透明、可追溯，以考核促责任落实、促执行力提升。

（6）安全承诺。

安全承诺内容应符合《国务院安全生产委员会关于加强企业安全生产诚信体系建设的指导意见》（安委〔2014〕8号）要求，结合岗位实际，明确本岗位落实安全生产责任清单各项要求的个人履职承诺。承诺内容要简洁、明确、可操作，并具有约束力。

3.2.3.3　安全生产责任清单编制要求

（1）清单编制、审核、公示、备案要求。

以岗位安全生产职责为基础，对各业务的每一项安全生产职责进行细化分解，列出落实该项安全生产职责的具体工作任务，明确每一项工作任务的工作标准、可追溯的工作结果和考核标准，分级分类编制岗位安全生产责任清单。各直线领导（管理）岗位负责对下一级岗位的安全生产责任清单的完整性和符合性审核把关，确保下一级岗位责任清单符合岗位职责要求，安全职责明确，工作任务完整，工作标准具体，工作结果可追溯，考核标准明确可量化，安全承诺具有约束力，并随安全环保责任制定期动态完善，做到一岗一清单，及时进行公示，逐级进行备案。

（2）清单培训要求。

企业要将安全生产责任清单纳入各级领导、管理人员、操作人员教育培训计划，作为干部员工安全教育培训和履职评估的重要内容，并纳入岗位培训矩阵，及时组织开展培训。要通过针对性的教育培训，促使企业各业务领域的各级领导、管理人员、操作人员熟知自身的安全生产责任，掌握落实责任需要完成的具体工作任务，牢记各项工作任务的工作标准，把握尽责履职的关键环节和结果，做到安全意识增强、履职能力提升、安全责任落实、问责追责有据。

（3）清单落实及监督考核要求。

企业要按照安全生产责任制管理制度，建立健全保障安全生产责任清单实施的监督考核机制，推进责任清单在日常工作中的有效落实。要采取适当方式对安全生产责任清单进行长期公示。上级岗位要积极发挥督查督导作用，及时督促下一级岗位落实责任清单，及时履行责任清单规定的安全职责和工作任务，及时形成有效的工作结果。要通过安全履职能力评估、安全履职述职、管理体系审核、专项督查等方式对各级领导和管理人员责任清单建立与落实情况进行考核，要通过过程管理隐患问责、事故责任追究等手段全面促进责任清单落实。要将考核结果与评先评优、履职评定、职务晋升、奖励惩处等挂钩，确保各级岗位安全生产责任清单所规定的各项安全职责和工作任务按标准落实到位。

（4）清单修订完善及持续改进要求。

企业应将各级岗位的安全生产责任清单纳入安全管理体系进行管理，不断修订完善。原则上，安全生产责任清单应随企业安全生产责任制文件每三年至少组织评审并修订一次。当相关法律法规、标准规范要求发生重大变化，企业组织机构、业务范围、生产工艺技术等发生重大变化时，应及时对责任清单进行修订。当重点工作任务、岗位职责发生变化，或者发生生产安全事故事件时，应结合风险评估结果或者事故事件教训，及时对责任清单进行补充完善，补充完善的内容应形成有效的书面文件。

3.2.3.4　安全生产责任清单示例

安全生产责任清单是对全员安全生产责任制的进一步细化，是将安全职责融入业务职责、保障全员安全生产责任制有效落实的一种手段，突出可落实、可量化、可考核的要求。针对不同的岗位，岗位职责和安全职责不一样，安全清单的内容和条目也都不一样，需要具体结合岗位实际进行编制。具体示例详见表3.1～表3.3。

3.2.4　直线责任

3.2.4.1　直线责任内涵

直线责任就是要落实企业各级一把手对安全工作全面负责，做到一级对一级，层层抓落实；就是要落实各级分管领导对分管业务范围安全工作负责，做到"管工作管安全，管业务管安全"和"谁主管谁负责，谁执行谁负责"。

表 3.1　某一级正（副）岗位安全生产责任清单参考示例

岗位名称	总经理	岗位级别	一级正（一级副）		
在岗人员	×××	责任概述	负责 ×××× 部门 ×××××× 管理工作		
职责类别	岗位安全生产职责	工作任务	工作标准	工作结果	考核标准
通用安全生产职责	1. 负责贯彻落实安全生产法律法规和上级公司安全生产工作要求	1. 组织学习宣贯相关法律法规、规章制度和上级公司安全生产相关要求	1. 及时组织学习安全生产法律法规和上级公司安全生产相关要求	学习记录	未及时组织学习安全生产法律法规和上级公司安全生产相关要求，每发现 1 次扣 1 分
		2. 组织开展本部门安全生产合规性评价	2. 对照法律法规和上级公司管理制度，定期组织开展本部门业务领域符合性自评，及时组织排查整改本部门业务范围内不合规问题	本部门合规性评价记录	未按要求对照法律法规和上级公司管理制度，组织开展本部门业务领域符合性自评，每发现 1 次扣 1 分；未及时组织排查整改本部门业务范围内不合规问题，每发现 1 次扣 2 分
	2. 负责建立健全并落实本部门全员安全生产责任制	3. 组织制定本部门全员安全生产责任制	3. 完成部门全员安全责任制编制，并满足部门业务职能实际	部门岗位安全生产责任清单	未按要求完成部门全员安全责任制编制，并满足部门业务职能实际，每发现 1 次扣 1 分
		4. 组织制定本部门安全生产责任清单，形成有效书面文件	4. 审查本部门领导班子成员和各处长安全生产责任清单，形成有效书面文件		未按要求审查本部门领导班子成员和各处长安全生产责任清单，形成有效书面文件，每发现 1 次扣 1 分
	……				
业务风险管控职责	1. 负责将安全生产专项内容纳入公司发展规划和计划	1. 督导制订公司中长期发展规划及年度计划中的安全生产专项内容	1. 定期督导制订，并审定、上报	公司发展规划、年度计划	未按要求定期督导制订企业中长期发展规划及年度计划中的安全生产专项内容，并审定、上报，每发现 1 次扣 1 分
	2. 负责安全环保事故隐患治理项目资本化支出计划下达	2. 督导制订公司年度安全环保事故隐患治理项目资本化支出计划，并督导计划执行情况	2. 每年年底督导制订计划，并审定、报批、下达，定期督导计划落实情况	公司年度安全环保事故隐患治理项目资本化支出计划	未按要求督导制订企业年度安全环保事故隐患治理项目资本化支出计划，并督导计划执行情况，每发现 1 次扣 1 分
	3. 负责公司重大项目和"四新"项目安全风险评价和风险管控	3. 督导开展公司重大项目和"四新"项目安全风险评价，并督查风险管控措施落实	3. 及时督导开展安全风险评价，督查风险管控措施落实情况	公司重大项目安全风险评价台账	未按要求督导开展公司重大项目和"四新"项目安全风险评价，并督查风险管控措施落实，每发现 1 次扣 1 分
	……				

本人承诺保证国家和企业安全生产法令、规定、指示和规章制度在本部门贯彻执行；建立健全业务领域安全生产责任制，并严格执行落实；对业务范围内的安全管理负责，杜绝"三违"；自愿接受安全检查与监督考核。如有违反，按照考核标准、安全环保责任书和相关规定考核问责。

承诺人：

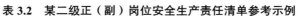

表3.2 某二级正（副）岗位安全生产责任清单参考示例

岗位名称	处长 （副处长）	岗位级别	二级正（二级副）		
在岗人员	×××	岗位职责概述	负责×××处××××××管理工作		
职责类别	岗位安全生产职责	工作任务	工作标准	工作结果	考核标准
通用安全生产职责	1. 负责贯彻落实安全生产法律法规和上级公司安全生产工作要求	1.组织学习宣贯相关法律法规、规章制度和上级公司安全生产相关要求	1. 及时组织学习安全生产法律法规和上级公司安全生产相关要求	学习记录	未按要求及时组织学习安全生产法律法规和上级公司安全生产相关要求，每发现1次扣1分
		2.组织建立健全本处室业务相关法律法规清单；组织开展本处室安全生产合规性评价	2. 对照法律法规和上级公司管理制度，定期组织开展本处室业务领域符合性自评，及时组织排查整改本处室业务范围内不合规问题	本处室业务法律法规清单和文本，合规性评价记录	未按要求对照法律法规和上级公司管理制度，定期组织开展本处室业务领域符合性自评，每发现1次扣1分；未及时组织排查整改本处室业务范围内不合规问题，每发现1次扣2分
	2.组织开展处室业务中的安全风险研判分析	3.结合上级公司对某业务的要求和变化，开展该业务管理中的安全风险分析，提出防范措施	3. 辨识出可能导致的风险和不良影响，并省订订具体明确的防范措施要求	有关落实文件	未按要求结合上级公司对某业务的要求和变化开展该业务管理中的安全风险分析，提出防范措施，每发现1次扣1分
	……				
业务风险管控职责	1. 负责将安全生产专项内容纳入公司发展规划和计划	1. 组织编制本部门中长期发展规划及年度计划中的安全生产专项内容	1.定期组织编制，并审查上报	发展规划、年度计划	未按要求组织编制本部门中长期发展规划及年度计划中的安全生产专项内容，每发现1次扣1分
	2.负责安全环保事故隐患治理项目资本化支出计划管理	2.组织编制年度安全环保事故隐患治理项目资本化支出计划，并监督检查计划执行情况	2.每年年底组织编制计划，并审查、上报，定期跟踪督导计划落实情况	年度安全环保事故隐患治理项目资本化支出计划	未按要求组织编制年度安全环保事故隐患治理项目资本化支出计划，并监督检查计划执行情况，每发现1次扣1分
	3.负责重大项目和"四新"项目安全风险评价和风险管控	3.组织开展重大项目和"四新"项目安全风险评价，并监督风险管控措施落实	3. 及时组织开展安全风险评价，审查、上报安全风险评价报告，定期监督检查风险管控措施落实情况	重大项目安全风险评价台账	未按要求组织开展重大项目和"四新"项目安全风险评价，并监督风险管控措施落实，每发现1次扣1分
	……				

本人承诺保证国家和企业安全生产法令、规定、指示和规章制度在本部门贯彻执行；建立健全业务领域安全生产责任制，并严格执行落实；对业务范围内的安全管理负责，杜绝"三违"；自愿接受安全检查与监督考核。如有违反，按照考核标准、安全环保责任书和相关规定考核问责。

承诺人：

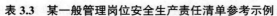

表3.3　某一般管理岗位安全生产责任清单参考示例

岗位名称	×××管理岗	岗位级别	高级主管/主管		
在岗人员	×××	岗位职责概述	负责××××××业务管理工作		
职责类别	岗位安全生产职责	工作任务	工作标准	工作结果	考核标准
通用安全生产职责	1.负责贯彻落实安全生产法律法规和上级公司安全生产工作要求	1.学习相关法律法规、规章制度和上级公司安全生产相关要求	1.及时参加学习安全生产法律法规和上级公司安全生产相关要求	学习记录	未按要求及时参加学习安全生产法律法规和上级公司安全生产相关要求，每发现1次扣1分
		2.建立健全所管业务相关法律法规清单；参与本处室安全生产合规性评价	2.定期更新所管业务法律法规清单和文本；对照法律法规和上级公司管理制度，定期参与本处室业务领域符合性自评，及时排查整改所管业务范围内不合规问题	合规性评价记录	未按要求定期更新所管业务法律法规清单和文本，每发现1次扣1分；未按要求对照法律法规和上级公司管理制度，定期参与本处室业务领域符合性自评，及时排查整改所管业务范围内不合规问题，每发现1次扣2分
	2.修订×××业务管理中的安全管理要求	3.明确××业务中的安全风险，修订××管理制度	3.完成制度签发实施	本处室安全生产规章制度或管理要求	未按要求明确本岗位业务范围中的安全风险，修订岗位业务范围管理制度，每发现1次扣1分
	……				
业务风险管控职责	编制公司年度隐患治理项目投资计划	组织协调年度隐患治理资金需求计划，结合年度投资汇总编制公司年度隐患治理项目投资计划	每年年底完成业务管理权限内的计划编制，并上报领导审查	年度隐患治理投资计划	未按要求每年年底完成业务管理权限内的计划编制，并上报领导审查，每发现1次扣1分
	……				

　　本人承诺保证国家和企业安全生产法令、规定、指示和规章制度在本部门贯彻执行；建立健全业务领域安全生产责任制，并严格执行落实；对业务范围内的安全管理负责，杜绝"三违"；自愿接受安全检查与监督考核。如有违反，按照考核标准、安全环保责任书和相关规定考核问责。

承诺人：

直线责任是纵向到底的概念，重点解决责任归位、责权利相统一的问题。体现在安全管理中就是：谁是第一责任人谁负责，谁主管谁负责，谁安排组织谁负责，谁操作控制谁负责，谁检查监督谁负责，谁编写设计谁负责，谁审核批准谁负责。总而言之，在安全管理中，各级部门和各级组织应该各司其职、各负其责。

3.2.4.2　直线责任总体要求

《安全生产法》（2021）第三条规定："安全生产工作实行管行业必须管安全、管业务必须管安全、管生产经营必须管安全"。

某企业《安全生产管理规定》第十条规定："总部机关其他部门是分管业务安全生产的直线责任部门，按照总部安全生产职责管理有关规定，负责业务范围内的安全生产监督管理工作。专业公司按照总部安全生产职责管理有关规定，负责本专业的安全生产监督管理工作"。

某企业《安全生产和环境保护责任制管理办法》第五条规定："各级管理部门应当认真履行直线责任，对建立健全和落实本部门安全环保责任制负管理责任"。

3.2.4.3　直线责任具体要求

（1）各级主要负责人对本单位安全工作负全面管理责任，负责研究审查安全工作计划，抓好安全生产责任制落实，抓好重大隐患整改，深入安全生产承包点检查指导工作，开展"四不两直"安全检查等。

（2）各级分管领导对分管业务范围安全管理工作负直接责任，负责分析把握分管业务安全生产形势，检查督促隐患整改，督促落实风险防范措施。

（3）各级机关职能管理部门对分管业务范围安全管理工作负直线责任，全面履行分管业务范围内的安全职责。

（4）各级安全管理部门对安全生产负综合管理责任，做到宣贯到位、检查到位、咨询到位、考核到位，建立起事事有人管、层层有人抓的安全生产责任体系。

（5）各级安全监督部门对安全生产负监督责任，做到宣传、培训、提示、纠正和制止到位。

3.2.4.4　直线责任示例

推行直线责任的关键就是让每名业务管理者成为安全管理者，是对安全生产责任的归位，要求直线责任领导或部门应经常对分管业务安全工作进行检查指导，了解分管业务安全问题，及时督促解决和处理。

企业分管规划计划业务领导直线责任包括但不限于如下示例：

（1）负责贯彻落实国家安全方针政策、法律法规和企业安全理念，审议分管业务安全生产重大事项，保障企业安全生产重大决策在分管业务中有效落实。

（2）组织建立并落实分管业务安全生产责任制，负责分管业务全员安全生产责任落实，负责对分管部门和分管单位的安全业绩指标完成情况进行考核。

（3）组织制定并落实分管业务安全制度规程，推进企业安全管理体系在分管业务有关单位有效运行。

（4）组织督导落实分管业务安全教育和培训计划，并将安全生产要求纳入业务培训内容。

（5）督导分管业务安全投入有效实施。

（6）组织开展分管业务安全风险研判和防范，督办整改安全隐患，保障生产安全风险防控和隐患排查治理双重预防工作机制有效落实。

（7）组织开展分管业务突发事件专项应急预案的编制、演练和实施，签发和启动相关专项应急预案，组织分管业务中有关事故事件、自然灾害的现场应急救援处置。

（8）组织或参与分管业务安全事故事件内部调查，督导事故教训吸取和防范措施落实。

企业规划计划部门直线责任包括但不限于如下示例：

（1）负责将安全业务纳入企业发展规划。

（2）组织协调相关部门、相关单位开展投资项目中的安全风险评估与论证。

（3）负责组织管理权限范围内的资本化安全事故隐患治理项目的审查及后评价工作。

（4）负责企业资本化安全隐患治理投资计划管理，保障资本化安全隐患治理投入。

（5）负责制定工程建设项目安全管理取费标准，纳入工程建设项目总投资，并督促指导落实。

（6）检查指导企业规划计划管理领域的安全生产工作。

3.2.5 属地管理

3.2.5.1 属地管理内涵

属地管理就是要落实企业每一位领导对分管领域、业务、系统的安全工作负责，落实每一名员工对自己工作岗位区域内的安全工作负责，包括对区域内设备、作业活动人员的安全负责，对上下工序负责，对前后作业流程负责，确保自身和他人的工作安全，做到谁的领域谁负责、谁的区域谁负责、谁的属地谁负责、谁的地盘谁管理。

属地管理是横向到边的概念，它绝不局限于承包商管理，不局限于岗位员工，更不局限于静态控制。推行属地管理的目的是引导广大员工从岗位操作者向属地管理者转变，倡导广大员工树立主动负责安全管理的意识和理念，做到"我的岗位我负责，我的地盘我负责，我在岗位您放心"，实现安全工作从"全员参与"向"全员负责"转变。

3.2.5.2 属地管理总体要求

从管理层次上来说，"属地管理"包括两方面：一是每一位领导对分管领域、业务、系统的安全工作负责；二是每名岗位员工对岗位区域内的安全工作负责。也就是说，无论领导干部、管理人员还是操作员工，都是岗位权限内的"属地主管"，每个人都有不同的属地区域，都有责任履行属地职责。

属地划分原则是以生产岗位为基点，以生产现场和施工现场为单元，以工作和活动范围为依据进行划分，应尽量避免交叉、空位。

3.2.5.3 属地管理具体要求

属地管理遵循"谁的区域谁负责"原则。各级主要领导、管理者是属地管理的第一责任人，员工是岗位区域内属地责任人。

属地划分应按管理领域和作业区域进行划分，做到"全覆盖、无交叉、无漏项"。

属地责任人应切实履行的属地管理职责为：严格遵守岗位安全生产责任制，做到按章指挥、按章操作；督促属地内人员严格遵守安全规定；对外来人员（含承包商员工、访客）进行风险告知；对隐患进行整治；对违章进行纠正和报告等。

3.2.5.4 属地管理示例

属地管理应明确属地范围、属地主管及属地主管职责，设置属地管理标识牌。示例：

属地范围：某作业区域。

属地主管：本岗位员工。

属地主管职责：

（1）严格执行本属地安全管理规定。

（2）在特殊作业、非常规作业前，开展工作前安全分析，执行作业许可程序，做好属地安全监督。

（3）及时整改属地内安全问题和隐患，对属地内的事故事件及时上报、调查与分享。

（4）对进入属地内的相关方进行安全监管，有权要求其遵守属地内各项安全管理规定。

（5）对所有进入该属地的人员履行风险告知义务，有权制止进入属地内任何人的不安全行为。

（6）对属地内设备设施进行巡检和维护保养，发现异常情况及时进行处理并报告上级直线主管。

（7）对属地进行清理、清洁、整理、整顿。

（8）完成直线主管交办的其他工作和任务。

属地管理标识牌：明确岗位属地划分区域、岗位属地管理职责、岗位安全须知等要求。

3.2.5.5 "5S"管理要求

（1）"5S"管理内涵。

"5S"管理是现场管理的基础，是指通过依次实施整理（Seiri）、整顿（Seiton）、清扫（Seiso）、清洁（Seiketsu）等工作，做到物品定置摆放，场所宽敞明亮，实现成本优化，工作效率提高，现场基础管理夯实，企业安全生产得到保障，员工安全素养（Shitsuke）不断提升，拥有尊严和成就感，能够自觉消除安全隐患，共塑卓越企业形象，使企业在激烈的竞争中，永远立于不败之地。具体如下：

整理是指区分要与不要的物品，现场只保留必需的物品。其目的就是要改善和增加作业面积；确保现场无杂物，行道通畅，提高工作效率；减少磕碰的机会，保障安全，提高质量；消除管理上的混放、混料等差错事故；有利于减少库存量，节约资金；改变作风，提高工作情绪。其意义在于把要与不要的人、事、物分开，再将不需要的人、事、物加以处理，对生产现场摆放和停滞的各种物品进行分类，区分什么是现场需要的，什么是现场不需要的；再对作业区各个工位或设备的前后、通道左右、厂房上下、工具箱内外，以及作业区的各个死角进行彻底搜寻和清理，达到现场无不用之物。

整顿是指将必需品依规定定位、定置摆放整齐有序，明确标示。其目的就是不浪费时间寻找物品，提高工作效率和产品质量，保障生产安全。其意义在于把需要的人、事、物加以定量、定位，将通过前一步整理后，对生产现场需要留下的物品进行科学合理的布置和摆放，以便用最快的速度取得所需之物，在最有效的规章、制度和最简洁的流程下完成作业。

清扫是指清除现场内的脏污、清除作业区域的物料垃圾。其目的就是清除脏污，保持现场干净、明亮。其意义在于将工作场所的污垢去除，使异常发生源很容易发现，是实施自主保养的第一步，主要是在提高设备正常运转率。

清洁是指将整理、整顿、清扫实施的做法制度化、规范化，维持其成果。其目的就是认真维护并坚持整理、整顿、清扫的效果，使其保持最佳状态。其意义在于通过对整理、整顿、清扫活动的坚持与深入，从而消除发生安全事故的根源，创造一个良好的工作环境，使员工能愉快地工作。

素养是指人人按章操作、依规行事，养成良好的习惯，使每个人都成为有安全素养的人。其目的就是提升员工素质，培养员工对任何工作都要认真的态度。意义在于努力提高员工的自身修养，使员工养成良好的工作、生活习惯和作风，让员工能通过实践 5S 获得素质、能力提升，与企业共同进步，这是 5S 活动的核心。

（2）"5S"管理推进要求。

第一步整理：树立正确的价值意识，是"使用价值"而不是"原购买价值"，严格区分要与不要的人、事、物，再将不需要的人、事、物加以处理。

第二步整顿：掌握正确的方法，遵循"三易原则"（易取、易放、易管理）和"三定原则"（定位、定量、定标准）做到物品摆放有固定的区域，地点科学合理，设置目视化标识。

第三步清扫：明确岗位 5S 责任，对本人使用的设备、工具等物品要自己清扫，做好点检、润滑和保养，采取措施改进跑冒滴漏。

第四步清洁：将前期成果予以固化，形成制度，并强化考核，奖优罚劣，做到作业环境整洁、员工行为安全，环境影响因素和职业危害因素得到防控、削减。

第五步素养：长期坚持安全晨会制度，坚持遵章守纪，养成安全行为习惯，形成长效机制，全员安全素养得到整体提高。

3.2.5.6 精益管理要求

（1）精益管理内涵。

精益管理是国内外先进企业公认的一种实用有效的管理方式。它是用客户的需求定义价值，用订单拉动优化流程，用"5S"加强现场管理，用自动化和设备全面生产维护提升效率，用准时制生产消除浪费，用持续改善进而追求完美，是企业高质量发展的必然选择。

精益管理的核心是以最小的人力、设备、资金、材料、时间和空间等资源投入，创造出尽可能多的价值，为用户提供更高品质的产品和服务，以更低的成本和更高的效率增强市场竞争力。现代企业不仅要制造产品，还要将服务要素以各种形态融入到产品全生命周期的各个环节，通过服务创造价值、实现增值。实践证明，企业以产需互动和价值增值为导向，由提供产品向提供系统解决方案转变，进而向提供全生命周期管理转变，已成为国际产业竞争的焦点，也是企业增强核心竞争能力的必经之路。

（2）精益管理推进要求。

企业可按照理念导入、持续优化、全面推进、机制建立"四步走"规划安排推进精益管理工作，明确推进路径和精益生产、精益研发、精益营销、精益采购、精益物流、精益人才、精益文化等重点部署，确保生产现场"跑、冒、漏"和"脏、乱、差"问题得到根本改善，物品定置管理，现场整洁有序，流程化生产、标准化作业、目视化管理和智能化改造水平不断提高，设备完好率和利用率持续提高，生产效率和经济效益明显提高，企业本质安全水平整体提升。

第一步是理念导入。大力倡导"精益从心开始、改善从我做起""让精益贯穿始终、使改善成为习惯"等精益理念，全面推行精益管理，将精益思想融入日常管理工作中，用精益管理的方法和工具持续提升企业管理水平。要培育全员参与、全面覆盖、内化于心、外化于行的精益文化，持续推进精益思想入脑入心见行动，使"五省"理念成为全体员工的价值追求，让准时生产、消除浪费、持续改善成为全体员工的自觉行动，形成企业日常管理用精益语言沟通、用精益流程做事，人人事事想精益、岗位处处用精益、项项工作见精益的浓厚氛围。

第二步是持续优化生产流程和管理流程。要充分运用精益思想，围绕企业生产经营管理重点问题和薄弱环节，理顺生产流程，推进生产组织专业化、生产操作标准化和生产运行信息化；要规范管理流程，实现制度流程化、流程标准化、标准信息化；要将风险管理嵌入业务流程之中，持续监控和防范化解重大风险，实现风险管理精准化。通过生产流程、管理流程的持续优化，切实解决企业的痛点、难点和堵点，实现省心省时省力省人省钱的目的。

第三步是深入推进全流程精益管理。要站在项目或产品全生命周期管理、全生产链条优化、全业务流程诊断、上下游业务延伸的高度，将精益管理理念和方法延伸到研发、设计、生产、营销、服务等各个环节，通过改进工艺、提高工效、降低能耗、减少用工、细化管控，持续消减优化流程中非增值活动和不合理环节，消除资源使用浪费，有效降低生产成本，提高产品附加值，实现效率效益提升、质量安全达标、员工快乐健康。

第四步是建立精益管理考核激励机制。将精益目标任务、改善措施与考核激励直接挂钩，充分调动全员学习精益、参与精益、实践精益的积极性和主动性，实现持续改进。

3.2.6 典型事故案例

3.2.6.1 某公司三苯罐区"6·2"较大爆炸火灾事故

2013 年 6 月 2 日 14 时 27 分许，某公司第一联合车间三苯罐区小罐区 939# 杂料罐在动火作业过程中发生爆炸、泄漏物料着火，并引起 937#、936#、935# 三个储罐相继爆炸着火，造成 4 人死亡，直接经济损失 697 万元。

（1）事故直接原因：作业人员在罐顶违规违章进行气割动火作业，切割火焰引燃泄漏的甲苯等易燃易爆气体，回火至罐内引起储罐爆炸。

（2）事故间接原因（安全生产履职不到位方面）：

① 该公司项目部在承揽 939# 储罐仪表维护平台更换项目后，非法分包给没有劳务分包企业资质的 A 公司，以包代管、包而不管，没有对现场作业实施安全管控。

② A 公司未能依法履行安全生产主体责任，未取得劳务分包企业资质就非法承接项目；企业规章制度不健全不落实，员工安全意识淡薄，违章动火；未对现场作业实施有效的安全管控。

③ 该公司安全管理责任不落实，管理及作业人员安全意识淡薄，制度执行不认真不严格，检维修管理、动火管理和承包商管理严重缺失。

④ 该公司安全生产工作监督管理不到位，反复发生生产安全事故，安全生产责任制不落实，动火、承包商管理严重缺失。

3.2.6.2 某输油管道"11·22"泄漏爆炸特别重大事故

2013 年 11 月 22 日 10 时 25 分，位于山东省青岛经济技术开发区的某公司东黄输油管道泄漏，原油进入市政排水暗渠，在形成密闭空间的暗渠内油气积聚遇火花发生爆炸，造成 62 人死亡、136 人受伤，直接经济损失 75172 万元。

（1）事故直接原因：输油管道与排水暗渠交汇处管道腐蚀减薄、管道破裂、原油泄漏，流入排水暗渠及反冲到路面。原油泄漏后，现场处置人员采用液压破碎锤在暗渠盖板上打孔破碎，产生撞击火花，引发暗渠内油气爆炸。由于与排水暗渠交叉段的输油管道所处区域土壤盐碱和地下水氯化物含量高，同时排水暗渠内随着潮汐变化海水倒灌，输油管道长期处于干湿交替的海水及盐雾腐蚀环境，加之管道受到道路承重和振动等因素影响，导致管道加速腐蚀减薄、破裂，造成原油泄漏。泄漏点位于秦皇岛路桥涵东侧墙体外约15cm处于管道正下部位置。经计算认定，原油泄漏量约200t。泄漏原油部分反冲出路面，大部分从穿越处直接进入排水暗渠。泄漏原油挥发的油气与排水暗渠空间内的空气形成易燃易爆的混合气体，并在相对密闭的排水暗渠内积聚。由于原油泄漏到发生爆炸达8个多小时，受海水倒灌影响，泄漏原油及其混合气体在排水暗渠内蔓延、扩散、积聚，最终造成大范围连续爆炸。

（2）事故间接原因（安全生产履职不到位方面）：

①该公司安全生产主体责任不落实，隐患排查治理不彻底，现场应急处置措施不当。

（a）该公司上属公司安全生产责任落实不到位。安全生产责任体系不健全，相关部门的管道保护和安全生产职责划分不清、责任不明；对下属企业隐患排查治理和应急预案执行工作督促指导不力，对管道安全运行跟踪分析不到位；安全生产大检查存在死角、盲区，特别是在全国集中开展的安全生产大检查中，隐患排查工作不深入、不细致，未发现事故段管道安全隐患，也未对事故段管道采取任何保护措施。

（b）该公司对该输油处安全生产工作疏于管理。该管道隐患排查治理不到位，未对事故段管道防腐层大修等问题及时跟进，也未采取其他措施及时消除安全隐患；对一线员工安全和应急教育不够，培训针对性不强；对应急救援处置工作重视不够，未按照预案要求开展应急处置工作。

（c）该输油处对管道隐患排查整治不彻底，未能及时消除重大安全隐患。2009年、2011年、2013年先后三次对输油管道外防腐层及局部管体进行检测，均未能发现事故段管道严重腐蚀等重大隐患，导致隐患得不到及时、彻底整改；从2011年起安排实施输油管道外防腐层大修，截至2013年10月仍未对包括事故泄漏点所在的15km管道进行大修；对管道泄漏突发事件的应急预案缺乏演练，应急救援人员对自己的职责和应对措施不熟悉。

（d）对管道疏于管理，管道保护工作不力。制定的管道抢维修制度、安全操作规程针对性、操作性不强，部分员工缺乏安全操作技能培训；管道巡护制度不健全，巡线人员专业知识不够；没有对开发区在事故段管道先后进行排水明渠和桥涵、明渠加盖板、道路拓宽和翻修等建设工程提出管道保护的要求，没有根据管道所处环境变化提出保护措施。

（e）事故应急救援不力，现场处置措施不当。对泄漏原油数量未按应急预案要求进行研判，对事故风险评估出现严重错误，没有及时下达启动应急预案的指令；未按要求及时全面报告泄漏量、泄漏油品等信息，存在漏报问题；现场处置人员没有对泄漏区域实施有效警戒和围挡；抢修现场未进行可燃气体检测，盲目动用非防爆设备进行作业，严重违规违章。

② 地方人民政府及开发区管委会贯彻落实国家安全生产法律法规不力。督促指导管道保护工作主管部门和安全监管部门履行管道保护职责和安全生产监管职责不到位，对长期存在的重大安全隐患排查整改不力。

3.3 安全投入

3.3.1 概述

《安全生产法》（2021）第四条"生产经营单位必须加大对安全生产资金、物资、技术、人员的投入保障力度，改善安全生产条件，确保安全生产"及第二十三条"生产经营单位应当具备的安全生产条件所必需的资金投入，由生产经营单位的决策机构、主要负责人或者个人经营的投资人予以保证，并对由于安全生产所必需的资金投入不足导致的后果承担责任"相关要求，企业各级主要负责人应组织确定并配置必要的资源，包括基础设施、人力资源、技术资源、财力资源和信息资源，确保企业安全生产。

《企业安全生产费用提取和使用管理办法》（财资〔2022〕136号）第十五条规定：

石油天然气开采企业安全生产费用应当用于以下支出：

（一）完善、改造和维护安全防护设施设备支出（不含"三同时"要求初期投入的安全设施），包括油气井（场）、管道、站场、海洋石油生产设施、作业设施等设施设备的监测、监控、防井喷、防灭火、防坍塌、防爆炸、防泄漏、防腐蚀、防颠覆、防漂移、防雷、防静电、防台风、防中毒、防坠落等设施设备支出；

（二）事故逃生和紧急避难设施设备的配置及维护保养支出，应急救援器材、设备配置及维护保养支出，应急救援队伍建设、应急预案制修订与应急演练支出；

（三）开展重大危险源检测、评估、监控支出，安全风险分级管控和事故隐患排查整改支出，安全生产信息化、智能化建设、运维和网络安全支出；

（四）安全生产检查、评估评价（不含新建、改建、扩建项目安全评价）、咨询、标准化建设支出；

（五）配备和更新现场作业人员安全防护用品支出；

（六）安全生产宣传、教育、培训和从业人员发现并报告事故隐患的奖励支出；

（七）安全生产适用的新技术、新标准、新工艺、新装备的推广应用支出；

（八）安全设施及特种设备检测检验、检定校准支出；

（九）野外或海上作业应急食品、应急器械、应急药品支出；

（十）安全生产责任保险支出；

（十一）与安全生产直接相关的其他支出。

3.3.2　基础设施

根据《安全生产法》《企业安全生产费用提取和使用管理办法》（财资〔2022〕136号）相关要求，企业为确保安全生产应提供以下满足需要的基础设施投入：

（1）企业应提供相关基础设施，确保自身具备《安全生产法》和有关法律、行政法规，以及国家标准或者行业标准规定的安全生产条件。

（2）企业应提供满足安全生产需要的油气井（场）、管道、站场、海洋石油生产设施、作业设施等设施设备的监测、监控、防井喷、防灭火、防坍塌、防爆炸、防泄漏、防腐蚀、防颠覆、防漂移、防雷、防静电、防台风、防中毒、防坠落等设施设备。

（3）企业采用新工艺、新技术、新材料或者使用新设备，必须了解、掌握其安全技术特性，采取有效的安全防护措施，配置适宜的安全防护设施设备。

（4）企业应当在有较大危险因素的生产经营场所和有关设施、设备上，设置明显的安全警示标志。

（5）企业安全设施设备的设计、制造、安装、使用、检测、维修、改造和报废，应当符合国家标准或者行业标准。企业必须对安全设施设备进行经常性维护、保养，并定期检测，保证正常运转。维护、保养、检测应当做好记录，并由有关人员签字。

（6）企业生产、经营、储存、使用危险物品的车间、商店、仓库不得与员工宿舍在同一座建筑物内，并应当与员工宿舍保持安全距离。生产经营场所和员工宿舍应当设有符合紧急疏散要求、标志明显、保持畅通的出口、疏散通道。禁止占用、锁闭、封堵生产经营场所或者员工宿舍的出口、疏散通道。企业不得关闭、破坏直接关系生产安全的监控、报警、防护、救生设备、设施，或者篡改、隐瞒、销毁其相关数据、信息。企业使用燃气的环节，应当安装可燃气体报警装置，并保障其正常使用。

（7）企业应为从业人员提供符合国家标准或者行业标准的劳动防护用品，并监督、教育从业人员按照使用规则佩戴、使用。

（8）企业应根据生产特点，原材料和产品的种类、危险特性，在作业场所设置相应的事故预防、控制及逃生、紧急避难设施设备、应急救援器材等。

（9）其他确保企业安全生产的基础设施。

3.3.3　人力资源

根据《安全生产法》《企业安全生产费用提取和使用管理办法》（财资〔2022〕136号）相关要求，企业为确保安全生产应提供以下满足需要的人力资源投入：

（1）企业应按国家、地方及上级公司要求，结合自身生产经营实际，设置安全生产管理机构，配备专职安全生产管理人员。

（2）企业各级主要领导、分管安全领导、安全管理和监督人员应当具备与本单位所从事的生产经营活动相适应的安全生产知识和管理能力。涉及非煤矿山、危险化学品等行业的企业各级主要领导、分管安全领导、安全管理和监督人员，自任职之日起6个月内，必须经地方人民政府有关部门对其安全生产知识和管理能力考核合格。

（3）企业安全总监、安全副总监、主管安全的领导干部、安全管理人员、安全监督人员等应当按照上级公司HSE培训管理规定参加培训，并考核合格。

（4）特种作业人员、特种设备作业人员应当按照国家有关规定经专门的安全作业培训，取得相应资格，方可上岗作业，并按照规定进行复审。

（5）企业应对从业人员进行安全生产教育和培训，保证从业人员具备必要的安全生产知识，熟悉有关的安全生产规章制度和安全操作规程，掌握本岗位的安全操作技能，了解事故应急处理措施，知悉自身在安全生产方面的权利和义务。未经安全生产教育和培训合格的从业人员，不得上岗作业。

（6）企业应提供安全生产宣传、教育、培训和从业人员发现并报告事故隐患的奖励支出。

（7）其他确保企业安全生产的人力资源支持。

3.3.4　技术资源

根据《安全生产法》《企业安全生产费用提取和使用管理办法》（财资〔2022〕136号）相关要求，企业为确保安全生产应提供以下满足需要的技术资源投入：

（1）企业应当加强安全生产科学技术研究，推进自有知识产权技术开发。

（2）企业应广泛开展安全生产技术交流与合作，积极采用安全生产先进技术和装备。

（3）企业应加大技术改造力度，及时淘汰国家和地方人民政府明令禁止的工艺、设备，提高本质安全水平。

（4）企业应落实HSE科研费用，组织开展HSE技术研究，积极应用先进的HSE技术和装备。

（5）企业应提供满足需要的安全生产检查、评估评价、咨询、标准化建设等费用支出。

（6）企业应提供满足需要的安全生产适用的新技术、新标准、新工艺、新装备的推广应用支出，提升企业本质安全水平。

（7）企业应提供满足需要的开展重大危险源检测、评估、监控支出，安全风险分级管控和事故隐患排查整改支出。

（8）企业应建立安全环保奖励制度或要求，落实奖励资金，及时奖励在HSE管理、技术创新等方面表现突出的集体和个人。

（9）其他确保企业安全生产的技术资源支持。

3.3.5　财力资源

根据《安全生产法》《企业安全生产费用提取和使用管理办法》（财资〔2022〕136号）

相关要求，企业为确保安全生产应提供以下满足需要的财力资源投入：

（1）企业应当建立安全生产投入的保障机制，保证安全生产所必需的资金投入。

（2）企业应当按照有关规定足额提取和使用安全生产费用，专门用于改善安全生产条件。安全生产费用在成本中据实列支，并专项核算、专款专用。

（3）企业应将安全环保隐患治理项目等 HSE 投入纳入企业预算管理，专项核算。

（4）企业应确保工程建设项目 HSE 专项费用专款专用，应在招标文件中列出 HSE 专项费用项目清单，并及时足额拨付给项目参建各方。

（5）企业应当加强安全生产费用管理，编制年度安全生产费用提取和使用计划，纳入企业预算，并接受当地人民政府有关部门和上级公司的监管。安全生产费用的使用应当符合国家和上级公司有关规定，优先用于符合使用范围的与安全生产直接相关的支出。

（6）其他确保企业安全生产的财力资源支持。

3.3.6　信息资源

根据《安全生产法》《企业安全生产费用提取和使用管理办法》（财资〔2022〕136 号）相关要求，企业为确保安全生产应提供以下满足需要的信息资源投入：

（1）企业应积极利用现代信息技术提高对重点生产安全风险的管控，推进健康安全环境（HSE）信息系统建设与应用，加强安全生产数据统计与分析，研究安全生产发展规律，强化安全生产预警管理。

（2）企业应推进信息技术与安全生产的深度融合，统一安全生产信息化标准，依托国家电子政务网络平台，完善安全生产信息基础设施和网络系统，实现跨部门、跨地区数据资源共享共用，提升重大危险源监测、隐患排查、风险管控、应急处置等预警监控能力。

（3）企业应建设安全生产智能装备、在线监测监控、隐患自查自改自报等安全管理信息系统，推进危险化学品、易爆物品等全过程信息化追溯体系，有力支持和推动数字油田、智能炼厂、智慧加油站建设。

（4）企业应推动安全生产运行与数字化、智能化深度结合，提高数据分析集成和远程监控、自动诊断、自动处理能力，打造适应新型组织结构和生产模式的信息管理平台与远程控制系统，积极推行集中监控、无人值守、有人巡检、专业维修的现场作业模式，减少暴露在风险和有害作业环境中的时机。

（5）企业应利用现代信息化手段完善生产运行安全监控系统，实现关键装置、要害部位和高危作业现场生产运行状况全方位监控。

（6）企业应在风险重点要害部位、施工现场建立视频监控系统，将各单位风险重点要害部位和施工现场通过视频监控联网汇集到企业、二级单位视频监控室或督查人员电脑、手机里，实现足不出户开展安全督查，减少督查的人力和物力，提高安全督查效率，同时也起到对施工作业人员的震慑作用，减少违章行为的发生。

（7）企业应加快智能工厂建设，提高本质安全水平。应推进数字化、自动化、网络化、智能化生产，实现少人化或无人化，积极打造智能制造标杆生产线。要在做好现有 ERP、MES 等系统集成应用的基础上，运用物联网、大数据和数字看板，实现在线监测、信息共享，搭建数字化精益生产管理平台，提升拉动式生产和准时化生产水平，逐步实现集中监控、无人值守、有人巡检、专业维修，提高生产效率和产品质量，降低劳动强度和安全风险，全面提升企业本质安全水平。

（8）企业应提供满足需要的安全生产信息化、智能化建设、运维和网络安全等费用支出。

（9）其他确保企业安全生产的信息资源支持。

4 安全管理运行策划

4.1 合规性评价

4.1.1 概述

为深入贯彻习近平法治思想，落实全面依法治国战略部署，深化法治企业建设，切实、有效防控合规风险，确保企业经营管理行为和员工履职行为符合国家法律法规、监管规定、行业准则和国际条约、规则，以及企业章程、相关规章制度等要求，做实做严合规性评价工作显得尤为重要。

2022年10月1日起施行的《中央企业合规管理办法》第五条明确规定，企业合规管理工作应当遵循以下原则：

（1）坚持党的领导。充分发挥企业党委（党组）领导作用，落实全面依法治国战略部署有关要求，把党的领导贯穿合规管理全过程。

（2）坚持全面覆盖。将合规要求嵌入经营管理各领域各环节，贯穿决策、执行、监督全过程，落实到各部门、各单位和全体员工，实现多方联动、上下贯通。

（3）坚持权责清晰。按照"管业务必须管合规"要求，明确业务及职能部门、合规管理部门和监督部门职责，严格落实员工合规责任，对违规行为严肃问责。

（4）坚持务实高效。建立健全符合企业实际的合规管理体系，突出对重点领域、关键环节和重要人员的管理，充分利用大数据等信息化手段，切实提高管理效能。

企业安全生产合规性管理是企业合规管理的重要组成部分，因此，企业安全生产合规性管理工作也应坚持"全覆盖、零容忍""管业务、管合规"原则。

4.1.2 法律法规及其他要求

企业应建立合规性管理制度，明确责任部门，明确法律法规及其他识别、获取、更新、传递与转化要求，明确合规性评价的时机和结果应用要求，确保企业安全、绿色、低碳、节能发展。

4.1.2.1 法律法规及其他要求识别、获取和更新要求

企业应建立识别和获取适用的安全生产法律法规及其他要求的管理制度；明确责任部

门、获取渠道、方式；及时识别和获取适用的安全生产法律法规及其他要求；形成法律法规及其他要求清单和文本数据库，并定期更新。企业应将适用的安全生产法律法规及其他要求应用于企业的全生命周期安全管理中。

企业安全生产法律法规及其他要求识别范围包括但不限于：

（1）国家有关安全生产法律、法规和地方性法规。

（2）国家相关部门安全生产规章。

（3）国家标准、行业标准、地方标准。

（4）各级负有安全生产监督管理职责部门发布的政策性文件。

（5）上级有关规章制度。

企业法律法规及其他要求的准确识别可从以下方面考虑：

（1）相关性。必须与企业业务活动相关。

（2）可能性。如果不识别是否会出现工作无法开展或无法正常开展的情形。

（3）风险性。对于法律、法规必须符合，否则将被视为违法行为；而对于标准，则依据其是强制性标准还是推荐性标准来判断。

企业法律法规及其他要求的获取范围及渠道：

（1）获取范围包括但不限于国际公约，国家或地方立法机关制定的法律、法规、条例、章程，国家、行业、地方和上级部门规章、标准和要求，其他相关的要求及非法规性文件等。

（2）获取渠道包括但不限于上级文件，杂志、专业报纸、官方网站，国家和地方主管机关、行业协会、出版机构、书店、咨询机构、认证机构等。

（3）企业各职能管理部门建立本部门"法律法规获取渠道一览表"并定期对获取渠道进行确认，企业合规管理部门汇总后予以发布。

（4）企业各职能管理部门根据部门岗位设置，明确本专业相关法律法规获取的工作分工。各获取人员要按照确定的获取渠道，动态对法律法规的变化情况进行跟踪，对本专业法律法规获取的及时性、全面性负责，要在法律法规或其他要求发布后的一个月内完成对法律法规的获取。

（5）企业各职能管理部门在获取法律法规相关信息后，应及时组织评审，将评审结果传递给企业合规管理部门，由企业合规管理部门根据评审结果对企业法律法规及其他要求清单进行更新。

（6）企业各职能管理部门对新获取的法律法规及其他要求应逐条款识别，根据识别出的适用条款，对企业相关制度、标准、流程进行全面评审，确保企业制度、标准、流程满足法律法规及其他要求。需要对企业规章制度进行修改、完善的，职能管理部门要明确具体的制修订工作计划。制度制修订工作必须在法律法规及其他要求实施前完成。

4.1.2.2 法律法规及其他要求传递、宣贯培训要求

企业应采用适当的方式、方法，将适用的安全生产法律法规及其他要求及时传达给相关方。

企业应及时将适用安全生产法律法规及其他要求中的新规定、新要求对员工进行培训，具体要求如下：

（1）法律法规及其他要求的培训与管理制度培训相结合，做到同步培训、同步宣贯。

（2）法律法规及其他要求的培训必须在实施前进行完毕，所有相关岗位必须全部得到培训。培训要留有记录。

（3）涉及相关方的，企业业务牵头部门要适时传达或传递给相关方。

4.1.2.3 法律法规及其他转化要求

企业应明确法律法规及其他要求转化的方式，一般分为学习了解、承接转化、引用执行三种。

对于通用性法律、法规和标准，只作为参考学习资料，让相关人员了解知悉即可。

对于业务关联比较紧密的法律、法规和标准，必须遵照执行的，应识别到具体的条款内容，承接转化成内部管理制度或操作规程。

对于必须全文遵照执行的外来标准、技术文件，无须转化，直接引用执行即可。

企业应对适用的法律法规和标准规范，以及转化后的管理制度、操作规程进行宣贯培训，确保相关岗位人员知悉最新要求。

4.1.3 合规性评价过程

4.1.3.1 合规性评价过程要求

实施合规性评价是企业安全管理红线意识、底线思维的根本体现，缘于安全生产主体责任要求、风险管控要求和事故预防要求，其根本目的在于：判定企业安全生产工作的合法、合规性；识别"偏离"及"违反"法规标准及规范性文件的缺陷；对"偏离"或"违反"项目进行风险分析；为制定下一年度或周期的安全目标提供依据；为企业安全管理体系文件的修订完善提供依据。

企业应成立合规性评价小组，对法律法规及其他要求遵循情况及企业安全制度、操作规程、安全生产行为等的安全生产合规性情况进行评价，当企业发生事故、重大安全事件及法律法规等发生重大调整时，应及时进行评价。

企业安全生产合规性评价过程具体要求如下：

（1）评价时机：一般每年评价一次，当法律、法规和标准有重大变化或发生安全事故时，可做专项评价。

（2）评价方式：评价可单独开展，也可结合安全生产标准自评等同步进行，应编制合规性评价报告。

（3）评价类别：评价分专业评价和综合评价。专业评价由企业职能管理部门负责组织，综合评价由企业合规管理主管部门负责组织。合规性评价应形成记录。

（4）专业评价：企业各职能管理部门对识别出的适用法律法规标准逐一进行评价，结合评价结果和专业评价内容，编制专业评价报告。专业评价主要包括但不限于：

——相关运营许可遵守情况，包括运营许可的种类是否齐全、有效等；

——政府部门检查及评价情况；

——上级及第三方审核情况；

——日常指标监测监控情况，相关方投诉情况；

——危害因素、环境因素的识别，重大危险源管理情况；

——固体废弃物的管理和处置、危险化学品的管理、消防管理等情况；

——对员工健康监护，职业危害岗位体检，安全评价，环境监测等结果的统计、分析；

——应急准备与响应情况，有关事故、事件的处理情况；

——承包商安全管理情况；

——节能降耗、计量控制等装置运行管理情况；

——特种设备的监测，设施完整性的管理情况；

——各层次员工能力培训、评价及特殊工种持证上岗结果的统计、分析情况等。

（5）综合评价：在专业评价基础上进行。由企业合规管理归口部门在各专业评价的基础上，对企业适用的法律法规的遵守情况进行综合评价，形成企业合规性评价报告。

4.1.3.2　合规性评价报告要求

合规性评价报告应遵循"全面系统、重点突出、繁简得当、务求实效"的原则，做到"实事求是，防止避重就轻；描述清晰，防止模棱两可；定位准确，防止模糊不清；客观公正，防止狭私偏见"。合规性评价报告应包括但不限于以下内容：

——评价目的；

——评价范围；

——评价依据；

——评价小组与分工；

——评价过程综述：

——符合性评价负面清单；

——改进建议；

——评价结论。

4.1.4　评价结果应用

企业应对安全生产合规性评价发现的不符合事项，及时组织相关部门认真分析原因，进行针对性闭环整改，并跟踪整改情况。企业应将收集到的法律法规及其他要求相关审核及整改情况形成记录，并及时归档。

企业合规性评价结果应用应从以下方面予以考虑：

（1）修订责任制，完善规章制度；

（2）修订操作规程；

（3）制订、落实安全环保隐患治理项目计划；

（4）实施必要的能力提升培训教育；

（5）补充完善相关项目的法定手续；

（6）优化安全管理体制、机制等。

同时，企业合规性评价结果应用应遵守《中央企业合规管理办法》相关规定，确保合规管理进制度、进流程、进岗位，促进企业各级依法合规意识、能力和水平持续提升。

《中央企业合规管理办法》（2022）中，相关合规性评价结果应用条款具体内容如下：

第二十四条　中央企业应当设立违规举报平台，公布举报电话、邮箱或者信箱，相关部门按照职责权限受理违规举报，并就举报问题进行调查和处理，对造成资产损失或者严重不良后果的，移交责任追究部门；对涉嫌违纪违法的，按照规定移交纪检监察等相关部门或者机构。

中央企业应当对举报人的身份和举报事项严格保密，对举报属实的举报人可以给予适当奖励。任何单位和个人不得以任何形式对举报人进行打击报复。

第二十五条　中央企业应当完善违规行为追责问责机制，明确责任范围，细化问责标准，针对问题和线索及时开展调查，按照有关规定严肃追究违规人员责任。

中央企业应当建立所属单位经营管理和员工履职违规行为记录制度，将违规行为性质、发生次数、危害程度等作为考核评价、职级评定等工作的重要依据。

第二十六条　中央企业应当结合实际建立健全合规管理与法务管理、内部控制、风险管理等协同运作机制，加强统筹协调，避免交叉重复，提高管理效能。

第三十七条　中央企业违反本办法规定，因合规管理不到位引发违规行为的，国资委可以约谈相关企业并责成整改；造成损失或者不良影响的，国资委根据相关规定开展责任追究。

第三十八条　中央企业应当对在履职过程中因故意或者重大过失应当发现而未发现违规问题，或者发现违规问题存在失职渎职行为，给企业造成损失或者不良影响的单位和人员开展责任追究。

4.2 风险管理

4.2.1 概述

石油石化行业是传统高风险行业，风险管理是企业安全管理的核心，对作业过程中的风险进行管理是从"被动应对"变成"主动防御"的重要抓手，石油石化企业应以建立新发展格局下系统科学完备的风险管控体系为目标，以强化重大风险管控为主线，按照识别重大风险、明确风险偏好、设定评估标准、研判评估风险、设立预警体系、量化管理风险、夯实三道防线、完善风险组织架构的思路设计总体框架。本节明确了危害因素辨识的内容、时机和周期，同时明确了风险评价的方法、分级防控，并列举了由于风险管控不到位而引发的事故案例。

4.2.2 相关术语和定义

（1）危害因素（hazard）：可能导致人员伤害和（或）健康损害、财产损失、工作环境破坏、有害的环境影响的根源、状态或行为，或其组合。

（2）危害因素辨识（hazard identification）：识别健康、安全与环境危害因素的存在并确定其危害特性的过程。

（3）风险（risk）：某一特定危害事件发生的可能性，与随之引发的人身伤害或健康损害、损坏或其他损失的严重性的组合。

（4）风险分析（risk analysis）：在识别和确定危害特性的基础上，确定风险来源，了解风险性质，采用定性或定量方法分析生产作业活动和生产管理活动存在风险的过程。

（5）风险评估（risk assessment）：对照风险划分标准评估风险等级，以及确定风险是否可接受的过程。

（6）风险控制（risk control）：针对生产安全风险采取工程技术措施、管理措施、培训教育措施、个体防护措施和应急处置等，以及实施风险监测、跟踪与记录的过程。

4.2.3 危害因素辨识的内容

4.2.3.1 危害因素分类

危害因素是危险因素和有害因素的总称。危险因素是指能对人造成伤亡或对物造成突发性损害的因素，有害因素是指能影响人的身体健康、导致疾病或物造成慢性损害的因素。通常情况下，两者并不加以区分而统称为危害因素。对危害因素进行分类是风险分析和辨识的基础。

按导致事故和职业危害的直接原因进行分类，根据《生产过程危险和有害因素分类与代码》（GB/T 13861—2022）的规定，将生产过程中的危险、有害因素分为"人的因素""物的因素""环境因素""管理因素"四大类，详见表4.1。

表 4.1　生产过程危险和有害因素分类和代码（部分）

代码	名称	备注
1	人的因素	
11	心理、生理性危险和有害因素	
1101	负荷超限	
1102	健康状况异常	
1103	从事禁忌工作	
1104	心理异常	
1105	辨识功能缺陷	
1199	其他心理、生理性危险和有害因素	
12	行为性危险和有害因素	
1201	指挥错误	
1202	操作错误	
1203	监护失误	
1299	其他行为性危险和有害因素	
2	物的因素	
21	物理性危险和有害因素	
2101	设备、设施、工具、附件缺陷	
2102	防护缺陷	
2103	电危害	
2104	噪声	
2105	振动危害	
2106	电离辐射	
2107	非电离辐射	
2108	运动物危害	
2109	明火	
2110	高温物质	
2111	低温物质	
2112	信号缺陷	
2113	标志标识缺陷	

续表

代码	名称	备注
2114	有害光照	
2115	信息系统缺陷	
2199	其他物理性危险和有害因素	
22	化学性危险和有害因素	
2201	理化危险	
2202	健康危险	
2299	其他化学性危险和有害因素	
23	生物性危险和有害因素	
2301	致病微生物	
2302	传染病媒介物	
2303	致害动物	
2304	致害植物	
2399	其他生物性危险和有害因素	
3	环境因素	
31	室内作业场所环境不良	
3101	室内地面滑	
3102	室内作业场所狭窄	
3103	室内作业场所杂乱	
3104	室内地面不平	
3105	室内梯架缺陷	
3106	地面、墙和天花板的开口缺陷	
3107	房屋基础下沉	
3108	室内安全通道缺陷	
3109	房屋安全出口缺陷	
3110	采光照明不良	
3111	作业场所空气不良	
3112	室内温度、湿度、气压不适	
3113	室内温度、排水不良	

代码	名称	备注
3114	室内涌水	
3199	其他室内作业场所环境不良	
32	恶劣气候与环境	
3201	恶劣气候与环境	
3202	作业场地和交通设施湿滑	
3203	作业场地狭窄	
3204	作业场地杂乱	
3205	作业场地不平	
3206	交通环境不良	
3207	脚手架、阶梯和活动梯架缺陷	
3208	地面及场地开口缺陷	
3209	建（构）筑物和其他结构缺陷	
3210	门和周界设施缺陷	
3211	作业场地地基下沉	
3212	作业场地安全通道缺陷	
3213	作业场地安全出口缺陷	
3214	作业场地光照不良	
3215	作业场地空气不良	
3216	作业场地温度、湿度、气压不适	
3217	作业场地涌水	
3218	排水系统故障	
3299	其他室外作业场地环境不良	
33	地下（含水下）作业环境不良	
3301	隧道／矿井顶板或巷帮缺陷	
3302	隧道／矿井作业面缺陷	
3303	隧道／矿井底板缺陷	
3304	地下作业面空气不良	
3305	地下火	

代码	名称	备注
3306	冲击地压（岩爆）	
3307	地下水	
3308	水下作业供氧不当	
3399	其他地下作业环境不良	
39	其他作业环境不良	
3901	强迫体位	
3902	综合性作业环境不良	
3999	以上未包括的其他作业环境不良	
4	管理因素	
41	职业安全卫生管理机构设置和人员配备不健全	
42	职业安全卫生责任制不完善或未落实	
43	职业安全卫生管理制度不完善或未落实	
4301	建设项目"三同时"制度	
4302	安全风险分级管控	
4303	事故隐患排查治理	
4304	培训教育制度	
4305	操作规程	
4306	职业卫生管理制度	
4399	其他职业安全卫生管理制度不健全	
44	职业安全卫生投入不足	
46	应急管理缺陷	
4601	应急资源调查不充分	
4602	应急能力、风险评估不全面	
4603	事故应急预案缺陷	
4604	应急预案培训不到位	
4605	应急预案演练不规范	
4606	应急演练评估不到位	
4699	其他应急管理缺陷	
49	其他管理因素缺陷	

按照事故类别分类，一般参照《企业职工伤亡事故分类》（GB 6441），综合考虑起因物、引起事故的诱导性原因、致害物、伤害方式等，可将事故分为20类，主要见表4.2。

表4.2 事故分类及说明

序号	事故类别名称	说明
1	物体打击	物体在重力或其他外力的作用下产生运动，打击人体，造成人身伤亡事故，不包括因机械设备、车辆、起重机械、坍塌等引发的物体打击
2	车辆伤害	企业机动车辆在行驶中引起的人体坠落和物体倒塌、下落、挤压伤亡事故，不包括起重设备提升、牵引车辆和车辆停驶时发生的事故
3	机械伤害	机械设备运动（静止）部件、工具、加工件直接与人体接触引起的夹击、碰撞、剪切、卷入、绞、碾、割、刺等伤害，不包括车辆、起重机械引起的机械伤害
4	起重伤害	各种起重作业（包括起重机安装、检修、试验）中发生的挤压、坠落、（吊具、吊重）物体打击和触电
5	触电	电流流经人体，造成生理伤害的事故。适用于触电、雷击伤害。如人体接触带电的设备金属外壳或裸露的临时线，漏电的手持电动手工工具；起重设备误触高压线或感应带电；雷击伤害；触电坠落等事故
6	淹溺	因大量水经口、鼻进入肺内，造成呼吸道阻塞，发生急性缺氧而窒息死亡的事故。适用于船舶、排筏、设施在航行、停泊、作业时发生的落水事故
7	灼烫	指火焰烧伤、高温物体烫伤、化学灼伤（酸、碱、盐、有机物引起的体内外灼伤）、物理灼伤（光、放射性物质引起的体内外灼伤），不包括电灼伤和火灾引起的烧伤
8	火灾	在时间或空间上失去控制的燃烧，指造成人身伤亡的企业火灾事故。不适用于非企业原因造成的火灾，比如，居民火灾蔓延到企业。此类事故属于消防部门统计的事故
9	高处坠落	出于危险重力势能差引起的伤害事故。适用于脚手架、平台、陡壁施工等高于地面的坠落，也适用于山地面踏空失足坠入洞、坑、沟、升降口、漏斗等情况。但排除以其他类别为诱发条件的坠落。如高处作业时，因触电失足坠落应定为触电事故，不能按高处坠落划分
10	坍塌	物体在外力或重力作用下，超过自身的强度极限或因结构稳定性破坏而造成的事故，如挖沟时的土石塌方、脚手架坍塌、堆置物倒塌等，不适用于矿山冒顶片帮和车辆、起重机械、爆破引起的坍塌
11	冒顶片帮	矿井、隧道、涵洞开挖、衬砌过程中因开挖或支护不当，顶部或侧壁大面积垮塌造成伤害的事故。适用于矿山、地下开采、掘进及其他坑道作业发生的坍塌事故
12	透水	矿山、地下开采或其他坑道作业时，意外水源带来的伤亡事故。适用于井巷与含水岩层、地下含水带、溶洞或与被淹巷道、地面水域相通时，涌水成灾的事故。不适用于地面水害事故
13	放炮	施工时，放炮作业造成的伤亡事故。适用于各种爆破作业。如采石、采矿、采煤、开山、修路、拆除建筑物等工程进行的放炮作业引起的伤亡事故

序号	事故类别名称	说明
14	火药爆炸	火药与炸药在生产、运输、贮藏的过程中发生的爆炸事故。适用于火药与炸药生产在配料、运输、贮藏、加工过程中，由于振动、明火、摩擦、静电作用，或因炸药的热分解作用，贮藏时间过长或因存药过多发生的化学性爆炸事故，以及熔炼金属时，废料处理不净，残存火药或炸药引起的爆炸事故
15	瓦斯爆炸	可燃性气体瓦斯、煤尘与空气混合形成了达到燃烧极限的混合物，接触火源时，引起的化学性爆炸事故。主要适用于煤矿，同时也适用于空气不流通，瓦斯、煤尘积聚的场合
16	锅炉爆炸	锅炉发生的物理性爆炸事故。适用于使用工作压力大于 0.7 倍大气压（0.07MPa）、以水为介质的蒸汽锅炉（以下简称"锅炉"），但不适用于铁路机车、船舶上的锅炉以及列车电站和船舶电站的锅炉
17	容器爆炸	容器（压力容器的简称）是指比较容易发生事故，且事故危害性较大的承受压力载荷的密闭装置。容器爆炸是压力容器破裂引起的气体爆炸，即物理性爆炸，包括容器内盛装的可燃性液化气在容器破裂后，立即蒸发，与周围的空气混合形成爆炸性气体混合物，遇到火源时产生的化学爆炸，也称容器的二次爆炸
18	其他爆炸	凡不属于上述爆炸的事故均列为其他爆炸事故，如：可燃性气体如煤气、乙炔等与空气混合形成的爆炸；可燃蒸气与空气混合形成的爆炸性气体混合物，如汽油挥发气引起的爆炸；可燃性粉尘以及可燃性纤维与空气混合形成的爆炸性气体混合物引起的爆炸
19	中毒和窒息	人接触有毒物质，如误吃有毒食物或呼吸有毒气体引起的人体急性中毒事故，或在废弃的坑道、暗井、涵洞、地下管道等不通风的地方工作，因为氧气缺乏，有时会发生突然晕倒，甚至死亡的事故称为窒息。两种现象合为一体，称为中毒和窒息事故。不适用于病理变化导致的中毒和窒息的事故，也不适用于慢性中毒的职业病导致的死亡
20	其他伤害	凡不属于上述伤害的事故均称为其他伤害，如扭伤、跌伤、冻伤、野兽咬伤、钉子扎伤等

上述阐述了可以为生产经营活动过程中危险和有害因素的预测、预防，伤亡事故原因和辨识分析提供基本的思路支撑，保证分析的完整性和一致性。

4.2.3.2 危害因素辨识的主要内容

根据石油化工生产经营活动的特点，危害因素辨识包括但不限于以下内容：

（1）工艺技术的本质安全。

（2）厂区选址和平面布局不合理导致的危害。

（3）企业潜在的风险对相关人员安全的影响。

（4）工艺系统可能存在的危害。

（5）操作过程可能存在的危害。

（6）设备设施失效可能存在的危害。

（7）作业过程可能存在的危害。

（8）变更所引入的危害。

（9）建（构）筑物潜在的危害。

（10）自然灾害对企业带来的危害。

（11）企业潜在的风险对厂外相关方的影响。

（12）外部环境对企业安全的影响。

4.2.4　危害因素辨识的时机与周期

4.2.4.1　装置全生命周期简介

石油化工企业装置的整个生命周期主要包括工艺系统的研究开发、可行性研究、初步设计、详细设计、建设安装／开车、正常操作和维护、报废等阶段。在工艺过程发展的各个阶段都需要进行危害因素辨识，在整个生命周期过程中要有整体规划，在每一个环节都要进行安全探讨，制订安全对策，为企业安全管理提供决策依据。

4.2.4.2　危害因素辨识的时机

根据浴盆原理，装置系统生命周期不同阶段的故障模式和故障率都存在着客观规律，那么装置系统生命周期不同阶段风险也不一样。

（1）研究开发阶段。

在研究开发阶段，考虑建立小型实验装置，掌握原材料、产品的危险性数据，特别是在处理和生产新的稳定性较差的物质时，通过文献调查、实施热敏实验、着火性与燃烧性实验、机械敏感实验，积累该物质燃烧危险性与反应危险性的数据，掌握该物质的毒性数据。在研究开发设施中，因经常用到新的化学品，且化学反应过程难以控制，实验人员和分析设备常处在潜在风险环境之中，各种危害情况也经常发生。

（2）可行性研究阶段。

在新工厂布局和建设的计划阶段，掌握所处理物质及工艺的危险特性和基本安全对策，调查和了解各种法规及所适用的安全标准、设备容量、工厂布局场所、自然环境等设计要素，调查与探讨原料与产品的输送方式及操作人员的素质等问题。除了工艺方面的安全问题以外，在考虑原材料和产品的输送方式的安全性时，还要考虑储存方面的安全性。同时还要对物质的危险性和工艺危险性进行预先危险分析，在这一阶段考虑问题的结果将作为下一阶段设计的重要资料。在这个阶段，仅仅定义了设计概念及装置系统的主要部分，但是工艺安全信息资料等详细设计与文档还没有给出。然而，在这个时期必须识别出装置系统主要的风险，例如选址条件的安全论证，以便于在接下来的设计进程中加以考虑。进行风险辨识研究时，会用到一些基本风险分析方法，如预先危险分析、安全检查表、what-if、定量风险分析（QRA）等。

（3）初步设计阶段。

在初步设计阶段，设计人员常常是以正常生产状态作为设计前提的，重点是确保生产功能和操作功能，但是针对异常情况的早期发现和处理的安全功能也必须考虑进去。为了确保工厂的安全，在基本设计阶段就应确定安全功能的基本框架，此时要充分地考虑安全功能并将它融入设计中。充分地考虑安全功能不仅提高了以后工厂的可靠度和安全度，而且也防止今后详细设计阶段做更大的变更，防止操作阶段进行追加改造，其结果是使工厂的成本降低。这些基本设计成果作为初步设计形式的集合并送入下一步详细设计阶段。在系统生命周期的这个阶段，设计基础资料已经初步建立，带控制点的管道仪表流程图（P&ID 图）已经绘制，该阶段安全风险管理目标是检查设计方案以降低事故发生的可能性并预防可能发生的后果。

（4）详细设计阶段。

在详细设计阶段，要按照基本设计形式，决定压力容器、反应器、热交换器、运转设备等各个设备的设计容量、能力、构造、强度等，除此之外进行控制系统的详细设计，根据管线的压力损失计算管线的直径、设计管线的路径、设计火嘴的大小等。安全设备要按照基本设计阶段所决定的样式进行详细的设计，但实际上有时要将基本设计阶段的设计情况进行变化，若在基本设计阶段只定下了基本方针，直到详细设计阶段也尚未决定设计内容，在这种情况时，要进行各种研究探讨后再进行详细的设计。在这个阶段，详细设计已经开始，操作方法已经决定，技术文档也已备好，设计已比较成熟。该阶段需要对初步设计阶段风险管理结果继续进行审核，对初步设计的变更进行评价。

（5）操作／维护阶段。

在制造和安装阶段完成，系统开车使用之前，如果系统的使用或操作潜在危险，且系统需要非常严格的操作顺序和使用规范，或者设计目的将在之后进行一系列修改时，应该进行风险分析。在操作阶段要通过操作人员的正确操作，通过设备保养维护确保工厂各种设备的稳定运行。当安排工厂或装置进行全面检修时，在装置停车前，对装置的停车过程和检修工作做全面的危害辨识是很重要的。为防止系统试车与操作时的危险，或者防止某些关键操作顺序和操作规程出现问题，又或者在后期对设计意图有实质上的变更，在系统开车前需要进行风险分析。在这个阶段，应当研究操作规程和试车方案中可能会存在的风险。除此之外，风险管理还应当重新审核早期阶段研究的内容，并确保其中的问题都已得到解决。在装置正常运行阶段，风险管理应侧重于装置日常生产过程中存在的和潜在的危险因素，关注装置在生产运行中存在的隐患。风险管理关键在于提出消除、预防或减轻项目运行过程中危险性的安全对策措施。

（6）报废阶段。

对于易燃、易爆、有毒的报废化工装置，因置换难度大，拆除时难度大、危险因素多，因此要确保装置的拆除施工处于受控状态，对于发生的事故能够采取正确有序的应急措施，合理地进行事故处理，保护拆除施工过程中施工人员的安全，并且在拆除过程中必须做到缜密、合理地组织与实施，来确保对环境的污染降到最小。这一阶段的风险管理是非常必要的，因为危险并不一定仅在正常操作阶段才出现。如果以前风险管理记录存在，那么该阶段的风险分析可以在原来记录的基础上进行。

4.2.4.3 生命周期不同阶段的风险辨识

企业的风险管理应贯穿装置的研究开发、可行性研究、初步设计、详细设计、建设安装/开车、正常操作和维护、报废等全生命周期各个阶段及作业过程，针对所处阶段或评估对象特点应选择适用的危害辨识和风险评估方法，开展风险管理活动。

危害因素辨识应根据安全实际工作的需要和不同阶段的工作要求开展分析工作。以HAZOP、SIL 等方法为例，HAZOP 分析是在工艺设计阶段，初版图纸完成后开展，按照《危险化学品生产建设项目安全风险防控指南》在建设项目安全设施设计审查时，作为一个重要的审查要点，要有比较翔实的 HAZOP 分析内容和安全仪表的 SIF 回路的安全完整性等级说明。当然这个报告不是最终的，在项目建设阶段工艺和设备避免不了要发生一些变更，工艺和设备变更后，HAZOP 分析和 SIL 评估也要发生相应的修改，在项目验收阶段，HAZOP 分析和 SIL 评估要和现场相一致。

正常情况下，SIL 验算是在项目建设前期，安全仪表的传感器、SIS 系统和切断阀等设备采购之前，先提供数据，如验算合格再采购安装，如验算不合格，需要更换更高级别的仪表设备。但是目前基本没有如此执行的，都是设备安装后，再根据现场安装的设备进行计算。由于仪表设备几乎都采用高配，所以很少出现验算不合格的问题。另外，仪表的失效概率和现场的安装有着非常密切的关系，仪表设备的正确选型和安装直接关系仪表的安全和可靠性，所以大部分验算是在设备安装之后，项目验收之前。

4.2.4.4 危害因素辨识的周期

不同危害因素辨识方法的周期应根据企业的实际情况进行，具体可分为两类。一类是定期开展危害因素辨识，以 HAZOP、SIL 为例。按照《安全监管总局关于加强化工过程安全管理的指导意见》，HAZOP 分析一般是三年一次，SIL 评估国家文件和各种规范中并没有规定多久开展一次，中国石油和中国石化明确要求 HAZOP 分析和 SIL 评估均是三年开展一次。另一类是根据装置的具体情况临时开展风险辨识工作，如设备和工艺发生变更，那么 HAZOP 分析和 SIL 评估必须随着变更一起开展。即使不发生联锁逻辑和安全仪表设备的变更，SIL 验算也不宜长时间不开展，建议三至五年开展一次。因为 SIL 验算中有一项重要的指标，就是安全仪表、SIS 系统和切断阀的使用年限，随着使用年限的越久，可靠性越差，特别是切断阀，五年前验算的数据和五年后肯定不一样，五年前能验算合格，五年后还能否合格不得而知，其实关键联锁的仪表推荐使用寿命就是八年时间。所有SIL 验算也要周期性地开展起来。

4.2.5 风险评价方法

风险分析与风险评价方法是安全工程师、安全评价师及安全科技人员从事风险分析、评价和研究的主要工具。对新项目、新技术、新装置进行风险分析与评价时，选择哪种或哪几种风险分析与风险评价方法有时比较困难。风险分析与风险评价方法的选用，因不同国家、不同行业、风险分析人员的个人偏好而有所不同。国际上将上百种风险评价方法分为三大类：定性方法、定量方法、混合型方法。近年来，国际上流行的占主导地位的风险分析与风险评价方法共有二十余种，其具体名称及优缺点作如下评述。

4.2.5.1 定性方法

定性风险分析是评估已识别风险的影响和可能性的过程。这一过程用来确定风险对项目目标可能的影响，对风险进行排序。它在明确特定风险和指导风险应对方面十分重要。常用定性风险评估方法及优缺点见表4.3。

表4.3 定性风险评估方法及优缺点

名称	要点	优点	缺点
安全检查表（check-lists）	检查表是一种表现形式，核心内容是运用法规、标准规范、行业技术经验、历史积累的经验去检查工程项目，不遗漏大的专业技术问题。国外以历史积累的经验进行提问、检查；国内以法规、标准规范、行业技术经验为主进行提问、检查	基于历史经验的、系统的分析与评价方法，适用于任何系统和作业	不适用于识别复杂的危险源，工作质量基本取决于使用者的经验
如果……怎么办?（what-if）	用如果、怎么样、怎么办的方式提问，采用头脑风暴方法思考，用以识别危害与分析后果	识别危害、危险状态，方法成本非常便宜	定性的分析，确定危害后果，评估方法结构松散
安全审核（safety audits）	由审核团队对装置、工艺过程的过程安全文件、现场情况进行审核，识别设备状况、操作步骤可能造成的人员伤亡及财产、环境的损害和影响	易于应用，成本便宜	不能用于识别技术性强的装置危险源
任务分析（task analysis）	逐级、逐层进行任务分析，识别危害，可以建立一个任务全景图片。对较小的工作任务，国内的外资企业常用类似的工作安全性分析（JSA）或工作危害性分析（JHA）	通过逐级、逐层分析，能提供结构清晰的工作过程总体情况，识别出关键危害因素	分析复杂任务耗时多
STEP分析技术（STEP）	以时间为序对事件、行为进行分析，以找出其对事故的影响与因果关系	可提供与时间、顺序关联的事件、行为发生的总体情况，也可绘出图表，对分析事故发生具有价值	分析复杂事件耗时多
危险与可操作性分析（HAZOP）	用头脑风暴法对工艺过程及操作存在的风险进行分析、研究	适用于任何系统。基于引导词讨论广泛问题的高度结构化的方法，非常普及	成本昂贵，需要多专业的专家团队，耗时较多

续表

名称	要点	优点	缺点
bow-tie 分析 （bow-tie）	将风险与危险有害因素、预防性控制措施、减缓性措施和事故后果之间的关联以领结（蝴蝶结）的形状表示出来	风险分析与风险管理的有效工具，风险分析的重点集中在风险控制和管理系统的联系上，适用面比较广	必要时需结合其他风险分析技术
故障类型和影响分析（FMEA）	辨识单一设备和系统故障模式及每种故障模式对装置造成的影响	适用面广，比较系统，熟悉设备的专业人员易于掌握	比较耗时

4.2.5.2　定量方法

定量风险分析是对通过定性风险分析排出优先顺序的风险进行量化分析。尽管有经验的风险分析人员有时在风险识别之后直接进行定量分析，但定量风险分析一般在定性风险分析之后进行。常用的定量风险评估方法及优缺点见表 4.4。

表 4.4　定量风险评估方法及优缺点

名称	要点	优点	缺点
比例风险评估技术（PRAT）	安全经理组织工人进行分析讨论，由公式 $R=P \cdot S \cdot F$ 计算风险 R，式中 P 表示可能性因子，S 表示伤害后果因子，F 表示接触因子。根据风险大小重点提出改进措施	属于数学上的风险评估方法。安全结论基于记录的事件、事故，适用于任何生产过程	需要高效的安全经理对不安全（不期望）事件做记录。耗时结果取决于安全经理与生产工程师的观点
风险矩阵决策评估技术（DMRA）	用标准的风险矩阵对风险进行决策、评估	评估结果基于不期望事件或事故的记录。它是风险分析与风险评估技术的结合	结果取决于安全经理与生产工程师的观点
社会风险评估技术（SRE）	对所有事故场景（剧情）的风险进行计算，以死亡概率表示，绘制 FN 曲线，与标准进行对比以确认社会风险是否可以接受	通常涵盖公众和现场工人的风险。既是定量技术也是图解技术。社会风险用简明的 FN 曲线展示出来	需要高效的安全经理对不安全（不期望）事件做记录。耗时的技术
定量风险评估技术（QRA）	对事故场景发生的频率、个人风险、社会风险进行定量计算，并将计算出的风险与风险标准相比较，判断风险的可接受性，并提出降低风险的建议	对分析个人风险和社会风险提供了一致的基础，是一种定量评估技术	因包含了几个模型，方法复杂，因需确定场景及其频率，所以方法繁琐
多米诺骨牌场景定量评估（QADS）	对多米诺骨牌场景、事故进行定量评估，评估需采用逐级上升标准或阈值	一种针对多米诺事件的定量评估方法	方法复杂，耗时，昂贵

续表

名称	要点	优点	缺点
临床风险和失误分析（CREA）	由临床医学专家、风险分析师组成的多学科专家团队运用风险评估技术对临床医疗活动进行风险和失误分析，找出原因与改进策略	建立在工业应用成熟的风险分析、风险评价技术基础之上	方法复杂，耗时，需要一支多学科专家团队
预测认识方法（PEA）	基于预测、认识方法进行风险评估	基于模型预测、认识途径进行风险评估，提供了一种将可靠数据与推导数据相结合的方法	方法复杂，耗时，需要一支多学科专家团队
权重风险分析（WRA）	用于权衡、衡量不同学科（如环境、质量、经济等）的安全度量标准，是比较多个方面风险的工具	一种比较不同方面风险的工具。可用于权衡不同学科，如环境、质量、经济等的安全度量标准	该方法非常复杂，也繁琐，耗费大量时间，需要一支多学科专家团队

4.2.5.3　混合型方法

常用的混合型分析方法及优缺点见表 4.5。

表 4.5　混合型分析方法及优缺点

名称	要点	优点	缺点
人的失误分析技术或人的因素导致的事件分析（HEAT/HFEA）	系统地分析设计、操作、维护过程中人的失误，以便改进安全水平、更安全地操作	该方法用于研究人在事故中的作用，是通用方法	方法非常复杂、繁琐
故障树分析（FTA）	是一种描述事故因果关系的有方向的"树"型图。可以计算顶上事件的概率，用于定量分析	一种高度结构化的逻辑推理方法，广泛用于所有领域。从深层次确定事故原因，给出定性与定量结果	方法非常复杂、繁琐，耗费大量时间
事件树分析（ETA）	ETA 与 FTA 正好相反，是一种从原因到结果的自下而上的分析方法。从初始事件开始交替分析成功与失败两种可能性，不断分析直到找到最终结果	识别导致事故的各类事件。它是推导、模型方法，可用于设计、建设、操作变更及分析事故原因，是广泛应用的定量与定性技术	方法非常复杂、繁琐，耗费大量时间
基于风险的维护（RBM）	是基于风险分析和评价而制订维护策略的方法，也是以设备或部件的风险为评判基础的维修策略管理模式	广泛应用的定量与定性技术，可应用于各种形式的财产	风险的定量描述受研究结果的质量和估算的故障概率精确度影响

续表

名称	要点	优点	缺点
保护层分析（LOPA）	确定是否有足够独立的保护层以防止意外事故发生（风险程度是否可接受）	适用于对定性风险评估来说过于复杂的场景。与定性方法相比，提供了更具可靠性的判断	LOPA 计算结果并不是场景风险的准确值，这是其在定量风险分析方面的局限性
DOW 化学公司火灾爆炸危险指数评价法（DOW's index）	评估工艺、装置、设施的固有危险性，评估安全对策措施	主要用作火灾、爆炸固有危险性分级、评估潜在的最大损失，应用于本质安全设计，应用广泛	安全对策措施要根据现行国家标准规范、对安全设施的要求及目前的安全技术水平进行补充、调整。补偿措施部分按目前标准有局限性

4.2.5.4 近年来国际上新出现的风险分析与风险评价方法

近十余年来，国际上出现了一些新的风险评价方法，引人注目。

（1）欧洲的 SHE 评估。

欧洲的一些大型化工企业对化工项目进行评估，其特征是安全、健康、环保三个学科问题一起进行研究、评估，以安全为主。欧洲的 SHE 评估，虽然内含的评价方法不陌生，但笔者认为欧洲的 SHE 评估在学科研究的全面性上、在具体实施过程和步骤的严谨性上比较合理，值得我国政府、企业关注。方法过程共分五步。

第一步：项目前期概况总体分析，列出要研究的问题；风险识别（工艺、物料等）；环保问题；厂址选择；物流（贮运）；公用工程；政府许可；时间计划。

第二步：在第一步基础上对每一个问题进行研究完善，提出解决问题的办法，如项目回顾、过程安全、环境问题等。

第三步：完善第一步，研究是否需要进行第三步或哪些方面需做第三步。

第四步：高危区确定；收集 P&ID 图等资料；确定时间计划；HAZOP 分析。

第五步：项目建设完成未开车（启动、运营）前，拿到许可证；检查安全措施是否全部到位；项目整体完整性检查。此步类似于我国的"三查四定"、试生产审查与安全验收评价。

（2）基于计算流体动力学的风险评价方法。

计算流体动力学（CFD）主要是通过数值方法求解流体力学控制方程，它以电子计算机为工具，应用各种离散化的数学方法，对流体力学的各类问题进行计算机模拟和分析研究，以解决各种实际问题。近年来 CFD 被应用于风险评价领域，称为基于 CFD 的风险评价方法，在国际杂志上刊载的论文数量越来越多，是一种很有发展前景的方法。计算模型、计算过程、结果输出为三维，比以往的二维计算方法更加严谨。近年来大力发展的液化天然气（LNG）工程，运用 CFD 方法对 LNG 码头、站场的安全风险、安全距离进行模拟计算，获得国内外广泛认可。在安全风险评估领域，国际上也出现了几种著名的商用 CFD 软件包。

（3）集成本质安全指数。

北美、中国等地区和国家一直在致力于研究如何评估及表征装置、储罐系统的固有安全性和固有危险性，这是一个不容易解决好的问题。Faisal I. Khan 等阐述了集成本质安全指数（I2SI）的概念和该评估方法的使用。鲜有该方法的应用报道，该方法不像化学火灾爆炸危险指数法那么著名，是否适合我国广泛应用有待观察，目前该方法在我国的应用报道很少见到。

（4）临床风险与失误分析。

2006 年由 Trucco 和 Gavallin 提出的临床风险与失误分析（CREA）是建立在工业技术领域已经成熟的风险分析、风险评价技术基础之上，将这些技术应用在医学领域，运用中需要一支多学科专家团队。该方法针对分析、研究的某个医疗过程，计算该过程最终的风险指数，风险指数等于该医疗过程中各个失误模型的风险之和。每个失误模型的风险等于失效概率与后果的乘积。CREA 允许分析人员采用收集的统计数据，如失效概率、后果严重程度等。分析由五个步骤组成：① 对整个医疗过程识别并划分为各个小的过程或事件（即建立治疗过程模型）；② 事件描述（即任务分析，TA）；③ 识别事件失误模型（识别不正确的操作或决策，采用的方法为 HAZOP）；④ 风险评估（计算每个事件或过程的风险指数，制作风险曲线并评估）；⑤ 评估团队讨论分析失误模型的影响因素。

该方法在医学领域引入 HZAOP 分析、TA 分析等风险分析方法与风险指数计算方法，还具有医学领域研究工作的特点。该方法在我国的发展还有待观察。

4.2.6 风险分级防控

《安全生产法》对企业的要求是：组织开展安全风险分级防控和隐患排查治理工作，并提供必要的资源，包括人员、物资、资金、技能和信息等，确保满足安全风险分级防控和隐患排查治理工作的需要。遵循"管行业必须管安全、管业务必须管安全、管生产经营必须管安全"的原则，按照"风险优先、系统管控、全员参与、持续改进"方式，对安全风险分级防控和隐患排查治理工作进行策划、组织，并将其作为日常工作内容定期开展，同时确定机构、人员、职责和工作任务等，满足以下要求：

（1）企业及所属单位安全风险分级防控和隐患排查治理工作应由主要负责人组织，专业分管领导负责落实。

（2）企业及所属单位规划计划、人力资源、生产组织、工艺技术、设备设施、物资采购、工程建设、安全管理等职能部门应根据直线责任和属地管理原则，组织开展业务范围内安全风险分级防控和隐患排查治理工作，必要时邀请外部专家或相关方人员参加。

（3）各基层单位主要负责人组织生产、工艺、设备、安全等专业技术人员，以及班组长、属地负责人和岗位员工代表，参加安全风险分级防控和隐患排查治理。

（4）工程技术、工程建设、检维修等施工项目管理单位和（或）属地单位负责人和作业活动负责人应组织安全风险分级防控和隐患排查治理，必要时邀请相关方人员参加。

（5）非常规作业活动，属地单位负责人和作业活动负责人应按作业许可规定组织安全风险分级防控和隐患排查治理，必要时邀请相关方人员参加。

（6）组织开展分层次的安全风险分级防控和隐患排查治理业务培训，建立培训矩阵，制订和落实培训计划。

组织开展常规和非常规生产作业活动风险防控工作，以车间（站队）为核心，以岗位员工为责任主体，按照生产作业活动分解，辨识人的因素、物的因素和环境因素，分析与评估风险，制订和完善风险控制措施，落实属地管理责任的程序，持续开展以下工作内容：

（1）生产作业活动分解、危害因素辨识、风险分析和风险评估。

（2）依据风险评估结果，完善岗位操作规程。

（3）完善基层岗位安全检查表。

（4）编制、完善应急处置方案和应急处置卡。

（5）完善岗位培训矩阵。

（6）健全和完善岗位职责及岗位安全生产责任。

组织开展生产管理活动风险防控工作，以各管理层级规划计划、人事培训、生产组织、工艺技术、设备设施、物资采购、工程建设、安全管理等职能部门的主要业务活动为核心，按照生产管理活动梳理、危害因素辨识、分析与评估风险、制定风险管控流程、落实分级防控责任的程序，持续开展以下工作内容：

（1）生产管理活动梳理、危害因素辨识、风险分析和风险评估。

（2）依据危害因素辨识、风险评估结果，制定风险管控流程，确定各管理层级重点防控风险及控制措施。

（3）完善企业安全生产管理规章制度。

（4）健全企业应急预案体系，完善应急预案。

（5）开展各管理层级培训。

（6）结合风险防控措施，编制安全生产责任清单，落实各管理层级安全生产责任。

（7）按照国家法律、法规要求定期开展重大危险源辨识，对确定的重大危险源定期开展现状评估。

按照《安全环保事故隐患管理办法》（中油安〔2015〕297号），组织开展隐患排查治理工作，建立健全管理制度和工作流程，实施隐患排查、隐患评估分级、隐患登记建档、治理立项、隐患治理、报告、验证销项等闭环管理制度，持续开展以下工作内容：

（1）明确主要负责人、分管负责人、部门和岗位人员隐患排查治理工作要求、职责范围、防控责任。

（2）根据国家、行业、地方有关标准、规范、规定，编制事故隐患排查表，明确和细化事故隐患排查事项、具体内容和排查周期。

（3）明确隐患判定程序，按照规定对存在的事故隐患做出判定。

（4）明确重大事故隐患、一般事故隐患的处理措施及流程。

（5）组织对重大事故隐患治理效果的评估。

（6）组织开展相应培训，提高从业人员隐患排查治理能力。

（7）制定和落实各管理层级隐患管理安全生产责任。

（8）相关方排查出的与本企业关联的隐患统一纳入本企业隐患管理。

对生产安全风险防控和隐患排查过程、风险防控和隐患治理后续措施的有效性予以评审，对风险控制和隐患治理效果进行定期评估、跟踪验证。经评审风险控制措施和隐患治理效果不能满足需要时，应重新制订风险控制和隐患治理措施并组织实施。评审应针对以下内容进行：

（1）控制措施是否符合法律法规、标准规范和规章制度的要求。

（2）控制措施是否能够使风险降到可接受的程度，隐患得以消除。

（3）是否产生新的风险和隐患。

（4）控制措施是否具有合理性、充分性和可操作性。

组织运行维护本企业安全风险分级防控和隐患排查治理信息库，及时更新相关信息，对安全风险分级防控和隐患排查治理工作情况进行记录，记录至少应包括以下内容：

（1）生产作业活动、生产管理活动清单。

（2）危害因素清单、风险管理和隐患排查治理台账。

（3）潜在的事故后果严重程度和可能性，风险和隐患分级结果。

（4）现有风险控制措施和隐患治理结果分析。

（5）根据风险评估和隐患排查结果，采取的已经评审的风险控制和隐患治理措施。

根据生产经营状况、安全风险管理及隐患排查治理、事故等情况，运用定量或定性的安全生产预测预警技术，开展企业安全生产状况及发展趋势的预测预警。

对安全风险分级防控和隐患排查治理工作进行监督检查，将安全风险分级防控和隐患排查治理工作纳入安全生产绩效考核内容。

4.2.7　典型事故案例：上海某石油化工有限责任公司"5·12"闪爆事故

2018 年 3 月，上海某石油化工公司发现编号为 75-TK-0201 苯罐（内浮顶罐）呼吸阀排放 VOC 超标，检修后 VOC 仍然超标，判断浮盘密封泄漏，并安排清空检修。4 月 19 日，对该苯罐倒空作业并加盲板隔离、蒸罐、氮气置换至 5 月 1 日。5 月 2 日，打开储罐人孔进行检查，5 月 3 日至 7 日检查浮盘密封损坏情况，发现约 1/4 浮盘浮箱存在积液。5 月 8 日，该公司组织上海某作业公司、浮盘浮箱厂家确认超过 1/2 浮盘浮箱存在积液，决定拆除更换浮盘浮箱。5 月 9 日，该作业公司将疑有积液的浮箱全部打孔，并将积液用泵排至另一苯罐。5月10日起，组织进行拆除浮箱作业。5月12日13时15分，该作业公司安排8名作业人员继续作业（其中，6人在罐内，1人在罐外进行接受浮箱的传出作业，1人在罐外监护），另有1名公司操作人员在罐外对作业实施监护，15时33分左右罐内发生闪爆。初步分析事故直接原因是：打孔后的浮箱内残存苯液流出，在罐内形成爆炸性混合气体，由于作业人员使用非防爆工具产生点火源引发事故。

（1）事故直接原因：75-TK-0201内浮顶储罐的浮盘铝合金浮箱组件有内漏积液（苯），在拆除浮箱过程中，浮箱内的苯外泄在储罐底板上且未被及时清理。由于苯易挥发且储罐内封闭环境无有效通风，易燃的苯蒸气与空气混合形成爆炸环境，局部浓度达到爆炸极限。罐内作业人员拆除浮箱过程中，使用的非防爆工具及作业过程可能产生的点火能量，遇混合气体发生爆燃，燃烧产生的高温又将其他铝合金浮箱熔融，使浮箱内积存的苯外泄造成短时间持续燃烧。

（2）事故间接原因：

① 作业公司。

（a）未严格遵守相关安全生产规章制度和操作规程。作业前未对作业人员进行安全技术交底；知道作业内容发生重大变化后，在施工方案未变更及未落实随身携带气体检测仪的情况下安排作业人员进入受限空间进行作业。

（b）安全生产责任制落实不力，相关人员未履行安全生产管理职责。未督促检查本单位安全生产工作，及时消除生产安全事故隐患；未认真检查作业人员个人安全防范措施的落实；作业过程中未督促作业人员按要求使用防爆工器具；在知道作业内容发生重大变化且施工方案未做变更的情况下，未及时要求停止作业。

（c）未教育和督促从业人员严格执行本单位的安全生产规章制度和安全操作规程；未能为从业人员提供符合国家标准或者行业标准的劳动防护用品，并监督、教育从业人员按照使用规则佩戴、使用。

② 石油化工公司。

（a）未严格遵守相关安全生产规章制度和操作规程。现场气体检测人员未按规范进行受限空间气体检测工作；管理人员在确定作业内容发生重大变化后，未按规定修订检修通知单；未及时通知承包商修改施工方案；在作业内容发生重大变化，施工方案未做相应修订的情况下仍安排承包商实施浮盘拆除工作。

（b）管理人员履职不力。现场管理人员未认真检查、督促气体检测人员按规范开展气体检测工作，未检查、督促作业人员按要求落实个人防护措施和使用防爆工器具；相关管理人员在知道作业内容发生重大变化且施工方案未做变更的情况下，未及时要求停止作业；作业现场气体检测仪伸缩杆配置不到位；部门负责人对管理人员未认真履行作业票签发工作、作业内容发生重大变化后未及时修改施工方案的情况失察。

（c）安全风险管理缺失、专业管理缺位、特殊作业管理流于形式。未能认真督促、检查本单位安全生产工作，及时消除生产安全事故隐患；未能督促从业人员严格执行单位安全生产规章制度和安全操作规程；未按管理部门的要求，将检修计划向上海化学工业区管委会报备。

③上海化学工业区管委员会。

落实部分安全管理制度不到位。日常管理存在一定漏洞，未发现作业公司在没有按要求上报检修计划的情况下进行检修作业。

4.3 隐患排查与整改

4.3.1 概述

安全管理工作的一个重要目标是避免各类事故的发生，避免事故的前提是对事故隐患进行排查治理。事故隐患排查治理是企业落实"安全第一、预防为主、综合治理"安全方针的形式之一，是预防事故的重要手段。隐患排查治理同时也是生产经营单位安全生产管理过程中的一项法定工作。本节详细论述了隐患排查的类型、方法、内容、流程，阐述了隐患整改的要求。

4.3.2 相关术语和定义

（1）隐患：未辨识出的风险，或风险没有得到有效控制，超出人们对风险可接受水平的一种状态。包括人的不安全行为、物的不安全状态和管理缺陷等。

（2）事故：由于物质或能量释放导致的人身伤害、环境破坏或财产损失等不良后果的级别达到了一定程度的危险情形。

（3）事故隐患：生产经营单位违反安全生产法律、法规、规章、标准、规程和安全生产管理制度的规定，或者因其他因素在生产经营活动中存在可能导致事故发生的物的危险状态、人的不安全行为和管理上的缺陷。

（4）生产安全事故隐患：不符合安全生产法律、法规、规章、标准、规程和安全生产管理制度的规定，或者因其他因素在生产经营活动中存在可能导致事故发生或者导致事故后果扩大的物的危险状态、人的不安全行为、场所的不安全因素和管理上的缺陷。

4.3.3 隐患排查

4.3.3.1 隐患排查类型

企业隐患排查类型主要包括：

（1）日常隐患排查（检查）；

（2）综合性隐患排查；

（3）专业性隐患排查；

（4）季节性隐患排查；

（5）重点时段及节假日前隐患排查；

（6）事故类比隐患排查；

（7）复产复工前隐患排查；

（8）外聘专家诊断式隐患排查；

（9）企业各级负责人履职隐患检查。

4.3.3.2　隐患排查方法

企业应选用适用的方法进行事故隐患排查，排查方法主要包括：

（1）现场观察；

（2）工作前安全分析（JSA）；

（3）安全检查表（SCL）；

（4）危险和可操作性分析（HAZOP）；

（5）故障类型和影响分析（FMEA）。

4.3.3.3　隐患排查内容

涉及危险化学品企业应进行全面危险化学品普查，排查内容至少应包括：

（1）重点监管的危险化学品、危险化工工艺、危险化学品重大危险源；

（2）生产装置；

（3）油库罐区；

（4）仓储库房；

（5）管线输送；

（6）道路运输。

4.3.3.4　隐患排查流程

（1）编制隐患排查表。

隐患排查表是企业最常用的隐患排查方法。企业依据确定的各类风险的全部控制措施和基础安全管理要求编制排查表。隐患排查的范围应包括所有与生产经营相关的场所、人员、设备设施、活动和基础管理。隐患排查表内容至少应包括：

①设备设施、作业、基础管理等名称；

②排查内容；

③排查依据；

④排查方法。

（2）实施隐患排查。

隐患排查应做到全面覆盖、责任到人，定期排查与日常巡检管理相结合，专业排查与综合排查相结合，一般排查与重点排查相结合，审核与检查相结合。对排查出的安全生产事故隐患应登记建档。

排查组织级别和频次是企业根据自身组织架构确定的。排查组织级别一般包括企业级、所属单位级、车间（站队）级、班组级。隐患排查的频次应满足：

① 现场操作人员应按照规定的时间间隔进行巡检，及时发现并报告事故隐患；

② 基层班组应结合班组安全活动，至少每周组织一次事故隐患排查；

③ 车间（站队）应结合岗位责任制检查，至少每月组织一次事故隐患排查；

④ 所属企业下属单位应根据季节性特征及生产实际，至少每季度开展一次事故隐患排查，重大活动及节假日前应进行一次事故隐患排查；

⑤ 所属企业至少每半年组织一次综合性事故隐患排查，重大活动及节假日前应结合安全检查进行一次事故隐患排查；

⑥ 涉及重点监管危险化工工艺、重点监管危险化学品和重大危险源的"两重点一重大"危险化学品生产、储存企业，应每五年至少开展一次危险与可操作性分析（HAZOP）；

⑦ 当同类企业发生安全事故时，应及时进行事故类比安全隐患专项排查。

在出现以下情况时，企业及时组织隐患排查：

① 颁布实施有关新的法律法规、标准规范或者原有适用法律法规、标准规范重新修订的；

② 组织机构和人员发生重大调整的；

③ 区域位置、物料介质、工艺技术、设备、电气、仪表、公用工程或者操作参数等发生重大改变的；

④ 外部安全生产环境发生重大变化的；

⑤ 发生安全事故或获知同类企业发生安全事故的；

⑥ 对安全事故、事件有新认识的；

⑦ 气候条件发生重大变化或者预报可能发生重大自然灾害前。

（3）事故隐患分析与评估分级。

在隐患排查的基础上，分析对安全风险管控措施存在的缺陷或缺失，分析结果应形成记录或者报告。分析至少应关注以下内容：

① 物的不安全状态；

② 人的不安全行为；

③ 管理上的缺陷。

根据国家、上级公司事故隐患判定标准，结合实际评估判断隐患大小，按一般、重大进行隐患评估分级，确定隐患治理对应的管理层级，评估结果应形成报告。

（4）事故隐患治理建议与评估报告。

隐患治理建议一般应包括：

① 针对排查出的每项隐患，明确治理责任单位和主要责任人；

② 经排查评估后，提出初步整改或处置建议；

③ 依据隐患治理难易程度或严重程度，确定隐患的监控措施、治理方式、隐患治理期限。

重大事故隐患评估报告内容至少应包括：

① 事故隐患现状、类别；

② 事故隐患形成原因；

③ 事故发生概率、影响范围及严重程度；

④ 事故隐患风险等级；

⑤ 事故隐患治理难易程度分析；

⑥ 事故隐患治理方案。

4.3.4 隐患整改

4.3.4.1 方式

按照分级治理、分类实施进行隐患治理。隐患治理主要包括以下方式：

（1）操作（或作业）岗位纠正；

（2）班组组织治理；

（3）车间（站队）组织治理；

（4）所属单位组织治理；

（5）企业组织治理。

4.3.4.2 步骤

隐患整改的步骤如下：

（1）通报隐患信息：隐患排查结束后，将隐患名称、存在位置、隐患等级、治理期限及治理措施要求等信息向员工进行通报；

（2）下发隐患整改通知：隐患排查组织部门应制发隐患整改通知书，应对隐患整改责任单位、措施建议、完成期限等提出要求；

（3）实施隐患治理：隐患存在单位在实施隐患治理前应对隐患存在的原因进行分析，并制订可靠的管控措施；

（4）隐患治理情况反馈；

（5）隐患治理验收：隐患整改通知制发部门应对隐患整改效果组织验收。

4.3.4.3 要求

对发现的事故隐患应组织治理，对不能立即治理的事故隐患，应从工程控制、安全管理、个体防护、应急处置及培训教育等方面采取有效的管控措施，落实监控责任，并告知岗位人员和相关人员在紧急情况下采取的应急措施。监控措施至少应包括以下内容：

（1）保证存在事故隐患的设备设施安全运转所需的条件；

（2）提出对生产装置、设备设施监测检查的要求；

（3）制订针对潜在危害及影响的防范控制措施；

（4）编制应急预案并定期进行演练；

（5）明确监控程序、责任分工和落实监控人员；

（6）设置明显标志，标明事故隐患风险等级、危险程度、治理责任、期限及应急措施。

对一般事故隐患，根据隐患治理的分级，由各级（企业、所属单位、车间站队、班组等）负责人或者有关人员负责组织整改，整改情况要安排专人进行确认。

根据评估报告书制订重大事故隐患治理方案。治理方案至少应包括以下内容：

（1）事故隐患基本情况，包括事故隐患部位、现状和治理的必要性；

（2）治理的目标和任务；

（3）采取的方法和措施；

（4）经费和物资的落实；

（5）负责治理的机构和人员及职责；

（6）治理的时限和要求；

（7）防止整改期间发生事故的安全措施。

在隐患治理过程中采取相应的监控防范措施。隐患排除前或排除过程中无法保证安全的，应采取的主要措施包括：

（1）从危险区域内撤出作业人员，疏散可能危及的人员；

（2）设置警戒标志；

（3）暂时停产停业或停止使用相关设备、设施。

隐患治理完成后，应根据隐患级别组织相关人员对治理情况进行验收，实现闭环管理。重大隐患治理工作结束后，企业应组织对治理情况进行复查评估。对政府督办的重大隐患，按有关规定执行。

4.3.5 典型事故案例：黑龙江某科技有限公司"4·21"较大中毒窒息事故

2021年4月21日13时43分，黑龙江某科技有限公司在三车间制气釜停工检修过程中发生中毒窒息事故，造成4人死亡、9人中毒受伤，直接经济损失873万元。发生原因是，在4个月的停产期间，制气釜内气态物料未进行退料、隔离和置换，釜底部聚集了高浓度的氧硫化碳与硫化氢混合气体，维修作业人员在没有采取任何防护措施的情况下，进入制气釜底部作业，吸入有毒气体造成中毒窒息。救援过程中，救援人员在没有采取防护措施的情况下多次向釜内探身、呼喊、拖拽施救，致使现场9人不同程度中毒受伤。

事故主要原因：一是涉事企业法律意识缺失、安全意识淡薄。未落实安全生产主体责任，违规组织受限空间作业，作业前作业人员未申请受限空间作业票。二是安全风险辨识和隐患排查治理不到位。涉事企业未按规定要求开展自检自查，未辨识出三车间制气釜检修存在氧硫化碳和硫化氢混合气体中毒窒息风险，未制订可靠防范措施。三是安全管理混乱。涉事企业未按规定设置分管安全生产负责人，安全管理制度不完善，未建立安全风险管控制度。四是涉事企业对作业人员岗位培训不到位，应急处置能力严重不足；未组织开展应急预案培训及演练，作业现场未配备足够的应急救援物资和个人防护用品。五是地方政府未统筹好发展和安全的关系，安全发展理念不牢，红线意识不强，化工项目准入门槛低且把关不严，在安全基础薄弱、安全风险管控能力不足的情况下，盲目承接异地转移的高风险化工项目。

4.4 重大危险源管理

4.4.1 概述

重大危险源是危险物品大量聚集的地方，具有较大的危险性，重大危险源一旦引发生产安全事故，很有可能对从业人员及相关人员的人身安全和财产造成较大的损害。生产经营单位对重大危险源应当严格管理，采取有效的防护措施，定期检查，防止生产安全事故的发生。

4.4.2 相关术语和定义

《安全生产法》对重大危险源的含义进行了解释，是指长期地或者临时地生产、搬运、使用或者储存危险物品，且危险物品的数量等于或者超过临界量的单元（包括场所和设施）。危险物品是指易燃易爆物品、危险化学品、放射性物品等能够危及人身安全和财产安全的物品。

重大危险源是由危险物品组成的集合体。构成重大危险源，必须是危险物品的数量等于或者超过临界量。所谓临界量，是指一个数值，当某种危险物品的数量达到或者超过这个数值时，就有可能发生危险。重大危险源中很大一部分是属于危险化学品构成的。《危险化学品重大危险源辨识》（GB 18218—2018）对各种危险化学品的临界量做了明确规定，依据这些临界量，可以辨识某一危险品的聚集场所或设施是否构成重大危险源。

GB 18218—2018 中对重大危险源相关术语进行了界定，具体如下：

危险化学品：具有毒害、腐蚀、爆炸、燃烧、助燃等性质，对人体、设施、环境具有危害的剧毒化学品和其他化学品。

危险化学品重大危险源：长期地或临时地生产、储存、使用和经营危险化学品，且危险化学品的数量等于或超过临界量的单元。

单元：涉及危险化学品的生产、储存装置、设施或场所，分为生产单元和储存单元。

临界量：某种或某类危险化学品构成重大危险源所规定的最小数量。

生产单元：危险化学品的生产、加工及使用等的装置及设施，当装置及设施之间有切断阀时，以切断阀作为分隔界限划分为独立的单元。

储存单元：用于储存危险化学品的储罐或仓库组成的相对独立的区域，储罐区以罐区防火堤为界限划分为独立的单元，仓库以独立库房（独立建筑物）为界限划分为独立的单元。

4.4.3 重大危险源分类

GB 18218—2018 中，危险化学品重大危险源分为生产单元危险化学品重大危险源和储存单元危险化学品重大危险源。

4.4.4 重大危险源包保责任制

《危险化学品企业重大危险源安全包保责任制办法（试行）》的印发和实施重大危险源安全风险防控是危险化学品安全生产工作的重中之重。为认真贯彻落实党中央、国务院关于全面加强危险化学品安全生产工作的决策部署，压实企业安全生产主体责任，规范和强化重大危险源安全风险防控工作，有效遏制重特大事故，应急管理部发布了《危险化学品企业重大危险源安全包保责任制办法（试行）》（应急厅〔2021〕12 号，以下简称《办法》)。《应急管理部关于实施危险化学品重大危险源源长责任制的通知》（应急〔2018〕89 号）同时废止。

《办法》规定，危险化学品企业需要明确本企业每一处重大危险源的主要负责人、技术负责人和操作负责人，从总体管理、技术管理、操作管理三个层面对重大危险源实行安全包保，并规定了实施全面、透明、公开的管理措施。危险化学品企业需在重大危险源安全警示标志位置设立公示牌，写明重大危险源的主要负责人、技术负责人、作业负责人姓名、对应的安全包保职责及联系方式，接受员工监督。重大危险源安全包保责任人、联系方式需录入全国危险化学品登记信息管理系统，并向所在地应急管理部门报备，相关信息变更的，应当于变更后 5 日内在全国危险化学品登记信息管理系统中更新。并按照有关要求，向社会承诺公告重大危险源安全风险管控情况，在安全承诺公告牌企业承诺内容中增加落实重大危险源安全包保责任的相关内容。建立包保责任人安全包保履职记录，企业的安全管理机构需要对包保责任人履职情况进行评估，纳入企业安全生产责任制考核与绩效管理。

《办法》规定，地方各级应急管理部门应当完善危险化学品安全生产风险监测预警机制，保证重大危险源预警信息能够及时推送给对应的安全包保责任人。地方各级应急管理部门应当运用危险化学品安全生产风险监测预警系统，加强对重大危险源安全运行情况的在线巡查抽查，将重大危险源安全包保责任制落实情况纳入监督检查范畴。危险化学品企业未按照相关要求对重大危险源安全进行监测监控的，未明确重大危险源中关键装置、重点部位的责任人的，未对重大危险源的安全生产状况进行定期检查、采取措施消除事故隐患的，以及存在其他违法违规行为的，由县级以上应急管理部门依法依规查处；有关责任人员构成犯罪的，依法追究刑事责任。

4.4.5　重大危险源管理

为贯彻落实《安全生产法》《危险化学品安全管理条例》和《国务院关于进一步加强企业安全生产工作的通知》的有关要求，针对当前我国危险化学品重大危险源管理存在的突出问题，进一步加强和规范危险化学品重大危险源的监督管理，有效减少危险化学品事故，坚决遏制重特大危险化学品事故的发生，国家安全生产监督管理总局公布了《危险化学品重大危险源监督管理暂行规定》（国家安全生产监督管理总局令第40号，以下简称《暂行规定》），自2011年12月1日起施行。《暂行规定》紧紧围绕危险化学品重大危险源的规范管理，明确提出了危险化学品重大危险源辨识、分级、评估、备案和核销、登记建档、监测监控体系和安全监督检查等要求，是我国多年来危险化学品重大危险源管理实践经验总结和提炼。

《暂行规定》适用于从事危险化学品生产、储存、使用和经营单位的危险化学品重大危险源的辨识、评估、登记建档、备案、核销及其监督管理，不适用于城镇燃气、用于国防科研生产的危险化学品重大危险源及港区内危险化学品重大危险源。

危险化学品重大危险源建立必要的安全监控系统或设施具有重要意义。《暂行规定》要求，危险化学品单位应当根据构成重大危险源的危险化学品种类、数量、生产、使用工艺（方式）或者相关设备设施等实际情况，建立、健全安全监测监控体系，完善控制措施。

《暂行规定》中提出的重大危险源分级方法，是考虑各种因素，采用单元内各种危险化学品实际存在量（在线量）与其在 GB 18218—2018 中规定的临界量比值，经校正系数校正后的比值之和 R 作为分级指标。校正系数主要引入了与各危险化学品危险性相对应的校正系数，以及重大危险源单元外暴露人员的校正系数 a。主要考虑到毒性气体、爆炸品、易燃气体及其他危险化学品（如易燃液体）在危险性的引入方面的差异，以体现区别对待的原则。a 的引入主要考虑到重大危险源一旦发生事故对周边环境、社会的影响。周边暴露人员越多，危害性越大，a 值就越大，重大危险源分级级别就越高，以便于实施重点监管、监控。

《暂行规定》提出通过定量风险评价确定重大危险源的个人和社会风险值，超过和社会可容许风险限值标准的，危险化学品单位应当采取相应的降低风险措施。《暂行规定》提出以危险化学品重大危险源各种潜在的火灾、爆炸、有毒气体泄漏事故造成区域内某一固定位置人员的个体死亡概率，即单位时间内（通常为年）的个体死亡率作为可容许个人风险标准，通常用个人风险等值线表示。同时，提出能够引起大于或等于 N 人死亡的事故累积频率 F，也即单位时间内（通常为年）的死亡人数作为可容许社会风险标准，通常用社会风险曲线（F-N 曲线）表示。可容许个人风险标准和可容许社会风险标准为定量风险评价方法结果分析提供指导。可容许个人风险和可容许社会风险标准的确定，为科学确定安全距离进行了有益尝试，也遵循了与国际接轨、符合国情的原则。

依据《安全生产法》《暂行规定》要求，危险化学品单位应当对重大危险源进行安全评估，考虑到进一步减轻企业的负担，避免不必要的重复工作，这一评估工作可以由危险化学品单位自行组织，也可以委托具有相应资质的安全评价机构进行；安全评估可以与法律、行政法规规定的安全评价一并进行，也可以单独进行。对于那些容易引起群死群伤等恶性事故的危险化学品，例如毒性气体、爆炸品或者液化易燃气体等，是安全监管的重点。因此，《暂行规定》规定，如果其在一级、二级等级别较高的重大危险源中存量较高时，危险化学品单位应当委托具有相应资质的安全评价机构，采用更为先进、严格并与国际接轨的定量风险评价方法进行安全评估，以更好地掌握重大危险源的现实风险水平，采取有效控制措施。

《暂行规定》规定，危险化学品单位新建、改建和扩建危险化学品建设项目，应当在建设项目竣工验收前完成重大危险源的辨识、安全评估和分级、登记建档工作，向所在地县级人民政府安全生产监督管理部门备案。另外对于现有重大危险源，当出现重大危险源、安全评估已满三年、发生危险化学品事故造成人员死亡等六种情形之一的，危险化学品单位应当及时更新档案，并向所在地县级人民政府安全生产监督管理部门重新备案。《暂行规定》要求，县级人民政府安全生产监督管理部门行使重大危险源备案和核销职责。为体现属地监管与分级管理相结合的原则，对于高级别重大危险源备案材料和核销材料，下一级别安全生产监督管理部门也应定期报送给上一级别的安全生产监督管理部门。

4.4.6 典型事故案例：天津港"8·12"瑞海公司危险品仓库特别重大火灾爆炸事故

2015 年 8 月 12 日 22 时 51 分 46 秒，位于天津市滨海新区天津港的瑞海公司危险品仓库发生火灾爆炸事故，本次事故中爆炸总能量约为 450t TNT 当量。造成 165 人遇难（其中参与救援处置的公安现役消防人员 24 人、天津港消防人员 75 人、公安民警 11 人，事故企业、周边企业员工和居民 55 人），8 人失踪（其中天津消防人员 5 人，周边企业员工、天津港消防人员家属 3 人），798 人受伤（伤情重及较重的伤员 58 人、轻伤员 740人），304 幢建筑物、12428 辆商品汽车、7533 个集装箱受损。

截至 2015 年 12 月 10 日，依据《企业职工伤亡事故经济损失统计标准》（GB 6721—1986）等标准和规定统计，事故已核定的直接经济损失 68.66 亿元。经国务院调查组认定，天津港"8·12"瑞海公司危险品仓库火灾爆炸事故是一起特别重大生产安全责任事故。

最终认定事故直接原因是：瑞海公司危险品仓库运抵区南侧集装箱内的硝化棉由于湿润剂散失出现局部干燥，在高温（天气）等因素的作用下加速分解放热，积热自燃，引起相邻集装箱内的硝化棉和其他危险化学品长时间大面积燃烧，导致堆放于运抵区的硝酸铵等危险化学品发生爆炸。

事故调查报告显示，瑞海公司存在的主要问题之一就是未按要求进行重大危险源登记备案。

4.5 目标和方案

4.5.1 概述

安全生产目标指标管理是安全管理的重要组成部分，企业需要制订并落实安全管理的计划和方案，以实现安全生产绩效持续提升。

4.5.2 安全生产目标指标

安全生产目标指标是企业根据自身安全生产实际，制定文件化的总体和年度安全生产与职业卫生目标，并纳入企业总体生产经营目标。明确目标的制定、分解、实施、检查、考核等环节要求，并按照所属基层单位和部门在生产经营活动中所承担的职能，将目标分解为指标，确保落实。定期对安全生产目标、指标实施情况进行评估和考核，并结合实际及时进行调整。

4.5.3 安全生产责任书

安全生产目标指标的分解落实需逐级签订安全生产责任书。各层级安全生产责任书应当充分结合业务、岗位风险评价结果和现状设置合理、有针对性的目标指标，并且要包括结果性指标和过程性指标，明确相应考核要求。

4.5.4 重点工作方案

针对特定的风险管控和削减目标，需制订专项、重点工作计划和方案，包括隐患治理方案、专项治理方案、专项活动方案、项目安全管理方案等，并对完成情况进行评估和考核。

5 实施和运行

5.1 生产运行管理

5.1.1 概述

生产运行管理基于提高企业经济效益和安全运行水平，以生产经营计划为依据，通过组织对企业生产经营方针的制定与调整、产品设计与开发、工艺更新、原材料采购、产品生产制造及产品销售等生产经营活动的各环节协调平衡，消除生产经营计划实施过程中出现的偏差，在为社会提供优良的工业产品的同时保证自身利益。

企业生产运行管理具有如下作用：

——方案制订：根据企业的开展目标，制订企业生产建设方案及维护检修方案、后勤保障方案等。

——组织作用：将制订的方案落实到实际工作中，以实现企业生产经营目标为根本依据，设置相应的岗位和职务，并且根据方案要求使得这些岗位、职务之间有组织性地开展活动，使得生产经营活动更有效地进行。

——指挥与协调作用：对企业的生产经营活动随时监督，并收集完整的生产经营信息，掌握生产进度，针对出现的问题及时地提供解决方案。同时，发挥协调功能，使得生产经营各环节、各部门之间达到有效沟通，为了实现企业生产经营目标良好配合。

——控制作用：根据各项方案职能，检查、监督得到的各环节工作信息，对工作结果与工作方案之间是否出现偏差做出根本判断，对出现的偏差及时采取措施进行修正，使生产经营走向正轨。

如图 5.1 所示，生产运行管理活动包括生产资源管理、产品定义管理、详细生产计划、生产任务分发、生产执行管理、生产跟踪、生产数据收集和生产绩效分析八个业务活动。

5.1.2 操作规程

在企业生产实践过程中，通常采用多重保护措施或策略来预防和控制工艺安全风险，操作规程是为装置生产能够安全、稳定有效运转，根据企业的生产性质、工艺流程、设备的特点和技术要求等，结合具体情况及生产经验制定的安全操作守则，是进行工艺控制和

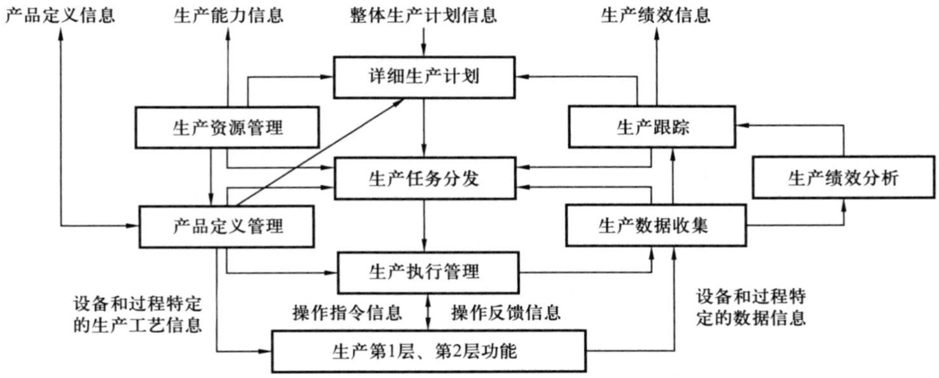

图 5.1 生产运行管理的活动模型

操作设备时必须遵循的程序或步骤，是针对操作环节对操作和技术人员的管理控制，是企业生产控制中最基本的也是最重要的技术文件，操作规程是生产执行管理的核心。

基于国内企业做法，生产操作规程一般包含工艺技术规程和操作规程两个部分。

工艺技术规程就是装置操作手册，是对装置工艺流程、原料和产品性质、物料平衡、主要操作条件、能耗、控制分析、安全环保等方面的描述，是装置生产运行必须遵守的原则。一般包括：

（1）装置概况：生产规模、能力、建成的时间、工艺来源、基础设计单位、占地、投资、历年改造情况（包括改造背景、编改造内容、设计单位、改造投资）等。

（2）原理与流程：该装置的生产原理与工艺流程描述，结合工艺流程图详细叙述生产加工流程，包括物料名称及走向、经过的设备名称及位号、物料变化过程、工艺控制条件等。

（3）工艺指标：包括原料指标，半成品、成品指标，公用工程指标，主要操作条件，催化剂技术指标，原材料消耗、公用工程消耗及能耗指标。

（4）工艺原则流程图：工艺单元方框图，单元名称、物料名称及走向。

操作规程是规范具体生产操作行为的规程，强调的重点是"状态"，具体是指实施的"步骤"。它涵盖了整个生产环节的所有操作，是生产操作的标准依据。《国家安全监管总局关于加强化工过程安全管理的指导意见》（安监总管三〔2013〕88号）规定，操作规程的内容应至少包括：开车、正常操作、临时操作、应急操作、正常停车和紧急停车的操作步骤与安全要求；工艺参数的正常控制范围，偏离正常工况的后果，防止和纠正偏离正常工况的方法及步骤；操作过程的人身安全保障、职业健康注意事项等。《化工过程安全管理导则》（AQ/T 3034）中规定，操作规程的内容应至少包括：开车、正常操作、临时操作、异常处置、正常停车和紧急停车的操作步骤与安全要求；工艺参数的正常控制范围及报警、联锁值设置，偏离正常工况的后果及预防措施和步骤；操作过程的人身安全保障、职业健康注意事项等。在企业操作规程最佳实践中，操作规程一般由操作指南、开工规程停工规程、专用设备操作规程、基础操作规程、事故处理预案、操作规定、仪表控制系统操作法、安全生产及环境保护及附录等部分组成。

为保证操作规程的适用性、有效性、可操作性及科学性、规范性和权威性，企业至少做好以下几方面工作：

（1）建立制度。制定操作规程管理制度，明确操作规程编制、审查、批准、分发、使用、控制、修订及废止的程序，明确各级各专业管理部门及人员的职责。

（2）成立小组。生产经营单位的主要负责人必须履行法律职责，成立操作规程编制专项小组，共同编制操作规程，小组成员应包括管理人员（生产、技术、设备、安全）、技术人员（工艺和设备）及经验丰富的岗位操作人员（班长和岗位操作人员）三个层次的人员。

（3）收集资料。这些资料也是操作规程编制过程中的关键依据，收集的资料包括但不限于：

——现行的国家法律、法规、规章、标准和相关规定；

——专利商、技术提供方提供的文件；

——化学品危害信息、工艺技术信息、工艺装置设计文件；

——设备说明书、技术手册、工作原理、操作规程等；

——生产工艺流程；

——岗位作业风险、职业病防护要求；

——操作者的操作经验；

——事故案例等。

（4）及时修订。操作规程必须编制、修订或动态完善的几种情况：

——新建及改扩建装置必须编制试行操作规程；

——装置改造必须编制试行操作规程或临时操作规程；

——试行操作规程、临时操作规程及主体操作规程到期，必须重新修订；

——国内外同类装置发生事故，为吸取教训，必须重新梳理操作规程中相应内容，排查存在问题，对规程进行动态完善；

——主管部门下发新要求、新规范，必须动态完善操作规程；

——工作循环分析发现操作规程内容错误，必须动态完善操作规程；

——工艺变更涉及规程改变，必须动态完善操作规程；

——《化工过程安全管理导则》（AQ/T 3034）规定的，至少每三年对操作规程进行一次审核修订。

操作规程编制后要按照规定进行评审和发布，同时要确保每个操作岗位存放有效的纸质版操作规程和工艺卡片，便于操作人员随时查用，要定期开展操作规程培训，以便操作人员熟悉有关的安全操作规程，掌握本岗位的安全操作技能，了解事故应急处理措施。

操作规程实施后，企业每年对操作规程的准确性、适用性、完整性及员工操作的正确性进行确认，基于国内外企业典型经验做法，操作规程的确认可采用工作循环分析（JCA）方法。

工作循环分析是以操作主管和员工合作的方式对已经制定的操作程序和员工实际操作行为进行分析和评价的一种方法。工作循环分析适用但不限于以下活动：

——生产装置操作规程/操作卡规范的操作活动；

——设备设施检维修作业；

——清理、清洗等作业；

——润滑、调试、维护等作业；

——产品研发、检测、监测、测试、检验实验（包括取样）等作业；

——安装、架设、设备建造等施工作业；

——车辆维修、检测等作业；

——机械加工作业；

——搬运、装卸作业；

——铁路货运等。

开展关键作业和操作识别活动，所有与关键作业和操作有关的规程每年至少分析一次，其他的规程可视情况而定，每个员工每年至少参与一次工作循环分析。实施工作循环分析之前，应对现场操作安全要求和区域的风险控制措施进行验证，准备所需的个人防护装备。

有效实施工作循环分析的关键点包括对实施工作循环分析的承诺、执行工作循环分析前的培训、定期审核工作循环分析和持续改进，因此，操作主管和员工应根据开展工作循环分析初始评估和现场评估的结果，讨论发现的问题，确认改进建议并且填写"工作循环分析评估表"中"最终评估"部分，同时操作主管应尊重员工的建议。操作主管和员工应达成共识，如果规程不完备，操作主管应将观察到的不一致项、修订规程的建议、负责人及其实施日期，形成记录上报相关部门，按照操作规程修订程序对操作规程进行修订。

5.1.3　正常操作

影响正常操作的因素主要有三个方面，一是知识和判断，二是流程和记忆，三是体力和技巧。

正常生产运行期间，操作人员应严格执行操作规程和工艺卡片，同时还要执行上级下达的生产调度指令。

内操要认真监盘，随时浏览操作画面，对重点工艺参数加强监控，尤其涉及安全联锁的仪表，要及时发现异常，精准判断故障原因并果断采取调整措施，避免生产波动甚至发生联锁动作。按照规定及时记录工艺参数运行数据，一般来说每两小时记录一次并签名。

正常生产操作时，内操人员在调整仪表阀门时要按照小幅频调的原则，严禁大幅度快速增大或减小仪表阀位。如遇超温超压等紧急情况，为保证装置安全生产，可果断加快调整阀门，尽快达到降温泄压的目的，使装置退守到循环运行或停车的安全状态。

专业人员和外操岗位操作人员应按要求对生产装置进行巡检。涉及"两重点一重大"的装置应每小时巡检一次，一般化工装置和辅助装置可视情况每两小时巡检一次。

要保证巡检质量，对设备运行状况、跑冒滴漏情况、安全消防设施、污水排放等情况进行检查，对现场发现的异常问题要及时汇报，每次巡检完毕要将巡检情况进行记录。涉有毒气体岗位进行巡检时，应配备便携式有毒气体检测仪和应急逃生防护用品。

外操人员在进行工艺流程上阀门的调整或转机的启停和切换等操作，必须通过对讲机和控制中心的内操人员取得联系后方可进行操作，严禁不联系控制中心私自操作。在易燃易爆生产装置现场应使用铜制工具，严禁使用黑色金属工具。

物料添加操作应严格按照规定的先后顺序和数量进行。涉及易燃易爆物料的加料应有可靠的静电导除设施，涉及毒性物料的加料应有可靠的安全防护措施。

生产是连续运行的，所以要制定班组交接班管理制度，保证各项工作连续进行。交接内容至少包括生产运行情况、异常工况、现场作业、安全消防设施、需接续的工作及其他需特别提醒事项。车间管理人员要参加交接班会，监督检查班组交接班进行状况，安排部署工作任务，以及传达上级工作要求等。

装备的安全仪表系统应正常投用，摘除联锁应严格执行分级审批的许可程序。

5.1.4 装置开停车安全管理

装置停车包括正常停车、临时停车和紧急停车，装置开车包括检修后的开车及紧急停车后的开车。装置在开车过程特别容易发生安全生产事故，必须按照规定的程序进行操作。

制定开停车安全管理制度，明确各专业的职责、管理内容和工作程序。生产技术部门是具体负责的管理部门，其他专业部门负责各自专业范围内的条件确认。

组织专业技术人员在危害辨识和风险评估基础上编制开停车方案，经审批后要对操作员工进行培训，培训要有记录。对临时、紧急停车后恢复开车时的潜在风险应重点分析，制订有针对性的控制措施。

根据不同类型的开停车方案编制相应的安全条件确认表，并组织专业技术人员按照开车安全条件确认表［参照《化工过程安全管理导则》（AQ/T 3034—2022）中的表 A.11］逐项确认，确保安全措施有效落实。

如果有变更或维修的设备、管道、仪表及其他辅助设施，应组织人员进行重点检查，确保具备安全使用条件，检查要有记录。

严格执行开停车方案，建立重要环节责任人签字确认机制。引进物料时应指定有经验的人员进行流程确认，物料运行到哪，人员就要检查到哪，实时监测物料流量、温度、压力、液位等参数变化情况，对重点高温高压反应系统，要绘制升温升压曲线。

开工准备过程要对工艺系统进行氮气置换，系统氧含量不大于 0.5% 为标准。

严格按方案控制进退物料的顺序和速率，现场应安排专人不间断巡检，监控泄漏等异常现象。

停车检修的设备和管线要进行排料、吹扫和置换操作，应按照规定的程序有序处置。设备、管线倒空置换干净后进行打盲板、断口等能量隔离，并挂牌明示，开工前要逐一恢复原状。

化工生产装置开停车操作过程容易发生安全生产事故，因此应严格控制现场人员数量，应将无关人员及时清退出场，并在界区制作警示标识，提示现场处于投料开工阶段。

临时停车要编制停车方案，包括停开车进度计划、物料平衡、工艺运行方式、操作注意点等方面内容。

紧急停车是因装置发生异常波动或泄漏着火等事故，必须进行紧急停车操作。操作班组必须第一时间做好应急处置，同时要汇报调度部门，相关负责人要及时赶往现场组织协调，防止发生次生事故。

5.1.5　异常工况处置

异常工况会导致严重的生产事故，给企业安全生产造成巨大威胁，必须建立生产异常工况管理制度，保障企业安全生产。

根据实际情况和操作经验不断完善各类异常工况处置程序，应对员工开展异常工况的处置能力培训和考核，确保有关岗位人员能够及时恰当地处置异常工况。

发生异常工况后，应及时汇报本单位生产管理人员，生产管理人员应及时到现场确认，制定应急处置操作程序，并汇报生产调度部门。生产管理人员要跟踪处置完成情况，及时编制异常工况处置报告，在本单位内部通报共享，并上报主管部门审核备案。

应对异常工况下的应急处理进行授权，确保在出现异常工况时，有关岗位人员能够立即采取措施进行处置。危及人身安全时，及时组织人员紧急撤离。

企业应建立报警管理系统，对装置的工艺报警、可燃有毒气体报警进行分级、分类管理。设定报警管理的关键指标，借助报警管理系统定期统计分析报警率，优化报警设置，减少报警数量。

5.1.6　典型事故案例：美国路易斯安那州盖斯马市威廉姆烯烃厂火灾事故

2013 年 6 月 13 日，美国路易斯安那州盖斯马市威廉姆盖斯马烯烃厂发生再沸器破裂、丙烷泄漏火灾事故，造成 2 人死亡、167 人受伤。

事故原因：丙烯分馏装置的再沸器因进行非常规操作，将其与减压装置隔离后引入外部热源，导致再沸器内部的液态丙烷混合物料温度急剧增加，导致再沸器破裂，液态丙烷泄漏并形成蒸气云，最终发生火灾事故。

5.2 建设项目安全管理

5.2.1 概述

当前，我国建设项目安全问题较突出，据统计，每年因发生建筑行业安全生产事故导致的死亡人数仅次于交通、煤炭行业，遭受的损失占整个工程建设投资的 10% 左右。

5.2.2 "三同时"管理

建设项目"三同时"是生产经营单位安全生产的重要保障措施，是一种事前保障措施。它对贯彻落实"安全第一、预防为主、综合治理"的方针，改善从业人员的职业安全健康条件，防止发生工伤事故，促进社会主义经济的发展具有重要的意义。"三同时"是实施职业安全、健康监督管理的主要内容，是一项根本性的基础工作，也是有效消除和控制建设项目中危险有害因素的根本措施。随着经济建设的迅速发展，"三同时"作为事前预防的途径，将不断深化并不断提出更高的要求。

《安全生产法》（2021）第三十一条规定，"生产经营单位新建、改建、扩建工程项目（以下统称'建设项目'）的安全设施，必须与主体工程同时设计、同时施工、同时投入生产和使用"。同时设计、同时施工、同时投产和使用通常称为"三同时"。

所谓"新建"，是指从基础开始建造的建设项目，按照国家规定也包括原有基础很小，经扩大建设规模后，其新增固定资产价值超过原有固定资产价值 3 倍以上，并需要重新进行总体设计的建设项目。

所谓"扩建"，是指在原有基础上扩充的建设项目，包括扩大原有产品的生产能力、增加新的生产能力及为取得新的效益和使用功能而新建主要生产场所或工程的建设活动。

所谓"改建"，是指不增加建筑物或建设项目体量，在原有基础上，为提高生产效率，改进产品质量，改变产品方向，或改善建筑物使用功能、改变使用目的，对原有工程进行改造的建设项目。装修工程也是改建。

所谓"建设项目安全设施"，是指生产经营单位在生产经营活动中用于预防生产安全事故的设备、设施、装置、构（建）筑物和其他技术措施的总称。生产经营单位是建设项目安全设施建设的责任主体。

实施建设项目"三同时"制度，要求与建设项目配套的安全设施从项目的可行性研究、设计、施工、试生产、竣工验收到投产使用各阶段均应同步进行。建设项目安全环保职业卫生"三同时"流程如图 5.2 所示。

5.2.3 可行性研究及设计

在建设项目可行性研究阶段，建设单位应开展同类现役生产装置的安全运行情况、技术路线及安全风险、项目所在地安全发展规划等信息进行收集和现状进行充分调研，进行

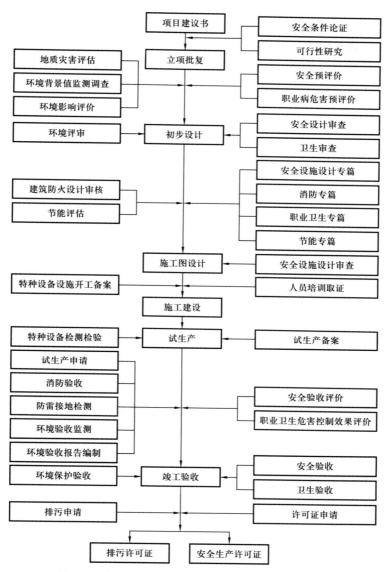

图5.2 建设项目安全环保职业卫生"三同时"流程

建设项目安全条件论证，如拟建项目为初次建设项目或新工艺、新技术初次采用，需开展工艺技术和安全风险论证，并在此基础上开展安全预评价。预评价应根据可行性研究报告，运用科学的评价方法，通过分析生产过程中固有的或潜在的危险因素、危害后果及消除和控制这些危险因素的技术措施和方案，分析建设项目选址、平面位置、安全措施是否符合法律法规、国家标准或者行业标准、设计规范等国家规定，提出合理可行的安全技术和管理对策，要求在安全设计中实现这些措施，并作为该建设项目初步设计中安全设计和建设项目安全管理、监察的重要依据，从而保证建设项目的安全。安全预评价必须由具有相应资质条件的安全评价机构承担，并出具建设项目安全预评价报告。

建设项目可行性研究阶段，建设单位应向应急管理部门申请建设项目安全条件审查，由应急管理部门出具安全条件审查意见书。

建设项目的安全设施是建设项目投入生产和使用后安全进行的物质基础，其质量的好坏直接影响建设项目生产经营单位的安全生产。

建设项目安全设施设计的质量对安全设施能否真正"安全"具有决定性的影响。《建设项目安全设施"三同时"监督管理办法》规定：一是生产经营单位在建设项目初步设计时，应当委托有相应资质的设计单位对建设项目安全设施进行设计，编制安全专篇。二是安全设施设计必须符合有关法律、法规、规章和国家标准或行业标准、技术规范的规定，并尽可能采用先进适用的工艺、技术和可靠的设备、设施。三是高危建设项目和国家、省级重点建设项目安全设施设计还应当充分考虑建设项目安全预评价报告提出的安全对策措施。四是安全设施设计单位、设计人应当对其编制的设计文件负责。

建设项目初步设计时，建设单位应委托具有相应资质条件的设计单位对建设项目安全设施进行设计，并编制安全设施设计专篇；项目建设单位向应急管理部门申请建设项目安全设施设计审查；应急管理部门出具建设项目安全设施设计的审查意见书。

5.2.4　过程质量受控

建设单位应加强对建设项目质量的管理，建立健全建设项目质量管理制度，建设工程应发包给具有相应资质等级的单位，不得将建设工程肢解发包，对工程建设项目的勘察、设计、施工、监理及与工程建设有关的重要设备、材料等的采购应依法进行招标，不得迫使承包方以低于成本的价格竞标，对于建设项目拟采用的重要产品和设备，建设单位可实施驻厂监造管理。建设单位不得任意压缩合理工期，不得明示或者暗示设计单位或者施工单位违反工程建设强制性标准，降低建设工程质量。

施工单位应当依法取得相应等级的资质证书，并在其资质等级许可的范围内承揽工程，不得转包或者违法分包工程，必须按照工程设计图纸和施工技术标准施工，不得擅自修改工程设计，不得偷工减料。施工单位必须建立、健全施工质量的检验制度，按照建设项目设计文件、施工技术标准和合同约定，对材料、设备、阀门管件等进行检验，检验应当有书面记录和专人签字，未经检验或者检验不合格的，不得使用。

实行监理的建设工程，建设单位应当委托具有相应资质等级的工程监理单位进行监理，也可以委托具有工程监理相应资质等级并与被监理工程的施工承包单位没有隶属关系或者其他利害关系的该工程的设计单位进行监理。监理单位应当依法取得相应等级的资质证书，并在其资质等级许可的范围内承担工程监理业务，代表建设单位对施工质量实施监理，并对施工质量承担监理责任，不得转让工程监理业务。

建设工程承包单位在向建设单位提交工程竣工验收报告时，应当向建设单位出具质量保修书。质量保修书中应当明确建设工程的保修范围、保修期限和保修责任等。

5.2.5 项目验收及投产

建设项目试生产期间，建设单位委托有相应资质条件的安全评价机构对建设项目及其安全设施试生产情况进行安全验收评价，并编制安全验收评价报告。试生产工作建设项目试生产结束后，组织专家和有关人员进行安全设施竣工验收。

竣工验收前，建设单位应编制试生产总结报告，取得消防设施消防验收意见书，安全设施已按照设计建成投用且有效运行，防雷装置取得防雷防静电检测意见书，防爆电气经有资质的检测机构检测合格并取得防爆合格证，特种设备已办理使用登记，安全附件经有资质的部门检测检验合格，已编制完成建设项目安全设施施工、监理情况报告，提交危险化学品重大危险源备案证明文件，完成化学品登记和应急预案备案，确保竣工验收条件符合相关规定。

建设项目验收合格后，建设单位应申请取得安全生产（使用）许可，并按照"管业务必须管安全"的要求，全员参与做好安全管理各项工作，切实落实安全生产主体责任，抓好各项安全风险防控。

5.2.6 典型事故案例：某精细化工厂"7·26"爆炸事故

2005 年 7 月 26 日，某精细化工厂在六氯环戊二烯试生产过程中，双环戊二烯裂解釜发生爆炸，事故造成 9 人死亡、3 人受伤。

事故直接原因：在六氯环戊二烯生产过程的裂解反应阶段，由于双环戊二烯裂解器制造质量存在严重缺陷，下端的管板与壳体法兰连接的角焊缝开裂，导致裂解器的加热载体——熔盐流入到双环戊二烯裂解釜中。熔盐中含有 55% 的强氧化剂硝酸钾，与裂解釜中的双环戊二烯等有机物发生剧烈化学反应，导致裂解釜爆炸。

5.3 安全规划与设计

5.3.1 概述

安全规划和设计是化工装置实现本质安全的基础和根本。在规划阶段，相关单位和人员必须进行风险辨识和风险评估，依据风险辨识和评估结果，按照相关规范、标准，进行厂址的选择、总平面布置。在设计阶段，必须根据项目类型选择符合资质要求的设计单位，依据反应安全风险评估、危险和可操作性分析（HAZOP）、工艺过程危害辨识和风险评估结果、安全仪表系统安全完整性等级（SIL）评估等辨识和评价结果，按照相应标准和规范的要求，结合安全生产的实践经验进行化工装置的设计工作，出具科学、合理、安全的化工装置设计文件，为后期的项目建设和安全平稳运行提供基础保障。

5.3.2 安全规划

在建设项目前期论证或可行性研究阶段，设计单位应开展危害辨识，分析拟建项目存在的工艺危害，当地自然地理条件、自然灾害和周边设施对拟建项目的影响，以及拟建项目可能发生的泄漏、火灾、爆炸等事故对周边安全的影响。

在工厂选址、平面布局、设备布置时，应符合有关设计标准的要求，并按照相关标准要求，进行定量风险评估（QRA），开展外部安全防护距离计算，满足个人与社会可容许风险标准。项目规划单位应提供项目的危害辨识报告和定量风险评估报告。

建设项目的规划布局应根据生产工艺流程及各组成部分的生产特点、火灾危险性、地形、风向、交通运输等条件，按生产、辅助、公用、仓储、生产管理及生活服务设施的功能分区集中布置。

平面布置间距、竖向布置及防火间距，应满足《化工企业总图运输设计规范》（GB 50489）、《工业企业总平面设计规范》（GB 50187）等及其他相关防火标准要求。

5.3.3　安全设计

化工设计是把一项化工工程从设想变成现实的一个建设环节，是化工企业得以建立的必经之路。在前期，化工设计为项目决策提供依据，在建设过程中，化工设计又为项目建设提供实施的蓝图，无论新建、改建和扩建项目，还是技术改造和技术挖潜，瓶颈消除，均离不开化工设计。对科研来说，从小试到中试，以及工业化的生产，均需要与化工设计有机结合，新技术、新工艺、新设备的开发工作更离不开化工设计。化工设计在化工项目建设的整个过程中是一个极其重要的环节，是化工工程建设的灵魂，对工程建设起着主导和决定性作用，对化工工程的投资、质量、进度、环保和安全都起着决定性的作用。

建设单位应委托具备国家资质要求的设计单位承担建设项目工程设计。涉及"两重点一重大"的大型建设项目，其设计单位资质应为工程设计综合资质或相应工程设计化工石化医药、石油天然气（海洋石油）行业、专业资质甲级。涉及精细化工的建设项目，设计前应按国家相关要求进行反应安全风险评估。在建设项目基础设计阶段应开展危险和可操作性分析（HAZOP），涉及"两重点一重大"建设项目的工艺包设计文件应包括工艺危险性分析报告，设计单位应提供装置的主要风险清单。新建化工装置应设计装备自动化控制系统，并满足相关设计标准要求。

设计单位应根据《危险化学品建设项目安全设施设计专篇编制导则》要求，编制建设项目安全设施设计专篇。对建设项目的过程危险源及危险有害因素进行辨识及分析，说明其存在的主要场所和采取的有针对性安全风险防控设计措施。

设计单位应落实安全评价报告、安全条件审查意见、安全设施设计审查意见、HAZOP审查通过的设计对策措施和建议，对未采纳的应论证说明。设计单位应根据工艺过程危害辨识和风险评估结果、仪表安全完整性等级（SIL）评估结果，确定安全仪表系统的装备。涉及重点监管危险化工工艺的大、中型新建项目应按照《过程工业领域安全仪表系统的功能安全》（GB/T 21109）和《石油化工安全仪表系统设计规范》（GB/T 50770）等相关标准开展安全仪表系统设计。对涉及毒性气体、液化气体、剧毒液体的一级或者二级重大危险源，应设置独立安全仪表系统。化工装置供配电系统设计应符合《供配电系统设计规范》（GB 50052）的要求，爆炸性危险环境的电气仪表设备的设计应符合《爆炸危险环境电力装置设计规范》（GB 50058）的要求。气体检测报警系统的设置应满足《石油化工可燃气体和有毒气体检测报警设计标准》（GB/T 50493）的要求，报警值、报警点位的设置应符合可能泄漏的介质要求。若气体检测报警器需接入 SIS 系统，应符合《过程工业领域安全仪表系统的功能安全》（GB/T 21109）、《石油化工安全仪表系统设计规范》（GB/T 50770）的相关要求。火灾自动报警设施的设置应满足《火灾自动报警系统设计规范》（GB 50116）的要求，依据装置类型、装置规模、火灾类别、火灾场所，有针对性地设置灭火设施。涉及爆炸危险性化学品的生产装置控制室、交接班室不得布置在装置区内；涉及甲乙类火灾危险性的生产装置控制室、交接班室不宜布置在装置区内，确需布置的，应按照《石油化工建筑物抗爆设计标准》（GB/T 50779）进行抗爆设计。具有甲乙类火灾危险性、粉尘爆炸危险性、中毒危险性的厂房（含装置或车间）和仓库内，不应设置办公室、休息室、外操室、巡检室。

项目建设单位在初步设计完成后、详细设计开始前，应向应急管理部门申请建设项目安全设施设计审查。建设项目安全设计文件经相关主管部门批复后，如有重大安全设计方案变更，应履行必要的变更手续。

5.3.4 典型事故案例：某企业"11·28"重大爆燃事故

2018 年 11 月 28 日 0 时 40 分 55 秒，某企业氯乙烯泄漏扩散至厂外区域，遇火源发生爆燃，造成 24 人死亡（其中 1 人后期医治无效死亡）、21 人受伤（4 名轻伤人员康复出院）、38 辆大货车和 12 辆小型车损毁，截至 2018 年 12 月 24 日直接经济损失 4148.8606 万元，其他损失尚需最终核定。

事故直接原因：企业违反《气柜维护检修规程》（SHS 01036—2004）第 2.1 条和《企业低压湿式气柜维护检修规程》的规定，聚氯乙烯车间的 1# 氯乙烯气柜长期未按规定检修，事发前氯乙烯气柜卡顿、倾斜，开始泄漏，压缩机入口压力降低，操作人员没有及时发现气柜卡顿，仍然按照常规操作方式调大压缩机回流，进入气柜的气量加大，加之调大过快，氯乙烯冲破环形水封泄漏，向厂区外扩散，遇火源发生爆燃。

5.4 设备设施完整性管理

5.4.1 概述

设备设施完整性起源于"机械完整性"，是过程管理体系的关键要素之一。设备设施完整性管理是以安全可靠经济运行为目的、以风险管控为核心、以技术为支撑的设备全生命周期动态系统管理。从内容的维度，完整性管理包括管理完整性、技术完整性和经济完整性；从时间的维度，完整性管理贯穿设备设施全生命周期各个阶段，各阶段之间实现有效传递与衔接；从风险的维度，完整性管理全面应用基于风险的管理理念和方法；从执行的维度，完整性管理遵循螺旋式持续上升的 PDCA 循环；从期望的维度，完整性管理目标是实现设备设施运行经济安全可靠。

设备设施完整性管理是一项综合性与专业性很强的系统工程管理，既要有系统的管理方法，又要涵盖以风险为基础的完整性技术，两者相辅相成、环环相扣，形成一个完整的管理和技术系统，用整体优化的方式有效管理风险，确保设备设施安全可靠，同时降低成本，并实现设备设施管理的经济性，最终达到设备设施资产保值增值，为发展贡献价值。

管理完整性是指通过开展全生命周期、持续改进的管理提升，以科学的组织机构、合理的人员能力、完善的管理体系、配套的管理标准、先进的管理工具，形成先进的设备设施管理模式，为技术完整性和经济完整性提供管理基础。

技术完整性是指通过建立设备设施全生命周期的完整性技术体系，运用基于风险的完整性技术与方法，系统、动态地管理设备设施风险，实现设备设施安全可靠，并为管理完整性和经济完整性提供技术保障。

经济完整性是指运用设备设施经济分析与评价方法，优化全生命周期成本，提高设备设施运行维护效率，实现设备设施资产保值增值，确保其运行经济可靠，并运用统计分析指标，呈现设备设施经济完整性效果，为管理完整性和技术完整性提供支持。

5.4.2 管理制度建立

5.4.2.1 管理机构

根据设备设施完整性管理职能的要求，企业应明确设备设施完整性管理主管部门，设置完整性管理岗位，从设备设施规划投资、设计建造、运营维护、废弃处置阶段做好全生命周期管理，如设置管理完整性岗位、技术完整性岗位、经济完整性岗位、完整性信息化岗位等。

5.4.2.2 管理文件体系

企业应结合专业设备特点，总结提炼出以专业特色为主的设备管理标准模板，形成完整性管理框架，建立管理标准、逻辑清晰、流程准确的完整性管理模式，整体要充分体现围绕"1234"的指导思想，即：1 个指导——总体设备完整性管理思路；2 个突出——全生命周期管理、风险管理；3 个原则——继承与发扬、融合与发展、协同与务实；4 个布局——顶层设计、岗位落实、专业分工、技术支撑。

5.4.3 本质安全设计

"本质安全"一词的提出源于 20 世纪 50 年代世界宇航技术的发展，是从控制事故源头入手，提出防止事故发生的技术途径和方法，实现事故由被动接受到主动预防，杜绝事故的发生。本质安全设计是指在设备设计、制造环节从设备本质安全出发，消除设备的潜在缺陷和薄弱环节，防止故障发生，确保满足固有可靠性要求所采取的技术手段。设备运行可靠性约 90% 是由设计决定的。可靠性设计/制造能基本保证设备的本质安全，降低设备故障诱发事故发生概率。

设备设施本质安全设计贯穿设备设施全生命周期，从全生命周期角度考虑设备设施的可靠性、可用性与可维护性，实现安全性、可靠性与经济性的优化与平衡。

（1）设备设施规划投资阶段要运用 LCC 的理念优化设备设施选择，分析实现的策略，并对后续阶段如何保持完整性提出控制措施。

（2）设计建造阶段，要针对选型、采办、制造及安装等过程做好质量控制，分析类似设备设施发生的事故及可能存在的缺陷，在设计上采取相应控制措施以保证设备设施的本质安全；要有针对性地考虑类似设备设施在运营期间完整性管理工作中提出的反馈意见，并进行优化；针对采办、建造、安装过程中可能存在的风险，对采办策略、厂家参数与设计参数的一致性、腐蚀防护等提出控制要求；针对容易出现质量问题、发生故障后对生产影响大、维修成本高、建造周期长的设备设施，要对建造过程及关键节点进行有效监控；要识别关键设备设施，进行风险评估，并对关键设备设施有针对性地应用设备设施完整性技术方法，根据风险分析结果制订应对措施。

（3）运营维护阶段要建立基于风险的检维修策略和管理程序，应用相关完整性技术方法，开展现场设备设施检维修活动，制定设备设施使用、维护保养和检修的规程或作业指导书，落实设备设施日常管理活动要求保持设备设施运行安全。

（4）废弃处置阶段，废弃处置过程应合法合规，对设备设施进行技术性和经济性分析，通过风险评估对设备设施资产状况、处置后对生产运营影响，以及处置方式等进行分析论证。

5.4.4 采购质量控制

5.4.4.1 选型采购

设备需求计划管理、合同管理、验收管理等主要环节应按照相关管理程序要求严格执行。应依据生产经营实际，制订购置投资计划，开展技术经济评价，并组织实施，不得选用国家和企业明令禁止和淘汰的设备。

设备购置与验收阶段应明确设备质量风险防控，包括关键设备监造、出入库检验、购置过程中的变更等。设备购置与验收过程中需对涉及的供应商、承包商进行资格和能力审查，签订合同等书面协议，明确检查、审核和评价要求，并及时沟通评价结果。

5.4.4.2 制造监造

设备制造过程中，建设单位有权现场进行质量进度检查，当发生质量问题需要协调时，企业应组织主管部门、技术支撑单位、使用单位参与协调工作。

列入企业监造目录的产品，应实施监造。由设备主管部门委托具备资质的单位进行监造，优选专业监理单位，按照监造要求严把关键设备驻厂监造和出厂检验关，确保出厂质量。其他大型、成套设备设施根据合同规定需要督造时，由设备物资主管部门选派有关人员进行现场督造。

5.4.4.3　设备验收

设备验收包括采购设备到货验收和安装验收。要严把特种设备入场检验关，邀请专业队伍开展检验，实现设备"零缺陷"入场；要严把电气设备初始检查关，依托项目建设开展检查，实现隐患数量"零增长"；要严把动静电仪设备专项验收关，成立专业小组开展验收，确保关键设备依法合规、安全可靠、经济高效地投入使用。

5.4.4.4　到货验收

设备到货后，使用单位应进行验收，未经验收或验收不合格，不得进行安装或试运行。设备验收要按照合同文件和相关规定开展，严格控制设备质量。

5.4.5　运行维护和预防性维修

5.4.5.1　运行

针对操作运行应制订设备现场管理、设备操作管理、设备点巡检管理等环节的过程控制措施，明确设备监测方法、标准、频次和评估的要求，制订设备巡检、操作规程、现场管理等工作的具体要求。确保设备档案、操作规程、应急预案、试运行记录完备，设备符合工艺操作要求，设备运行风险已经识别和采取防范措施。

（1）总体要求。

设备运行环境应消除或减少环境对设备安全、稳定运行、设备劣化等影响，应满足检查、维护、修理工作场地及辅助设施的需要。

企业应定期开展设备环境检查（检测）和治理，避免自然灾害或意外因素造成设备严重损坏。

企业应采取措施对密闭、危害性环境（如高温、极低温、高粉尘、静电、烟雾、潮湿、毒害、腐蚀等）进行有效监测和控制，合理配置环境指标的监控报警设备，合理安装改善设备运行环境的辅助设备，保证设备安全运行环境，延长设备使用寿命，并保护作业人员职业健康。

企业应对设备排放的废弃物进行有效管理，强化岗位职业健康保护，规范安装环境治理配套设备，合理规划设备作业区域、废弃物暂存区、废弃物处置区、环境排放口，对特殊要求的设备分区隔离，防止设备泄漏造成环境污染或质量安全事故。

（2）操作人员管理。

① 通过开展设备操作能力评估和知识技能培训，使操作人员了解和掌握岗位工作要点（包括设备结构、设备性能、安全须知、设备操作规程等），确保操作人员通过考评后

持证上岗；

②　要求设备操作人员执行好相关岗位制度（包括交接班制度、安全操作规程、要害场所管理制度、巡回检查制度、岗位责任制等）；

③　建立机制，要求设备操作人员在操作使用设备过程中，具备发现异常问题能立即有效应对的能力。

（3）操作规程管理。

①　组织相关技术人员按需编制设备操作规程，操作规程的发布、修订及废止应经充分技术论证（评审）后方可使用；

②　操作规程应包括启用前的状态检查、正常状态下的启停操作步骤、主要控制参数、安全及注意事项、异常及突发故障或断电等异常状态下应急处置方法等内容；

③　操作规程应通俗易懂、可操作性强，应确保在需使用的岗位能得到有效版本的规程，必要时可建立设备标准化操作视频；

④　对关键设备装置、系统，可根据需要建立设备操作卡（操作票），实行操作确认制（一人操作一人监护），避免因操作失误而导致安全问题、联锁停车（机）、设备故障或事故，也可根据需要制作设备异常处置卡或应急处置卡；

⑤　对操作复杂的设备或涉及不易记的参数，可根据需要制作看板展示在设备装置旁边，或制作方便员工携带的口袋书，或制作扫二维码即可读取所需内容的标识贴在设备上或附近醒目处；

⑥　应组织管理、技术和操作代表定期对操作规程进行评审，在工艺、生产条件、设备技术改造等发生变化或发生事故时应及时对操作规程进行评审；

⑦　设备上的仪表、状态指示灯、按钮、开关、安全警示等与日常操作、维护相关的标签，宜将英文标签翻译为中文标签或双语标签。

（4）现场操作管理。

企业应明确设备的操作及维护责任人，确保每台设备有人管理；明确设备操作的监管要求，指定监管责任人。重大作业由相关企业所属单位负责人或技术人员负责监管，现场施工作业由属地人员负责监护。操作人员应按岗位规定正确穿戴劳动防护，按设备操作规程、工艺标准等要求规范操作设备。对需每班或每天启动运行的设备，应在每次开机启用前对设备进行检查，确认正常后方可投入使用。

当设备为多班制运转时，企业应明确设备交接班管理要求，对设备存在问题的，应如实、规范记录于交接班记录。为确保设备操作者能规范操作设备及按要求规范记录，企业应做好自主检查，设备主管部门应做好监督检查。

（5）点巡检管理。

企业应建立设备点巡检管理制度，明确设备点巡检管理要求，确定需建立设备点巡检标准的设备。持续推行操作、电气、仪表、维护"四位一体"的交叉巡检体系，及时发现问题，保证设备的安全运行。

5.4.5.2　维护

企业应制订设备保养管理、设备润滑管理等环节的过程控制措施，明确设备检查方法、标准、频次和评估的要求，制订设备维护保养工作的具体要求。确保设备维护规程、维护检修记录完备，运行维护人员得到培训，设备运行风险已经识别和采取防范措施，检验、检测和预防性维修，缺陷管理和变更管理等有效开展。

（1）组织使用单位及维护保养单位的技术人员，识别并确定需编制设备保养规程的设备，形成清单，按需编制设备保养规程。规程的发布、修订及废止应经充分技术论证或评审后方可实施。

（2）设备保养规程宜包括设备名称、执行分工、保养器具和材料、周期或时机、保养项目、保养流程、保养方法和技术标准、质量与安全控制要求、保养验收等内容。

（3）设备保养规程应通俗易懂、可操作性强，应确保在需使用的岗位能得到有效版本的规程。必要时，可建立设备保养作业视频。

（4）机、电、仪技术人员对设备进行专业维护保养，可参照设备厂商的使用维护说明书或适用的国家标准、行业标准执行。对特种设备需要保养资质的项目，应进行内外部资质的评估并做好保养资源安排。

（5）设备维护技术人员应对设备操作者进行培训，确保其具备履行保养的能力。

（6）若国家或行业对设备保养维护有资质要求的，应确保执行人员具备相应资质。

（7）对设备保养周期大于一个月度，宜根据设备保养规程编制年度设备保养计划。

（8）保养设备前，应落实安全防护措施，视需要安排专业人员监护。保养过程中动用其他设备的，保养完毕后应及时恢复原本状态并进行检查确认。若保养是由外单位进行施工作业的，相关企业应落实安全管理，并根据需要安排专人监护。

（9）企业依据特种设备管理相关法律法规要求或根据需要外包设备保养，应对外包单位的资质、信誉和服务进行评价和确认，以符合法规和设备保养要求。相关企业宜对设备保养服务提供方进行监督和评价。

（10）设备保养后，企业或设备维护保养单位应指定人员对保养结果进行验收。

（11）若企业对设备保养有记录要求，设备保养执行人、验收人应按要求规范记录。

（12）应建立保养维护等所用工器具的管理制度，并按要求对工器具进行定期检查和保养，确保工器具安全、完好。

（13）为确保设备操作人员和专业维护保养人员能按企业保养管理要求和规程落实设备保养，设备使用和维护保养单位应做好自主检查，设备管理部门应做好监督检查。

企业应建立设备基础数据库、运行维护数据库、故障案例库、维修数据库等涉及设备全生命周期的数据链系统，满足设备故障统计、可靠性分析、运行趋势预测、剩余寿命评价、维修策略制订等设备管理需求。

5.4.5.3 预防性维修

（1）修理模式和策略。

① 根据设备分类分级情况，结合企业生产经营目标、资源配置，确定合适的维修模式，分为日常维修、大修、预防性维修、预知性维修（可靠性维修）。

② 按照维修模式，综合考虑各类设备的重要程度、劣化特性等因素，制订设备的维修策略。动设备可实施"预知性维修 + 以可靠性为中心的维护（RCM）"的策略，确保"既不过修，也不失修"；静设备可实施"定期检验 + 基于风险的检验（RBI）"的策略，做到"应检必检，检必有效"；电气设备可实施"定期检修 + 电气实验 + 定期清扫"的策略，保障性能完好，运行可靠；仪控设备实施"定期测试 + 定期评价与测试（SIL）"的策略，确保安全可靠，联控有效。

（2）维修计划管理。

企业应按总体要求和各专业提升要求，编制各装置检修计划。最终形成公司零星、月度和停工检修计划。制订各级、各类设备维修计划，编制现场维修方案，统筹协调配置维修资源。企业动静电仪各专业主管部门结合设备的实际状况和功能需求、可靠性分析等，负责审核本专业检修计划。

（3）维修规程。

企业应根据维修管理的需要，制定合理的维修工作流程和管理要求，指导维修作业有序进行；基于不同的设备专业和使用条件，编制维修规程（维修技术标准），规范维修作业，提高维修质量和效率。

（4）维修过程管理。

① 管理机制工作要点：

——做好设备维修前的准备、维修过程的监控和维修后的验收。

——合理安排维修时间，提升维修保障水平和维修质量水平。

——形成闭环机制，定期评估并持续改进。

② 维修方案准备和维修单位确定，工作要点：

——设备维修前，根据设备技术状态检测和检查的情况，确定维修技术要求，编制维修方案。设备的大修、项修和维修改造应按照相关企业统一格式要求编写方案并经过审批通过后方可实施。

——根据企业管理规定和程序，自行选择维修单位。

——大型设备和装置检修等委外维修项目应依照招标制度执行。

③ 过程管理：企业应确保维修过程的有效管控（重点包括标准化作业、安全管理、进度管理、质量管理、现场管理等）。

——等级保养应依据设备维护保养手册编制设备保养计划，设备等级保养完成后应在设备档案中填写设备保养记录。

——设备项目修理应按照要求编制修理方案并通过审批，修理过程中应填写相关记录，修理单位应对修理关键环节实施监修。

——设备大修过程中，用户应派技术人员监修，监督关键环节质量，跟踪修理进度，记录零配件更换情况，并做好记录。更换后的主要零配件应妥善保存，作为设备验收的依据。

——大修设备验收包括性能验收和资料验收。性能验收是指对修复后设备恢复原有性能的验收，资料验收是指修理完成后对大修设备过程中所有产生资料的验收。

——特种设备的重大修理或改造，使用单位应编制组织方案，承修单位应根据使用单位的组织方案编制实施方案，实施方案应征得原设计单位或同等资质的设计单位同意，并报所在地特种设备安全监察机关备案后方可实施。涉及连带变更、特种设备注册登记信息变更的，要履行相应变更程序。

——实施重大修理的特种设备投用前，使用单位应委托有资质的检验检测机构进行检测，合格后方可投入使用，修理资料应存入特种设备安全技术档案。

——在用起重机械应按照《特种设备使用管理规则》（TSG 08）的要求至少每月进行一次日常维护保养和自行检查，每年进行一次全面检查，保持起重机械的正常状态。日常维护保养和自行检查、全面检查应当按照 TSG 08 和产品安装使用维护说明的要求进行，发现异常情况，应当及时进行处理并且记录，记录存入安全技术档案。

——场（厂）内专用机动车辆应按照《场（厂）内专用机动车辆安全技术规程》（TSG 81）的要求开展日常维护保养和检查。

④ 验收交付。企业应进行全面的检测（重点包括设备空运转试车、负荷试车、生产运行的质量及效果等），形成验收意见，办理验收手续并交付生产。

（5）维修费用管理。

依据全年生产总目标、上年度设备管理实绩、设备维修计划编制总体设备维修费用预算和单项维修费用预算。做好维修费用分解、过程监控和结算管理，控制预算调整及费用变更；做好维修过程中可用零配件和材料的回收；做好相关维修材料和工机具耗用管控，控制成本在合理范围内。

（6）维修记录管理与应用。

① 建立设备维修记录，收集设备的维修信息（包括维修日期、维修部位、维修内容、维修类型、维修人力和备件耗用情况等）。

② 定期对维修记录进行统计和分析，不断优化维修项目和维修周期。

③ 总结经验和教训，提升维修单位的维修技能、维修效率、维修精度和管理水平。

④ 优化未来的维修计划、维修规程和维修策略的制订。

⑤ 编制并分享设备维修情况分析报告。

5.4.6 检验和测试

检验和测试主要是通过观察、测量、测试、校准、判断检测设备缺陷的发生和评估设备部件的状态，对设备的有关性能进行符合性评价。相关企业建立设备检验、检测和监测管理程序，在设备日常专业管理的基础上，识别、制订并实施设备检验、检测和监测任务，提高设备运行的可靠性，确保设备的持续完整性。

设备物资主管部门提出总体管理要求，设备各业务主管部门审核本专业的设备检验、检测和监测计划，使用单位负责组织本区域的设备检验、检测和监测计划的编制、实施、方案审查、结果验收。

企业应依据检验、测试和监测管理程序，在设备日常专业管理的基础上，识别、制订并实施设备检验、检测和监测任务，提高设备运行的可靠性，确保设备的持续完整性。检验过程中发现的问题要进行原因分析，针对产生的原因进行处理，对于可能导致失效的缺陷，应进行材料失效分析。

5.4.7 缺陷管理和泄漏管理

设备设施缺陷和泄漏是导致设备故障的重要原因，也是导致安全事故事件的隐患。设备故障是由于设备缺陷、泄漏、操作使用不当、运行环境恶劣、维护保养和检验检测不规范等原因造成的整体或局部的不完整，且功能性降低或丧失，是设备隐患的重要组成。缺陷是从质量管理出发，衡量判断并制订纠正预防措施的依据。设备泄漏是从运行使用出发，查找分析原因并进行结构和功能修复的目标。隐患是从安全环保出发，排查评估风险并进行治理管控的对象。发现处理并预防缺陷是风险排查和隐患治理的重要内容。

企业要定期组织设备缺陷、泄漏、隐患排查，发现识别设备全生命周期各阶段的缺陷和隐患，并将安全生产隐患排查、专项检查、审核中发现的设备缺陷和隐患纳入设备缺陷和隐患台账，进行评价和响应，及时传达给相关部门和人员，按照对员工健康、安全、环境、生产经营的影响程度进行分级管理。及时制订纠正措施和整治计划，按照销项制原则，组织设备缺陷和隐患整改；不能立即整改的，要制订监控防护措施直至停用并妥善管理，确保设备运行安全受控。

5.4.8 数据库管理

设备设施完整性数据库管理是开展完整性管理工作的重要支点，是开展设备设施完整性管理工作的基础，信息系统则是支撑设备设施完整性数据库管理工作系统高效开展的平台。串联各管理部门的职能与职责，打通全生命周期各阶段的管理流程。管理内容包括法律法规识别与合规性评价管理、风险管理、目标和计划管理、资源与能力管理、全生命周期管理、分级管理、静设备管理、动设备管理、电气设备管理、仪表设备管理、特种设备管理、检维修管理等各个环节。同时，通过设备设施完整性数据库管理将数据信息、管理流程、技术工具等进行集成，实时掌握设备设施状态与风险情况，及时优化管理策略，提高企业管理效率。数据库管理也将成为设备设施完整性管理成果展现的主要载体，为企业设备设施完整性管理工作的开展提供信息化保障。

建立设备设施数据库时，与设备全生命周期管理相关的文件、档案、信息、数据应纳入数据库统一管理。数据库还应涉及设备的基础数据、运行参数、检验测试数据、维修数据、失效数据等。同时，还应及时对数据库中的各项数据进行分析研究，并根据分析研究结果指导设备的检验测试、预防性维修、缺陷管理等各项工作。

5.4.9 典型事故案例：某石化设备有限公司"1·14"爆燃事故

2020年1月14日13时41分许，某石化设备有限公司生产装置区催化重整装置发生危险化学品泄漏爆燃事故，明火于19时15分许被扑灭，未造成人员伤亡，核定直接经济损失198.15万元。

（1）事故原因：该公司催化重整装置的压力管道因腐蚀减薄破裂，内部带压的石脑油、氢气混合物喷出后与空气形成爆炸性混合物，喷出介质与管道摩擦产生静电火花引发爆燃，附近部分塔器、管道及其他设备设施有不同程度的损毁或破裂，泄漏的可燃物料加剧燃烧和火势蔓延引发后续两次爆燃。

（2）事故主要教训：一是公司安全生产主体责任不落实，违法违规使用特种设备，未按要求建立重点腐蚀部位台账，未对包含事故管道在内的重点腐蚀部位采取有效的管控措施，生产过程中也未按操作规程进行相应的采样分析。二是安全质量监督检验职责落实不到位，未按照安全技术规范的要求对该公司压力管道进行首次定期检验，出具检验证明文件不严谨。三是监管部门未能全面深入开展安全监察，未能通过现场检查发现该公司逾期未办理特种设备使用登记，对其使用逾期未检特种设备的问题未及时督促整改。

5.5 安全生产信息管理

5.5.1 概述

安全生产信息是过程安全管理要素之一，安全生产信息的收集、识别和应用是企业安全生产重要的基础性工作，是工艺和设备专业识别和控制风险的依据，是落实过程安全管理系统其他要素的基础。

5.5.2 工艺安全信息收集

安全生产信息的收集包括但不限于：

（1）相关化学品（包括废弃物）信息；

（2）规划及工艺技术信息；

（3）工程建设及安装调试有关信息；

（4）设备设施信息；

（5）自控及安全仪表信息；

（6）相关公用（辅助）工程系统信息；

（7）同行业事故事件信息；

（8）同行业企业良好安全管理实践；

（9）企业需要收集的其他相关安全生产信息。

5.5.3 危险化学品安全数据表

依据《化学品安全技术说明书 内容和项目顺序》（GB/T 16483）、《化学品安全技术说明书编写指南》（GB/T 17519）等标准规定，危险化学品的安全数据包括以下几个方面的内容：

（1）物理性质数据。包括相对分子质量、热容量、蒸气压、燃烧热、黏度、电导率和介电常数、凝固点、相对蒸气密度、溶解度、密度（比重）、颗粒度、pH 值、熔点、物理状态/外观、沸点、气味（一般情况和嗅觉极限）、表面张力、临界温度/压力、汽化热等数据。

对于混合物，需要估计关键组分的成分和相关的物理性质，或通过实验室测试获得。

（2）化学反应性数据。包括热稳定性、化学稳定性，如物质的稳定性、分解产物或副产物；物质发生聚合反应和失控反应的可能性，及应避免的不良反应条件；化学品、杂质、设备设施选材、建筑材料和公用工程（如压缩气体和氮气）相互之间可能发生反应的化学品相容性信息；反应热、能量释放速率等热力学和反应动力学数据等。

（3）易燃性数据。包括闪点、爆炸极限、自燃点、燃烧热、最大爆燃或爆炸压力和火焰速度等易燃性特征数据；自燃、自氧化、绝热压缩等热力学和化学稳定性数据；颗粒粒径分布、最低点燃温度、最低点燃能量、最低爆炸浓度等粉尘特性数据。

（4）毒性数据。包括工作场所有害因素职业接触限值（OELs），如时间加权平均容许浓度（PC-TWA）、短时间接触容许浓度（PC-STEL）、最高容许浓度（MAC）；吸入、食入和接触的急性毒性数据，如半数致死浓度（LC50）、半数致死量（LD50）、直接危害生命或健康的浓度（IDLH）；对人体或动物致癌性、诱变性、神经毒害和其他健康影响的数据信息；眼部和皮肤接触影响信息，如刺激、腐蚀或皮肤吸收等；其他关于慢性健康影响或环境危害的毒性信息，如医学监测标准或指导（如果适用）、对水体、大气、土壤影响信息等。

（5）其他信息。包括基本的化学识别数据，包括化学文摘服务号（CAS#）、化学名称、分子式、官能团类别和别名（如代码或商标名称）等，以及化学品储存方法、泄漏处置方法、列入特殊监管的化学品信息等。

5.6 安全教育、培训与能力建设

5.6.1 安全环保履职能力评估

5.6.1.1 员工能力要求

生产安全类管理人员和非生产安全类管理人员都要具备 HSE 领导能力、风险掌控能力、HSE 基本能力、应急管理能力等能力。

5.6.1.2 安全环保履职能力评估

5.6.1.2.1 流程

安全环保履职能力评估流程主要包括四个阶段：评估工作准备、评估组织实施、评估数据分析及评估报告编制，各阶段工作内容参见图 5.3。

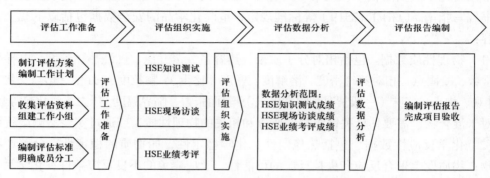

图 5.3 安全环保履职能力评估流程

（1）评估工作装备。

在评估前工作准备阶段，主要包括四方面工作内容：

① 咨询服务信息对接。

在项目实施前，积极开展与企业咨询信息对接工作。通过对接，确定评估项目工作的具体要求与开展形式。

② HSE 合规评价资料收集。

完成信息对接工作后，准备阶段需要收集以下资料：

（a）收集与企业相关的国家法律、行政法规及部委规章文本；

（b）收集职能处室或科室应该遵守的管理制度；

（c）以职能处室或科室为单位，分类收集其岗位职责、安全环保职责、被评估人员清单、被评估人员的 HSE 业绩成绩等相关资料。

③ 筛选抽调相关专家。

根据企业管理的实际特点，筛选具有相关专业背景或是管理经验丰富的专家参与企业的 HSE 合规性评价工作。

④ 编制工作方案。

依据对接情况，明确项目的具体内容，编制项目工作方案，确定工作进度安排等。

（2）评估组织实施。

在评估组织实施阶段，主要包括五方面工作内容：

① 编制备用评估标准和测试题库。

依据对接情况，明确项目的具体内容，编制项目工作方案，确定工作进度安排等。

结合企业的生产实际和 HSE 管理要求，确定评估标准、理论测试、业绩考评的具体范围及内容，编制 HSE 知识测试题库，供被评估人员进行理论学习和测试参考；合理分配成员工作任务。

评估标准可按岗位专业分类，编制专业和（或）岗位评估标准。

理论测试内容可按四种能力分类，开发各管理层级的理论测试试题库。

② 评估前培训。

评估前培训工作一般由两方面内容组成：对评估组成员进行培训，对被评估对象进行必要的培训。

评估组成员培训内容：评估思想、评估纪律、评估标准、评估注意事项。

被评估对象培训内容一般依据企业管理实际或企业设定的评估目标来开展必要的评估前培训，其内容因企业管理需要的不同会有很大差异，大致可分为意识理念类培训、法律风险类培训、工具方法类培训、基本知识结构类培训、专业知识结构类培训。

③ HSE 知识测试。

根据测试题库选取试题，编制形成测试试卷，完成对参评人员的知识测试。

HSE 知识测试范围包含但不限于以下方面：

——对国家、地方、行业 HSE 法律法规和标准规范的掌握；

——对上级公司规章制度和标准的理解和贯彻；

——对 HSE 管理理念、工具与方法的理解和应用；

——对公司 HSE 管理体系规章制度的理解和掌握；

——对安全生产基本知识的理解和掌握；

——对现场应急管理要求的理解和应用。

测试时间一般为 1h，测试均采用闭卷方式。试卷满分为 100 分。

④ HSE 现场访谈。

结合企业实际，制定评估标准，对被评估人员进行"一对一"式沟通访谈。访谈内容包含但不限于以下方面：

——HSE 领导能力：具备示范、引导、授权、指示直接下属为实现组织的安全目标指标而重视安全并采取有效行动的能力（可含一般员工的 HSE 表现）。

——风险掌控能力：具备组织辨识、评价、防控属地和业务管理范围内风险的能力（可含一般员工的 HSE 技能）。

——HSE 基本能力：掌握满足本岗位履职所需的最基本安全管理工具、方法，以及具备工作内外所需的安全基本知识（可含一般员工的业务技能）。

——应急管理能力：具备对紧急情况或者对突发事件的预测与预警、应急和善后等全过程的掌控能力（可含一般员工的应急处置能力）。

针对被评估对象属于不同级别不同岗位的情况，为达到数据可比性，评估小组可参考选用生产安全类和非生产安全类管理人员 HSE 履职能力沟通样表。评估人员要注意访谈技巧，包括营造宽松的访谈氛围、和谐的沟通环境等。

⑤ HSE 业绩考评。

HSE 业绩评定主要由四方面组成（表 5.1），一是分管业务或单位发生安全环保事故情况或经济损失情况，占比 20%；二是其年度 HSE 目标、指标完成情况，占比 30%；三是 HSE 体系审核、检查、诊断评估等问题发现、原因分析及整改情况，占比 50%；四是三级及以上领导干部为改进提升提供资源（人员配置、资金、改进提升技术、改进提升方法）支持情况，占比 20%，该项为加分项。加权后折算为满分 100 分来计算。其中否决项为：发生一般事故 A 级及以上、一般环境事件及以上的，此项不得分。

表 5.1　HSE 业绩评定业绩内容及占比

序号	业绩内容	占比	备注
1	分管业务或单位发生安全环保事故情况或经济损失情况	20%	
2	年度 HSE 目标、指标完成情况	30%	
3	HSE 体系审核、检查、诊断评估等问题发现、原因分析及整改情况	50%	含政府处罚情况
4	为改进提升提供资源（人员配置、资金、技术、方法等）支持情况	20%	加分项
5	发生一般事故 A 级及以上、一般环境事件及以上的	-100%	否决项

企业安全部门依据生产经营实际设定的考核指标，对各单位 / 部门按年度进行考核，出具考核结果。各单位 / 部门依据各岗位设定的考核指标，对各岗位进行考核，出具考核结果。最终考核结果依据以上两种结果加权平均得分。同时，涉及岗位调整或提拔的岗位员工，在调整或提拔前已被考核或处罚过的，评估时采集的考核结果，以新调整或提拔后的岗位时间为起点进行考核的结果为准，不再二次连坐。

（3）评估数据分析。

按照项目实施工作计划，对组织实施形成的评估结果进行数据统计分析。

① 评估结果数据组成。

安全环保履职能力评估结果由 HSE 知识测试、HSE 现场访谈、HSE 业绩考评三方面成绩组成，单项分值满分皆为 100 分，单项成绩加权后合计值作为最终评估得分，权重一般设定为 20%、50%、30%，即：评估总分 =HSE 知识测试 ×20%+HSE 现场访谈 ×50%+HSE 业绩考评 ×30%，也可与企业商定其他权重。

② 评估数据分析。

评估数据一般由五方面数据构成：人员构成、评估结论、HSE 业绩、理论测试、现场访谈等，按照企业设定的分类类别（专业、岗位、单位 / 部门等类别）逐一分析。

（a）人员构成数据分析：统计分析计划参评和实际参评人数及占比情况，并简要说明未参与评估人员的数量及原因情况，为数据分类分析提供必要说明。

（b）评估结论性数据分析：依据评估结论的五个等级（杰出、优秀、良好、一般和较差级），对评估结论按分类类别进行分析。

（c）HSE 业绩数据分析：依据企业提供的 HSE 业绩成绩，按分类类别进行分析。

（d）HSE 理论测试数据分析：依据企业提供的 HSE 理论测试成绩，按分类类别进行分析。

（e）现场访谈数据分析：对现场访谈涉及的访谈综合得分、四种能力得分、三强三弱（四种能力中的三个强弱项）分布，按分类类别进行分析。数据分析要综合反映被评估对象的整体能力水平，同时反映出被评估整体的差异化程度；综合反映现阶段企业管理水平及人员履职情况；评估企业不同岗位或业务类型人员的履职能力现状；反映出在企业生产经营范围内，直线责任是否真正落实到位，权责是否进行合理分配，管理人员是否满足能岗匹配的管理要求；综合反映评估人员不同岗位、分类、职级的四种能力表现；综合反映现场访谈现状，为综合评估结论的提出提供必要支撑；为企业制订个性化的培训提升方案和培训计划提供参考依据。

（4）评估报告编制。

对评估结果进行分析、讨论，从各种评估内容中收集反映被测人员的各项素质能力的行为证据与信息，形成每位被测人员的书面评估报告暨《安全环保履职能力评估反馈报告》。同时，针对评估数据分析结果，根据不同的单位、部门、岗位和职务等进行分析，编制完成项目评估工作报告。

项目评估工作报告主要包括四部分：项目概述、评估统计与分析、评估发现、问题综述及改进方向。

5.6.1.2.2　要求

某企业《员工安全环保履职考评管理办法》，相关要求如下：

（1）围绕年度 HSE 目标指标和工作计划，依据员工岗位安全环保职责，逐级分解确定各岗位安全环保履职考核的项目。

（2）安全环保履职考核的项目突出管理特点和岗位性质，按结果类和过程类分别设定合理、易量化的考核指标，形成岗位 HSE 责任书或安全环保履职考核表。

（3）人员调整或提拔到生产、安全等关键岗位，及时进行安全环保履职能力评估。

（4）一般员工新入厂、转岗和重新上岗前，依据新岗位的安全环保能力要求进行培训，并进行入职前安全环保履职能力评估。

（5）安全环保履职能力评估内容突出岗位特点，依据岗位职责和风险防控等要求分专业、分层级确定。

（6）安全环保履职能力评估可采用日常表现与现场考察、知识测试及员工感知度调查等定性评价与定量打分相结合的方式开展。

（7）安全环保履职考核结果分为杰出、优秀、良好、一般、较差五个档次，并按绩效合同约定纳入员工综合绩效考核。

（8）安全环保履职考核结果应用包括绩效奖金兑现、职级升降、岗位调整、岗位退出、培训发展等。

（9）安全环保履职考核发现安全环保责任制不健全时，及时组织修订完善安全环保责任制。

（10）安全环保履职考核结果为"一般"和"较差"的人员，应进行培训、通报批评或诫勉谈话。

（11）安全环保履职能力评估结果分为杰出、优秀、良好、一般、较差五个档次。

（12）安全环保履职能力评估结果为"一般"和"较差"的拟提拔或调整人员，不得调整或提拔任用。评估结果为"较差"的员工不得上岗或转岗。不合格人员需接受再培训和学习，评估合格后方能调整、提拔任用或上岗。

（13）安全环保履职能力评估发现的改进项，由被评估人制订切实可行的措施和计划予以改进，直线领导对下属的改进实施情况进行跟踪与督导。

5.6.2 安全培训

提高全员的安全素质，懂得怎样生产才能安全，认识到它的重要性和必要性，牢固树立"安全第一、预防为主、综合治理"的思想，防患于未然。从而自觉遵守各项规章制度，消除不安全因素，杜绝安全事故的发生。

5.6.2.1 基本要求

安全培训的基本要求包括：

（1）高风险单位（危险物品的生产、经营、储存单位及矿山金属冶炼、建筑施工、道路运输单位）的主要负责人和安全管理人员安全生产知识和管理能力考核。

（2）从业人员安全生产教育和培训合格上岗，派遣劳动者、实习学生的教育和培训。

（3）"四新"安全生产教育和培训。

（4）特种作业持证上岗。

（5）从业人员日常教育。

生产经营单位安全生产教育培训的责任如下：

（1）保证管理人员熟悉与本职管理工作相应的安全生产规章制度，具备与本职管理工作相应的安全生产技术知识、安全生产管理知识和管理能力。

（2）保证生产操作人员具备必要的安全生产知识、熟悉有关的安全生产规章制度和安全操作规程、掌握本岗位的安全操作技能。

（3）未经安全生产教育和培训合格的从业人员，不得上岗作业。

5.6.2.2 安全生产教育培训的组织

安全生产教育培训的组织包括如下内容：

（1）各级安全监管部门指导、监督生产经营单位主要负责人、安全生产管理人员、特种作业人员的培训。

（2）具备安全培训条件的生产经营单位，应以自主培训为主，可以委托具备安全培训条件的机构对从业人员进行安全培训。

（3）不具备安全培训条件的生产经营单位，应委托具备安全培训条件的机构对从业人员进行安全培训。

5.6.2.3 建立安全教育培训制度

建立安全教育培训制度包括如下内容：

（1）严格按国家安全生产法规中关于安全生产教育的规定制定本单位的安全生产教育制度。

（2）安全生产教育制度应明确教育培训的对象、教育培训的形式、教育培训的内容、教育培训合格的标准、教育培训的责任。

（3）安全生产教育制度应明确生产经营单位应按有关法规规定，组织本单位的主要负责人、安全生产管理机构负责人及其工作人员或未设安全生产管理机构的专（兼）职安全生产管理人员、特种作业人员参加单位所在地安全生产监督管理部门组织的安全生产教育培训、考核。

（4）安全生产教育制度应根据本单位管理机构设置、人员配备的具体情况，把《安全生产法》规定的生产经营单位安全生产教育培训的责任分解落实到岗位。

（5）安全生产教育制度应明确，为提高安全生产教育培训的质量，解决安全生产教育培训的工作量大与人手不足的矛盾，必须增加投入，改善安全教育的手段，尽可能使用电化教学设备，用各种各样职工喜闻乐见、形象生动、动之以情、晓之以理、寓教于乐的方法进行教育培训。

（6）安全生产教育制度应明确建立、健全从业人员的安全生产教育培训档案的规定。避免因教师的随意性而导致应教的内容没有教，应编写书面教材，按教材施教。

5.6.2.4 各类参加培训人员培训要求及内容

主要负责人培训内容和时间主要包括以下内容：

（1）初次培训的主要内容：国家安全生产方针、政策和有关安全生产的法律、法规、规程及标准；安全生产管理基本知识、安全生产技术、安全生产专业知识；重大危险源管理、重大事故防范、应急管理和救援组织及事故调查处理的有关规定；职业危害及其预防措施；国内外先进的安全生产管理经验；典型事故和应急救援案例分析；其他需要培训的内容。

（2）再培训的主要内容：新知识、新技术和新政策、法规；有关安全生产的法律、法规、规章、规程、标准和政策；安全生产的新技术、新知识；安全生产管理经验；典型事故案例。

（3）培训时间：煤矿、非煤矿山、危险化学品、烟花爆竹、金属冶炼等高风险生产经营单位主要负责人初次安全培训时间不得少于 48 学时，每年再培训时间不得少于 16 学时；获得安全培训合格证。其他单位主要负责人安全生产管理培训时间不得少于 32 学时，每年再培训时间不得少于 12 学时；获得安全培训合格证。

安全生产管理人员培训主要内容和时间主要包括以下内容：

（1）初次培训的主要内容：国家安全生产方针、政策和有关安全生产的法律、法规、规程及标准；安全生产管理基本知识、安全生产技术、职业卫生等知识；伤亡事故统计、报告及职业危害的调查处理方法；应急管理、应急预案的编制及应急处置的内容和要求；国内外先进的安全生产管理经验；典型事故和应急救援案例分析；其他需要培训的内容。

（2）再培训的主要内容：安全生产新知识、新技术和新政策、法规；有关安全生产的法律、法规、规章、规程、标准和政策；安全生产管理经验；典型事故案例。

（3）培训时间：煤矿、非煤矿山、危险化学品、烟花爆竹、金属冶炼等高风险生产经营单位安全生产管理人员安全初次培训时间不得少于48学时，每年再培训时间不得少于16学时；获得安全资格证。其他单位安全生产管理人员初次培训时间不得少于32学时，每年再培训时间不得少于12学时；获得安全培训合格证。

特种作业人员培训主要包括以下内容：

（1）特种作业范围：电工作业、焊接与热切割作业、高处作业、制冷与空调作业、煤矿安全作业、金属非金属矿山安全作业、石油天然气安全作业、冶金（有色）生产安全作业、危险化学品安全作业、烟花爆竹安全作业。

（2）特种作业人员培训要求：特种作业人员必须经专门的安全技术培训并考核合格，取得"中华人民共和国特种作业操作证"（以下简称"特种作业操作证"）后，方可上岗作业。

特种作业人员应接受与其所从事的特种作业相应的安全技术理论培训和实际操作培训。跨省、自治区、直辖市从业的特种作业人员，可以在户籍所在地或者从业所在地参加培训。特种作业人员的考核包括考试和审核两部分。考试由考核发证机关或其委托的单位负责，审核由考核发证机关负责。资格考试包括安全技术理论考试与实际操作技能考核两部分。考试不及格的，允许补考一次。经补考仍不及格的，重新参加相应的安全技术培训。特种作业操作证有效期为六年，在全国范围内有效。特种作业操作证每三年复审一次。特种作业人员在特种作业操作证有效期内，连续从事本工种十年以上，严格遵守有关安全生产法律法规的，经原考核发证机关或者从业所在地考核发证机关同意，特种作业操作证的复审时间可以延长至每六年一次。特种作业操作证申请复审或者延期复审前，特种作业人员应参加必要的安全培训并考试合格。安全培训时间不少于8个学时，主要培训法律、法规、标准、事故案例和有关新工艺、新技术、新装备等知识。

其他从业人员的教育培训：

（1）生产经营单位应对从业人员进行安全生产教育和培训，保证从业人员具备必要的安全生产知识，熟悉有关的安全生产规章制度和安全操作规程，掌握本岗位的安全操作技能，了解事故应急处理措施，知悉自身在安全生产方面的权利和义务。未经安全生产教育和培训合格的从业人员，不得上岗作业。

（2）生产经营单位使用被派遣劳动者的，应将被派遣劳动者纳入本单位从业人员统一管理，对被派遣劳动者进行岗位安全操作规程和安全操作技能的教育和培训。劳务派遣单位应对被派遣劳动者进行必要的安全生产教育和培训。生产经营单位接收中等职业学校、高等学校学生实习的，应对实习学生进行相应的安全生产教育和培训，提供必要的劳动防护用品。学校应协助生产经营单位对实习学生进行安全生产教育和培训。

（3）生产经营单位应建立安全生产教育和培训档案，如实记录安全生产教育和培训的时间、内容、参加人员及考核结果等情况。

（4）从业人员应接受安全生产教育和培训，掌握本职工作所需的安全生产知识，提高安全生产技能，增强事故预防和应急处理能力。

岗位安全教育培训：

（1）连续在岗位工作的安全教育培训工作，主要包括日常安全教育培训、定期安全考试和专题安全教育培训。

（2）日常安全教育培训主要以车间、班组为单位组织开展。专题安全教育培训主要有安全教育培训、法律法规及规章制度培训、事故案例培训、安全知识竞赛比武等。

（3）在安全生产的具体实践过程中，生产经营单位还应采取其他宣传教育培训的方式方法。

换岗安全教育培训：生产经营单位对调整工作岗位的从业人员，在上岗前应进行"换岗教育"。对在同个项目内变换工种（岗位）的，应进行"班组级教育"。对在不同的项目变换工种（岗位）的，应进行"项目级和班组级教育"。

"四新"安全教育培训：生产经营单位采用新工艺、新技术、新材料或使用新设备时应对从业人员进行"四新教育"，使他们具备与采用新工艺、新技术、新材料或使用新设备相应的安全生产知识，熟悉与采用新工艺、新技术、新材料或使用新设备有关的安全生产规章制度和安全操作规程，掌握与采用新工艺、新技术、新材料或使用新设备相关的本岗位的安全操作技能。

事故案例教育：生产经营单位应及时进行"事故案例教育"，帮助从业人员吸取事故教训，从事故责任者受处分中受到教育，从而进一步增强安全意识和法治观念，提高严格遵章守纪的自觉性；使有关从业人员知道事故经过、事故原因和防止重复性事故的措施，掌握防止重复性事故的安全操作技能。

5.6.3 安全文化建设

在企业日常安全管理中，单纯靠规章制度的约束并不能完全实现安全生产的顺利进行。而安全意识文化作为企业安全文化的核心，它是无形的，深深根植于员工的思想意识中，企业还应不断创造一种员工能不断进行自我约束、自主学习、自我提高的积极向上的安全生产氛围，从而保证企业生产一线的安全问题向良好方向发展。而如何建设具有自身特点的安全文化，促进企业改革发展，是每个企业安全管理工作的重点工作之一。

5.6.3.1 安全文化建设要求

（1）坚持以人为本的原则。

人是一个企业的基本组织单位。如果将企业比喻成细胞，那么人的意识就是细胞核，企业安全文化就相当于细胞质，没有细胞核的细胞生长周期是短暂的，而没有细胞质的存在，细胞核很快就会失去它生命的光泽，由此可以看出，良好的安全文化影响人的安全意

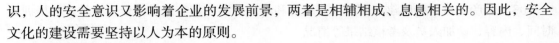

识，人的安全意识又影响着企业的发展前景，两者是相辅相成、息息相关的。因此，安全文化的建设需要坚持以人为本的原则。

（2）强化安全防范意识。

安全文化建设就是通过强化安全防范意识的方式方法，将正确安全价值观、安全知识、安全技术根植于员工心中，才能使安全生产成为员工的自觉行为，让员工真正做到"三不伤害"。

通过以上论述可以看出，企业安全文化建设需要全员参与。因此除了明确阶段目标、层层推进之外，还需要明确各级人员的职责。职责不明确就会造成目标不清楚、执行力差，表现在工作中就是一项项工作迟迟得不到开展，员工推三阻四、应付了事，管理者焦头烂额，资产流失的混乱现象。

（3）企业领导要高度重视企业安全文化建设，提供充分的支持并亲自参与，认真贯彻执行和具体指导安全文化建设。

领导重视与否是安全文化建设成败的关键。领导重视之后，尤其是高层领导，才会为企业安全文化建设提供充分的人力、物力和财力，积极创造活跃的安全交流氛围。领导参与，不仅能提高自身安全管理水平，还可为安全管理制度及规程的制定与完善更好地把关。通过积极组织开展和亲自参与安全教育培训、安全检查等活动，不仅能提高领导自身的综合业务水平，及时把握安全文化建设的需求方向，还可以充分为员工做好表率，最大限度地调度员工的自觉性与积极性。

（4）基层员工应认真执行和懂得安全文化建设的基本要求。

基层员工是上层决策的具体执行层，员工的素质决定执行的效果。基层员工作为一个企业的主体结构，只有认真执行和懂得安全文化建设的基本要求，才能保证企业安全文化建设的各项活动得到切实的开展。

简而言之，无论是领导者还是操作者，只有在思想安全的基础和前提下，才会有行为安全，有了行为安全才能保证企业各项安全制度落到实处。

5.6.3.2　企业安全制度建设

企业安全制度建设就是要通过制定科学的，有较强针对性和可操作性，适应性强的企业安全管理制度、安全操作规程和安全作业指导书等，做到事事有章可循，以供企业员工共同遵守。安全制度是企业员工共同遵守的，其制定和完善不仅要充分识别相关法律法规及标准规范的要求，确保其合法性，还应体现广大员工的意志，发动广大员工的积极参与，特别是一线业务骨干的参与，这样才容易使员工产生自觉维护和遵守企业安全制度的意愿。安全操作规程和安全作业指导书是针对一线操作员工、确保工作场所和员工安全的重要规定程序，具有较强的针对性和可操作性，其制定要在充分总结企业长期积累的工作经验基础之上，借鉴其他同行业的经验，认真吸取有关专业技术人员的意见，认真研究现有的工作流程、有关设备的使用说明书及行业标准规范的要求，这样便于操作者的理解和记忆，充分体现出员工的安全素质。

（1）开展向导性的教育培训，加强安全文化宣传。

安全教育培训的目的是提高员工安全意识和安全技能。通过有针对性地开展安全教育培训，如三级安全教育培训、特种作业人员培训、设备操作规程培训等，能充分调动员工学习的主动性和兴趣，从而达到学得会、想得通、用得上的效果。

安全宣传教育就是指借助图、形、文、媒体、互动等方式，紧紧围绕"安全第一、预防为主、综合治理"的方针，将"安全生产、关爱生命、以人为本"理念及"安全责任重在落实"等为活动主题进行宣传的一系列活动。从而潜移默化地引导员工在生产经营活动中形成良好的道德规范、行为准则和安全理念，树立正确的安全观与价值观，促进员工由"要我安全"，向"我要安全""我会安全"的转变，提高全体员工安全意识，自觉控制不良的安全行为。

（2）严抓安全责任制的落实，加大监督检查力度。

在日常管理工作中，如何做到人员工作有条不紊、自觉遵守规章制度，工作环境整洁有序，安全标识警示标语准确规范，安全教育培训卓有成效地开展，符合相关安全规范要求，这就需要企业建立一套长效久治的安全管理体系，不断严抓安全责任制的落实，加大监督检查力度，具体可从以下几点出发：

① 企业应该坚持"用人唯贤"的原则，合理安排人员，合理布局组织结构。

② 落实安全责任主体，层层逐级签订安全责任书，明确每个人的安全职责，并定期进行考核，以激励员工的自觉性、主动性。

③ 领导要对安全生产工作常抓不懈，起好表率作用，不断提高安全管理水平。

④ 反复开展宣传教育、安全检查、隐患整改等工作，使企业逐步形成自我教育、自我提高、自我保护的良好安全机制。

⑤ 加大安全投入，不断改善生产环境，改进生产设备设施，改进工艺流程。

总之，安全文化是企业的灵魂，是推动企业不断向前发展的力量源泉，是企业安全生产工作的前提保障。安全生产工作是一项持久性的、无定性的工作，只有常抓不懈，才能保障国家、企业和个人财产安全，促进社会和企业的持续发展。

5.7　沟通和员工参与

5.7.1　概述

近年来，许多企业开始意识到员工参与和有效沟通在组织运作中的重要性。员工参与不仅可以提高员工的工作满意度和忠诚度，还可以促进组织的创新和增长。而有效的沟通则是构建良好员工关系和提高工作效率的关键。企业通过建立和实施有效的内外部沟通机制和渠道，及时处理相关意见和信息。将员工纳入过程安全管理体系中增强安全责任感和主动性，提高安全意识。

5.7.2 内外部沟通

5.7.2.1 内部沟通

企业内部上下级企业可通过工作会、警示教育会等方式实现企业间的双向沟通。企业通过会议、培训、信息系统、新媒体等方式开展与员工的双向沟通，确保事故、隐患、风险等重要信息在内部及时共享、沟通和处理，从而发现和解决安全隐患，减少事故风险，提高过程安全。企业各级领导通过参加基层安全活动、落实承包责任要求、开展安全观察与沟通等方式加强与员工的沟通，及时了解掌握过程中的风险管控情况和基层员工思想动态。

5.7.2.2 外部沟通

企业通过通告、报告等形式定期公布过程安全管理信息，及时披露安全事件信息。定期组织开展过程安全管理相关宣传活动，大力普及过程安全管理要求。企业应建立与地方政府部门、承包商、顾客、媒体等外部相关方沟通的渠道和方式，及时收集、反馈、处理过程安全的相关信息。企业应主动将过程安全风险、防范措施及应急措施通告外部相关方。企业应确保与外部相关方沟通顺畅，及时妥善处置有关投诉和纠纷。

5.7.2.3 内外部沟通流程

制订过程安全管理的沟通计划。明确沟通时间、地点、参与人员、沟通目标、沟通渠道及沟通内容等信息。开展和组织过程安全管理相关的团队会议、培训、交流讨论等沟通活动。在沟通过程中，需要认真听取对方的意见，并进行积极、开放、透明的沟通，让员工充分了解过程安全管理要求和制度，提高员工的过程安全意识。对沟通过程和结果进行记录和反馈。收集和记录员工反馈、会议纪要和问题清单等信息，及时跟进和处理存在的安全问题和隐患。

5.7.2.4 内外部沟通要求

内外部沟通的要求主要包括及时性、准确性、周期性和规范性。

（1）及时性：在发现安全隐患或风险时，应及时以通知、会议等各种形式告知相关人员，避免延误，节省时间和成本，采取有效措施确保事态不会因缺乏沟通而失控。

（2）准确性：在传达过程安全管理要求、制度和流程等方面信息时，必须确保信息的准确性，避免信息传递出现误解，进而引发安全风险或事件的发生。

（3）周期性：定期开展内部和外部沟通，以确保过程安全管理体系得到持续改进和维护。

（4）规范性：企业管理者和相关人员应该按照统一的管理标准和程序进行交流和沟通，以达到更佳的协调和合作效果。同时，应留有翔实、明确和规范的沟通记录，以便后续的跟进和处理。

5.7.3　员工参与

5.7.3.1　员工参与过程安全管理活动的方式

企业应建立员工参与机制，通过培训交流、合理化建议、事件上报、隐患排查、安全经验分享及参与制度的制修订等方式，确保员工积极参与过程安全管理工作。企业应建立员工参与过程安全管理工作的渠道，及时收集、回复和处理员工提出的有关意见和建议。

5.7.3.2　员工参与过程安全管理活动的流程

员工参与过程安全管理活动的流程主要包括：

（1）定期开展安全会议或培训，宣传过程安全政策和管理要求。

（2）推行员工安全自查制度，让员工自行发现并报告安全问题。

（3）针对性地组织员工参与安全检查和风险评估活动，发现和解决潜在的安全问题。

（4）定期进行安全演练和模拟应急处理，培养员工的自救和互救能力。

5.7.3.3　员工参与过程安全管理活动的要求

员工参与过程安全管理活动的要求主要包括：

（1）员工要具备安全意识和安全责任心，主动接受过程安全管理知识和技能培训。

（2）员工要深入了解工作过程中的安全知识和掌握专业技能，时刻保持警觉和谨慎，积极预防和控制各种安全隐患。

（3）员工要遵守公司的安全政策和管理要求，严格执行安全规程和流程。

5.8　首次启动安全

5.8.1　概述

2023 年 4 月 1 日起施行的行业标准《化工过程安全管理导则》（AQ/T 3034—2022）在原标准《化工企业工艺安全管理实施导则》（AQ/T 3034—2010）的基础上融入了国际先进的过程安全管理理念和最佳实践经验，以及国内有关安全生产技术要求，力求贴近企业管理实际，形成适合我国国情的化工过程安全管理体系。

新标准对原标准的要素内容进行了较大调整和修改，其中首次启动安全在 2010 年版标准中的名称是"试生产前安全审查"，新标准更改为"装置首次开车安全"，其主要对装置首次开车安全的程序和要求进行了规定：在生产准备阶段，生产单位应在建设项目开工建设后，及时组织开展生产准备工作；在吹扫、清洗、气密（压力）试验阶段，应编制方案，落实责任人并实施；在单机试车阶段，应成立试车小组检查安全措施落实情况；在中间交接阶段，应组织有经验的专业人员和操作人员开展"三查四定"工作；在联动试车阶段，生产单位应统筹协调试车的管理工作；在开车前安全审查阶段，应完成开车前的安全审查；在投料试车阶段，生产单位负责人和各有关专业技术人员应做好指挥工作，严格按照试车方案进行投料试车。

本节将对首次启动安全的程序进行详细介绍，并阐述各个阶段的安全要求。最后，将简要介绍装置启动过程中的典型事故案例并分析事故原因，从事故中汲取教训，进一步提高安全意识。

5.8.2 生产准备

生产准备的主要任务是做好组织、人员、技术、安全、物资及外部条件、营销及产品储运，以及其他有关方面的准备工作，为试车和安全稳定生产奠定基础。

生产准备工作应从化工建设项目审批（核准、备案）后开始。建设（生产）单位应将生产准备工作纳入项目建设的总体统筹计划，及早组织生产部门及聘请设计、施工、监理、生产方面的专家参与编制化工项目建设统筹计划，参与工程项目的设计审查及设计变更、非标设备监造、工程质量监督、工程建设调度等工作，办理技术交底、中间交接、工程交接等手续，并编制《生产准备工作纲要》。生产单位应在建设项目开工建设后，及时组织开展生产准备工作，主要包括：

（1）组织准备。

建立建设项目试生产阶段的组织管理机构，明确试生产阶段的负责人、部门和有关人员及其工作职责、工作标准，建立健全试生产阶段各项安全管理规章制度，界定建设单位、总承包商、设计单位、监理单位、施工单位等相关方的安全管理范围与职责。

① 化工建设项目审批（核准、备案）后，建设（生产）单位应及早组建生产准备及试车的领导机构和工作机构，根据工程建设进展情况，按照"精简、统一、效能"的原则，统一组织和指挥化工装置生产准备及试车等工作。

② 领导机构负责组织、指挥、协调和督导化工装置生产准备和试车工作，其负责人应由建设（生产）单位的主要负责人担任，成员包括主管生产、技术、安全、环保、工程建设、设备动力、物资采购、产品销售和后勤服务等工作的有关负责人；必要时，还应吸收设计、施工、监理、设备制造等单位的有关人员及同类型单位的有关专家参加。

③ 工作机构应根据化工装置的生产原理、工艺流程和装置组成，分专业或单元系统成立工程技术、安全管理、现场管理和服务保障等方面的若干个工作组，具体设置和职责分工可根据实际确定。各工作组负责人应由建设（生产）单位的分管负责人担任，成员包括各相关专业的骨干人员。

④ 化工装置试车前，建设（生产）单位应建立健全以下主要管理制度：试车指挥制度，生产调度制度，设备管理制度，工艺管理制度，安全管理制度，环境保护制度，职业卫生管理制度，原材料供应及产品储运销售管理制度，以岗位责任制为中心的生产班组管理制度（主要包括各级职能人员的安全生产责任制、岗位责任制、交接班制、巡回检查制、设备维护保养制、质量负责制、岗位练兵制、班组经济核算制等），企业人力资源、财务、档案、预算、质量、成本、后勤等相应的管理制度。

（2）人员准备。

建设（生产）单位应根据设计文件规定的生产定员，编制具体定员方案和人员配备计划，遵循"按岗定质、按质进人、按岗培训、严格考核"的原则，有计划地配备和培训人员，在生产人员进入现场配合试车前，完成对所有参加试车人员的培训。

① 人员配备应符合下列要求：生产技术骨干人员要有丰富的生产实践和工程建设经验；主要生产技术骨干应在建设项目筹建时到位，参加技术谈判、设计审查、施工监督和生产准备等工作；人员配备应注意年龄结构、文化层次、技术和技能等级的构成，在相同或类似岗位工作过的人员应达到项目定员的四分之一以上。

② 人员培训应符合下列要求：建设（生产）单位应根据化工装置生产特点的从业人员的知识、技能水平制订全员培训计划，以技能培训和安全教育为重点，分级、分类、分期、分批组织开展培训工作。生产指挥人员及工艺技术骨干、生产班组长和主要岗位操作人员应经过至少四个阶段的培训，以便熟悉开停车、正常操作、异常情况处置、事故处理等全过程，掌握上下岗位、前后工序、装置内外的相互影响关系；机电仪修人员掌握设备检修、维护保养技能，熟悉安装调试全过程。

第一阶段：专业培训。培训学习有关化工专业及所涉及危险化学品的基础知识，机械、设备、电气、仪表、分析相关知识，工艺原理和生产流程及操作，危险有害因素及应急救援有关知识等。

第二阶段：实习培训。在同类型单位学习生产操作与控制、设备性能、开停车和事故处理等实际操作知识。实习培训实行"六定二包"，即定带队人、定培训点、定培训人员、定时间、定任务、定期考核，代培单位包教、培训人员包会。

第三阶段：现场演练。按照试车方案要求逐项开展岗位练兵，熟悉现场、工艺、控制、设备、规章制度、前后左右岗位的联系等，通过演练提高生产指挥、操作控制、应急处置等能力。

第四阶段：实际操作培训。参加化工投料前的各项试车工作，进行实际操作的技能培训，参加现场的预试车工作，熟悉指挥和操作。

③ 对于成套引进装置的出国培训，应认真选派出国培训的骨干人员，并在合同中明确技术培训和实习培训的有关条件。

④ 培训工作实行阶段考核，上一阶段考核合格后，方可进入下一阶段培训；各阶段的考核成绩应列入个人技术培训档案，作为上岗取证的依据。

（3）技术准备。

技术准备的主要任务是编制各种试车方案、生产技术资料及管理制度，使生产人员掌握各装置的生产操作、设备维护和异常情况处理等技术。主要包括审查单机试车方案、编制联动试车和化工投料试车方案及其他试车方案；编制管道仪表流程图、物料平衡图、操作规程、应急处置预案等生产技术资料。

① 建设（生产）单位要尽早建立生产技术管理系统，分期分批集中工艺、机械、设

备、电气、仪表、计算机、分析等专业方面的技术骨干，通过参加技术谈判和设计方案讨论及设计审查等工作，使其熟练掌握工艺、设备、仪表、安全、环保等方面的技术，具备独立处理各种技术问题的能力。参加技术准备工作的人员应保持稳定，并对其所承担的专业工作负责到底。

② 技术准备工作应以下列内容为重点：组织编制或参与编制及审查预试车方案；组织编制总体试车方案和化工投料试车方案；组织翻译、复制、审核和编辑引进装置的流程图册、机械简图手册、模拟机说明和操作手册等资料；组织编制技术培训资料，并以适当方式将各类试车方案（摘要）置于试车现场；组织编制各种技术规程和岗位操作法；收集设计修改项目、操作方法的变更和在安装、试车中出现的重大问题；准备试车操作记录表、本。

③ 建设（生产）单位应在化工装置试车前，组织生产准备部门或聘请设计、施工等单位的相关技术人员，编制化工装置的试车计划和方案；应在化工投料试车两个月之前根据设计文件和《生产准备工作纲要》，编制出《总体试车方案》，经过反复修改，不断深化、优化，确保安全可靠。

④ 建设（生产）单位应根据设计文件，参照国内外同类装置的有关资料，适时完成各种培训教材、生产技术资料、综合性技术资料、各种试车方案和考核方案的编制工作。

⑤ 引进装置要翻译并复制工艺详细说明、电气图、联锁逻辑图、自动控制回路图、设备简图、专利设备结构图、操作手册等技术资料，并编制阀门、法兰、垫片、润滑油（脂）、钢材、焊条、轴承等国内外规格对照表。

⑥ 化工装置的总体试车方案和化工投料试车方案应经建设（生产）单位或试车领导机构的主要负责人审批；其余各种试车方案、培训教材、技术资料等应经建设（生产）单位或试车领导机构的技术总负责人审批。

（4）安全准备。

建设（生产）单位应保证化工工程建设、生产准备和试车期间的安全生产资金投入。化工装置试车前，建设（生产）单位应按《安全生产法》等法律法规的规定，设置安全生产管理机构或配备专职安全生产管理人员。在试车期间，还应根据需要增加安全管理人员，满足安全试车需要。

① 建设（生产）单位应按照《危险化学品从业单位安全标准化通用规范》（AQ 3013）的规定，结合本企业特点组织制定各项安全生产责任制、安全生产管理制度等。

② 建设（生产）单位要充分收集和整理汇编国内外有关安全技术资料和事故案例，本企业化工装置的安全、消防设施使用维护管理规程和消防设施分布及使用资料等，明确化工装置试车前必须具备的安全条件，形成培训教材，实施针对性教育。

③ 建设（生产）单位的主要负责人、安全生产管理人员和特种作业人员必须依法接受政府有关主管部门组织的安全生产培训教育、安全作业培训，经考核合格后取得安全资格证书或特种作业操作资格证书后方可任职或上岗作业；建设（生产）单位必须对所有员

工进行严格的安全教育，使其具备必要的安全生产知识，熟悉有关的安全生产规章制度和安全操作规程，掌握本岗位的安全操作技能，新职工必须经过厂、车间、班组三级安全教育，未经安全生产教育的培训合格的从业人员不得上岗作业。建设（生产）单位必须对参与试车的施工人员、工程监理人员、外聘保运人员等进行相应的、严格的安全教育。

④ 建设（生产）单位必须按照设计文件和国家有关标准的规定为职工提供符合国家标准或者行业标准的劳动防护用品，并监督、教育职工正确佩戴、使用。

⑤ 建设（生产）单位应按风险评价管理程序运用工作危害分析（JHA）、安全检查表分析（SCL）、预先危险性分析（PHA）等方法对各单元装置及辅助设施进行分析，辨识可能发生的危险因素和危险的区域等级，制订相应措施，编制事故应急预案。要把防泄漏、防明火、防静电、防雷击、防电器火花、防爆炸、防冻裂、防灼伤、防窒息、防震动、防违章、防误操作等作为安全预防的主要内容。

⑥ 大中型化工装置及危险性较高、工艺技术复杂的化工装置，建设（生产）单位应采用危险与可操作性分析（HAZOP）技术，系统、详细地对工艺过程和操作进行检查，对拟定的操作规程进行分析，列出引起偏差的原因、后果，以及针对这些偏差及后果应使用的安全装置，提出相应的改进措施。

⑦ 建设（生产）单位必须建立应急救援组织和队伍，按照化工装置的规模、危险程度，依据有关标准规定编制三级（一般为公司级、车间级和班组级）应急救援预案，履行企业内部审批程序，配备应急救援器材，组织学习和演练。

化工装置试车现场的应急通道设置应符合有关标准规范的要求：试车前通道、出入口和通向消防设施的道路应保持畅通；建筑物的安全疏散门应向外开启，其数量符合要求；设备的框架或平台的安全疏散通道应布置合理；疏散通道设有应急照明和疏散标志；设置风向标。

⑧ 建设（生产）单位应在化工装置试车前研究和制订试车的区域限制措施。试车前必须划定限制区域，实施化工装置区域人员限制措施，除必须参加现场指挥、联络和生产操作的人员外，未列入试车范围的人员必须撤离到安全区域，所有进出限制区域的人员必须登记造册，明确联系方式和工作区域；所有进入限制区域内的人员应实行划区管理、定位管理措施，在试车过程中不得随意超出规定区域；试车前装置区域内需在明显位置标识区域限制规定，制定管理制度，实施有针对性的培训。

（5）物资准备。

建设（生产）单位应落实试生产阶段所需的原料、燃料、三剂（催化剂、溶剂、添加剂）、化学药品、标准样气、备品备件、润滑油（脂）等。安全、职业卫生、消防、气防、救护、通信等器材，应配备到岗位或个人。建设（生产）单位必须对主要原料、燃料的供应单位进行深入的调查，确认所供应物资的品种、规格符合设计文件的要求，可以确保按期、按质、按量稳定供应。

① 建设（生产）单位应按试车方案的要求编制试车所需的原料、燃料等的供应计划，

并按使用进度的要求落实品种、数量（包括一次装填量、试车投用量、储备量），与供货单位签订供货协议或合同。

② 各种化工原料、润滑油（脂）和备品配件应严格进行质量检验，妥善储存保管，防止损坏、丢失、变质，并做好分类、建账、建卡、上架工作，做到账物卡相符。

③ 各种随机资料、专用工具和测量仪器在设备开箱检验时应认真清点、登记、造册，留存备查。

④ 安全、职业卫生、消防、气防、救护、通信等器材应按设计和试车的需要配备到岗位，劳动保护用品应按设计和有关规定配发。产品的包装材料、容器、运输设备等应在化工投料试车前到位。

（6）外部条件。

落实安全、消防、环保、职业卫生、抗震、防雷、特种设备登记和检测检验等各项措施，以及消防、医疗救护等社会应急救援力量及公共服务设施。调查装置周边环境的安全条件，确保试生产阶段周边环境的安全。

① 建设（生产）单位应根据与外部签订的供水、供气、供电、通信等协议，按照总体试车方案要求落实开通时间、使用数量、技术参数等。

② 建设（生产）单位应根据场外公路、铁路、码头、中转站、防排洪、工业污水、废渣等工程项目进度及时与有关管理部门衔接开通。

③ 建设（生产）单位应落实安全、消防、环保、职业卫生、抗震、防雷、特种设备登记和检测检验等各项措施，主动向政府有关部门申请办理有关的审批手续，做到依法试车。

④ 建设（生产）单位需依托消防、医疗救护等社会应急救援力量及公共服务设施的，应及时与依托单位签订协议或合同。

（7）营销及产品储运准备。

① 营销准备：建设（生产）单位应尽早开展市场调查，收集分析市场信息，制订营销策略，建立产品销售网络和售后服务机构。在化工投料试车前应落实产品流向，与用户签订销售协议或合同。此外，应编制产品说明书，属于危险化学品的，还要按照国家有关标准规定编制安全技术说明书和安全标签，办理有关的许可手续。

② 产品储存准备：建设（生产）单位应根据设计方案的要求健全和完善储存设施，保证产品储存能力与生产能力相匹配，制定产品储存、装卸的安全操作规程等规章制度。化工投料试车前，储存设施必须与生产装置完整衔接，确保产品输送和储存的安全、通畅。当产品营销和储存能力不能满足试车需要时，不得进行化工投料试车。

③ 物流准备：化工投料试车前，建设（生产）单位要落实产品运输的方式和渠道，建立完善的运输资质、证照、安全设施查验制度，按照国家有关规定办理产品运输的有关手续。通过公路运输剧毒化学品的，必须向公安部门申请办理公路运输通行证。依托外部力量的，应与运输单位签订运输协议和安全协议，保证产品物流渠道畅通。

企业生产管理部门应配合工程管理和施工单位做好工程建设质量管控，深度参与设备设施的调试工作。化工投料试车前，建设（生产）单位必须按照设计文件和工程建设计划的要求完成全部生产准备工作，避免因生产准备工作的延迟和失误影响试车工作。

5.8.3　吹扫、清洗、气密安全

化工装置开工前需对其安装检验合格后的全部工艺管道和设备进行吹扫和清洗（以下统称"吹洗"），其目的是通过使用空气、蒸汽、水及有关化学溶液等流体介质的吹扫、冲洗、物理和化学反应等手段清除施工安装过程中残留在其间和附于其内壁的泥沙杂物、油脂、焊渣和锈蚀物等，防止开工试车时由此而引发堵塞管道、设备，损坏机器、阀门和仪表，污染催化剂及化学溶剂、影响产品质量和防止发生燃烧、爆炸事故，是保证装置顺利试车和长周期安全生产的一项重要试车程序。

此外，由于装置内的物料多为易燃易爆炸物质，为避免开车后发生着火爆炸、污染环境、设备故障、人身事故，保证各工艺参数正常，在装置投料试车前必须进行气密试验。

5.8.3.1　吹洗安全

化工装置中管道、设备多种多样，它们的工艺使用条件和材料、结构等状况都各有不同，因而使用它们的吹洗方法也各有区别，但通常包括以下几种方法：水冲洗、空气吹扫、蒸汽吹扫和油清洗等。

（1）水冲洗。

① 水冲洗应以管内可能达到的最大流量进行，冲洗流向应尽量由高处往低处冲水。

② 冲洗需按顺序采用分段连续冲洗的方式进行，其排放口的截面积不应小于被冲洗管截面积的60%，并要保证排放管道的畅通和安全。只有上游冲洗口冲洗合格，才能复位进行后续系统的冲洗。

③ 只有当泵的入口管线冲洗合格之后，才能按规程启动泵冲洗出口管线。

④ 管道与塔器相连的，冲洗时必须在塔器入口侧加盲板，只有待管线冲洗合格后方可连接。

⑤ 水冲洗气体管线时要确保管架、吊架等能承受盛满水时的载荷安全。

⑥ 管道上凡是遇有孔板、流量仪表、阀门、疏水器、过滤器等装置，必须拆下或加装临时短路设施，只有待前一段管线冲净后再将它们装上，方可进行下一段管线的冲洗工作。

⑦ 直径600mm以上的大口径管道和有入口的容器等先要人工清扫干净。

⑧ 工艺管线冲洗完毕后，应将水尽可能从系统中排除干净，排水时应有一个较大的顶部通气口，在容器中液位降低时避免设备内形成真空损坏设备。

⑨ 冬季冲洗时要注意防冻工作，冲洗后应将水排净，必要时可用压缩空气吹干。不得将水引入衬有耐火材料等憎水的设备和管道容器中。

（2）空气吹扫。

① 选用空气吹扫工艺气体介质管道应保证足够的气量，使吹扫气体流动速度大于正常操作的流速。

② 管道及系统吹扫应先制订吹扫方案，通常包括：编制依据、吹扫范围、吹扫气源、吹扫应具备的条件、临时配管、吹扫的方法和要求、操作程序、吹扫的检查验收标准、吹扫中的安全注意事项及吹扫工器具和靶板等物资准备等。

③ 应将吹扫管道上安装的所有仪表测量元器件拆除，防止吹扫时流动的脏杂物将仪表元器件损坏。同时，还应对调节阀采取适当的保护措施。

④ 吹扫前必须在换热器、塔器等设备入口侧前加盲板，只有待上游吹扫合格后方可进入设备。一般情况下，换热器本体不参加空气吹扫。

⑤ 吹扫时原则上不得使用系统中调节阀作为吹扫的控制阀。如需要控制系统吹扫风量，应选用临时吹扫阀门。

⑥ 吹扫时应将安全阀与管道连接处断开，并加盲板或挡板以免脏杂物吹扫到阀底，使安全阀底部密封面磨损。

⑦ 系统吹扫时，所有仪表引压管线均应打开进行吹扫，并应在系统综合气密试验中再次吹扫。

⑧ 所有放空火炬管线和导淋管线应在与其连接的主管后进行吹扫，设备壳体的导淋及液面计、流量计引出管和阀门等都必须吹扫。

⑨ 在吹扫进行中，只有在上游系统合格后，吹扫空气才能通过正常流程进入下游系统。

⑩ 所有罐、塔、反应器等容器在系统吹扫合格后应再次进行人工清扫并复位相应内件，封闭时要按照隐闭工程封闭手续办理。

（3）蒸汽吹扫。

蒸汽吹扫特别是高、中压蒸汽管网的吹扫是一项难度较大的工作。因此在吹扫流程安排、吹扫时间和临时措施及安全防范等方面都要根据管网实际情况做好周密安排和各项协同工作。

① 高、中压蒸汽吹扫时，温度高、流速快、噪声大，呈无色透明状态，所以吹扫时一定要注意安全，排放口要有减噪声设备且排放口必须引至室外并朝上。排放口周围应设置围障，在吹扫时不许任何人进入围障内，以防人员误入吹扫口范围而发生人身事故。

② 蒸汽吹扫时，由于蒸汽消耗量大且高低幅度变化大，因此供汽锅炉必须要严密监视和控制脱氧槽水位，防止给水泵汽化，造成给水中断而烧干锅。

③ 降压吹扫时，由于控制阀门开关速度快，锅筒水位波动很大，因此要采取措施，防止满水和缺水的事故发生。

④ 吹扫汽轮机蒸汽入口管段时，汽轮机应处于盘车状态以防蒸汽意外进入汽轮机而造成大轴弯曲。

5.8.3.2　气密安全

（1）气密性试验时，应严格按照规定的气密压力进行，针对不同的系统采用不同的压力气密，每一个系统以最低压设备操作压力为气密压力，绝不可以超过该低压设备的设计压力。

（2）对于常压设备可以微正压进行气密，及时进行检查，完毕后打开该设备放空阀并与其他系统隔离。

（3）低压系统气密时，压力逐渐升高，每一个系统合格后，注意与其他系统隔离并打开该设备放空阀，防止低压设备憋压造成该设备超压。

（4）气密性试验前准备好盲板，各点新加盲板要有记录并派专人负责。

（5）准备好气密记录，装置气密时必须有气密人签名并存档。

（6）准备好气密试验所用工具：喷壶、肥皂水等。

（7）安全阀上下游阀及支路阀关闭且安全阀摘掉或加盲板。

（8）发现问题应立即处理，当场处理不了的问题认真做好记录，在泄漏处做好记号，待系统放压后再进行处理。处理完毕重新进行气密实验，直至无问题为止。

（9）联系好打压风车，做好准备。

5.8.4　中间交接

工程中间交接是指由工程承包单位向生产单位所做的交接工作，标志着建设项目施工工作的结束，由单机试车转入联动试车阶段，是施工单位向生产单位办理工程交接的一个程序。工程中间交接按单项（单位）工程进行，它只是装置（或单元）保管责任、使用责任的移交，不解除工程承包单位对工程质量、交工验收应负的责任。建设项目具备工程中间交接条件后，生产单位、监理单位应及时组织工程中间交接工作。

中间交接的要求主要有：

（1）工程按设计内容施工完成且工程质量初评合格。

（2）工艺、动力管道的试压、吹扫、清洗、气密完成，保温基本完成（由于热紧、裸冷、系统吹扫等原因造成的静密封点保温、保冷等不能完成的，可甩项待条件具备后完善）。

（3）静设备耐压试验、清扫完成、保温完成。

（4）动设备单机试车合格（需实物料或特殊介质而未试车的除外），具备条件的大机组用空气、氮气或其他介质负荷试车完毕，机组保护性联锁和报警等自控系统调试联校合格。

（5）装置电气、仪表、计算机、防毒、防火、防爆等系统调试联校合格。

（6）随机技术资料、安装专用工具和随机备件清点检查并交接完成。

（7）对联动试车有影响的"三查四定"项目及设计变更处理完，其他未完尾项责任、完成时间已明确。

（8）现场临时设施已拆除，工完、料净、场地清。

5.8.5 联动试车安全

联动试车是新建化工装置由单机试运到化工投料期间的一个试运阶段，它始于试车准备工作合格，终于具备了化工投料试车条件，其内容包括了在现场投料试车所做的全部准备工作。其目的是全面检查装置的机器设备、管道、阀门、自控仪表、联锁和供电等公用工程配套的性能与质量，全面检查施工安装是否符合设计与标准规范及达到化工投料的要求，进行生产操作人员的实战演练。因此，有序地完成联动试车各项规定内容是防止化工投料时出现阻滞和事故以致造成重大经济损失的重要保证。联动试车的内容随化工装置的工艺过程不同而不同，其试车工作一般包括系统的气密、干燥、置换和三剂充填（化学药品、催化剂、干燥剂等）、耐火衬里烘烤、烘炉、惰性气体置换、仪表系统调试、以假物料（通常是空气和水、油等）进行单机或大型机组系统试运及系统水试运、油联运及实物或代用物料进行的"逆式开车"等。

联动试车的要求主要有：

（1）工程改造交接完成。

（2）人员培训已完成：

① 人员培训、实习已结束；

② 已进行岗位练兵、模拟练兵、反事故练兵；

③ 各工种人员经考试合格，已取得上岗资格；

④ 已汇编国内外同类装置事故案例，并已组织学习、分析、总结，吸取教训。

（3）各项生产管理制度已落实：

① 岗位分工明确；

② 各级试车指挥系统已落实；

③ 各级生产调度制度已建立；

④ 岗位责任、巡回检查、交接班等制度已建立；

⑤ 已做到各种指令、信息传递标准化，原始记录数据标准化。

（4）经上级批准的联动试车方案已向生产人员交底：

① 工艺技术规程、安全技术规程、岗位操作法、联动试车方案等人手一册；

② 从指挥到操作人员对每一试车步骤均已熟练掌握；

③ 已实行"工艺卡片"管理；

④ 已进行试车方案学习、考核，做到人人通过；

⑤ 事故处理预案已经制订并落实，对预案已进行学习、考核，做到人人通过。

（5）公用工程系统具备条件：公用工程已安全引入装置界区内，各项工艺指标、流量均可保证联动试车全过程的稳定供应。

（6）供电系统已平稳运行：

① 已实现平稳电源供电；

② 仪表电源稳定运行；

③ 保安电源已落实，事故发电机处于良好备用状态；

④ 电力调度人员已上岗值班；

⑤ 供电线路维护已经落实。

（7）安全、消防等急救系统已完善：

① 安全生产管理制度建立，人员经安全教育后已取证上岗；

② 动火制度、禁烟制度、车辆管理制度已建立并公布；

③ 道路通行标志、防辐射标志齐全；

④ 消防管理制度已制定，消防方案已落实，消防道路已畅通，并进行过消防演习；

⑤ 岗位消防器材、护具已备齐，人人会用；

⑥ 现场人员劳保用品穿戴符合要求，职工急救常识已经普及；

⑦ 安全阀试压、调校、定压、铅封完。

（8）联动试车注意事项：

① 设备、管道内部必须清洁，不能有堵塞现象发生；

② 仪表必须准确好用，高、低报警校验完毕，符合开车要求；

③ 机泵等设备应能在满负荷下正常运转；

④ 进一步熟悉工艺流程，对每一根管线、每一道阀门都应了解清楚；

⑤ 确认每台设备、每根管线、每个阀门、每件仪表均符合开车要求；

⑥ 装置无泄漏、跑冒等现象发生。

5.8.6 启动前安全审查

启动前安全审查（Pre-Startup Safety Review，PSSR）是装置、设备、设施投运前的一个先决条件。PSSR 是在工艺设备启动和施工前对所有相关危害因素进行检查确认，并将所有必改项整改完成，批准启动的过程。其目的主要包括：项目投用前及时消除各类隐患，降低发生事故和伤害的可能性，增强各类工艺设备和施工项目本质安全，提升现场安全管理技能，体现管理层对安全的承诺。

启动前安全审查的要求主要有：

（1）PSSR 小组应针对施工作业性质、工艺设备的特点等编制 PSSR 清单。

（2）工艺技术安全检查：

① 所有工艺安全信息（如危险化学品安全技术说明书、工艺设备设计依据等）已归档；

② 工艺危害分析建议措施已完成；

③ 操作规程经过批准确认；

④ 工艺技术变更，包括工艺或仪表图纸的更新，经过批准并记录在案。

（3）人员安全检查：

① 所有相关员工已接受有关 HSE 危害、操作规程、应急知识的培训；

② 承包商员工得到相应的 HSE 培训，包括工作场所或周围潜在的火灾、爆炸或毒物释放等危害及应急知识；

③ 新上岗或转岗员工了解新岗位可能存在的危险并具备胜任本岗位的能力。

（4）设备安全检查：

① 设备已按设计要求制造、运输、储存和安装；

② 设备运行、检维修、维护的记录已按要求建立；

③ 设备变更引起的风险已得到分析，操作规程、应急预案已得到更新。

（5）事故调查及应急响应：

① 针对事故制订的改进措施已得到落实；

② 确认应急预案与工艺安全信息相一致，相关人员已接受培训。

（6）环境保护检查：

① 控制排放的设备可以正常工作；

② 处理废弃物（包括试车废料、不合格产品）的方法已确定；

③ 环境事故处理程序和资源（人员、设备、材料等）确定；

④ 国家环保法规要求能否满足。

（7）实施检查，启动前安全检查分为文件审查和现场检查，PSSR 组员应根据任务分工，依据检查清单进行检查并形成书面记录。

（8）完成 PSSR 检查清单的所有项目后，各组员汇报检查过程中发现的问题，审议并将其分类为必改项、待改项，形成 PSSR 综合报告，确认启动前或启动后应完成的整改项目、整改时间和责任人。

（9）分阶段、分专项多次实施的 PSSR，在项目整体 PSSR 审议会上，应整理、回顾和确认历次 PSSR 结果，编制 PSSR 综合报告。

（10）所有必改项已经整改完成及所有待改项已经落实监控措施和整改计划后，方可批准实施启动。

（11）所有必改项完成整改后，PSSR 组长将检查报告移交给单位主管领导。根据项目管理权限，由相应责任人审查并批准启动。项目启动后，PSSR 组长和单位主管领导应跟踪 PSSR 待改项，检查其整改结果。

5.8.7　投料试车安全

化工装置投料是指一套化工装置经过土建安装、单体试运、中间交接、联动试运之后，对装置投入主要原料以进行试生产的过程。化工投料试车的主要任务有用设计文件规定的工艺介质打通全部装置的生产流程，进行各装置之间首尾衔接的运行以检验其除经济指标外的全部性能，并生产出合格产品；及时发现设计的缺陷，为满负荷试车及生产考核创造条件；检验环保测试合格，三废排放符合规定。

化工投料试车前，建设（生产）单位必须组织进行严格细致的试车条件检查。未做好前期准备工作或不具备试车条件的，不得进行化工投料试车。投料试车的要求主要有：

（1）经开车前安全审查，确认装置具备投料试车条件后方可开始投料试车。

（2）严格控制试车现场人员数量，参加试车人员必须在明显部位佩戴试车证，无证人员不得进入试车区域。

（3）严格按试车方案和操作法进行，试车期间必须实行监护操作制度。

（4）试车首要目的是安全运行、打通生产流程、产出合格产品，不强求达到最佳工艺条件和产量。

（5）试车必须循序渐进，上一道工序不稳定或下一道工序不具备条件，不得进行下一道工序的试车。

（6）仪表、电气、机械人员必须和操作人员密切配合，在修理机械或调整仪表、电气时，应事先办理安全作业票（证）。

（7）试车期间，分析工作除按照设计文件和分析规程规定的项目和频次进行外，还应按试车需要及时增加分析项目和频次并做好记录。

（8）发生事故时，必须按照应急处置的有关规定果断处理。

（9）化工投料试车应尽可能避开严冬季节，否则必须制订冬季试车方案，落实防冻措施。

（10）化工投料试车合格后，应及时消除试车中暴露的缺陷和隐患，逐步达到满负荷试车，为生产考核创造条件。

5.8.8　典型事故案例

5.8.8.1　上海小洋山 LNG 管道气体试压爆炸事故

2009 年 2 月 6 日 11 时 30 分，上海液化天然气公司小洋山西门堂 LNG 天然气外输管道在做气密性试压时突然发生爆裂事故。试压管道口径为 36in，原来设计压力是 15.6MPa，当压力升到 12.3MPa 的时候发生撕裂性爆炸。

事故发生时，上海液化天然气公司小洋山西门堂 LNG 管道在做气密性试压，当施工方往管道内注入空气时，中间介质气化器突然发生爆裂和坍塌，超过 $500m^2$ 范围内的管道被炸坏，碎石块飞出几十米远，正在现场施工的许多工人在毫无防备之下，被飞起的石块和金属片砸伤。事故导致 1 名工人身亡、15 人受伤，其中 2 人伤势较重。

（1）事故原因：

断口位于法兰根部，断面较为整齐，距离焊缝 3~4cm。由此可判定出现此事故的原因主要有：

① 焊接不合格。

② 法兰材质和制造情况有问题。

③ 设计和试压参数不明确。

（2）事故教训及采取措施：

① 在试压前要严格控制所用材料的质量，所使用的法兰、钢管必须符合要求。对每道焊缝要认真检查确保没有安全隐患，施工前确认设计和试压参数，不能凭主观臆断行事。

② 管理人员在施工时要严把质量关，不合格的产品一律不能用，不能抱有侥幸心理，对技术资料要了然于胸、明确到位。认真核实每道焊缝的情况，每周都要跟项目施工人员召开安全生产质量会议。

③ 施工人员要认真对待每道工序，确保每道工序的质量。发现问题及时反映，要敢于提出问题，把安全隐患彻底扼杀在摇篮中。个人在日常作业中要加强安全防范意识，严格按照安全生产管理条例作业。

5.8.8.2 未经安全验收擅自组织试生产，造成氯化反应塔爆炸事故

2006 年 7 月 28 日 8 时 45 分，江苏省某化工公司在首次向氯化反应塔釜投料进行试生产过程中，氯化反应塔发生爆炸，死亡 22 人，受伤 29 人，其中 3 人重伤。

（1）事故原因：

① 直接原因。

在氯化反应塔冷凝器无冷却水、塔顶没有产品流出的情况下没有立即停车，而是错误地继续加热升温使物料（2，4－二硝基氟苯）长时间处于高温状态并最终导致其分解爆炸是本次事故发生的直接原因。

② 管理问题。

（a）新建企业未经设立批准、生产工艺未经科学论证、项目未经设计审查和安全验收，擅自低标准进行项目建设并组织试生产；

（b）违章指挥、违规操作、现场管理混乱、边施工边试生产，埋下了事故隐患，现场人员过多也是造成众多人员伤亡的重要原因。

（2）事故教训及采取措施：

① 严格执行操作规程及开工方案。

② 按顺序进行开工操作，前一工序完成后方可进行下一工序。

③ 严格控制试车现场人员数量，无关人员不得进入试车区域。

5.8.8.3 未经安全审查擅自试车，产生物理爆炸事故

2007 年 7 月 11 日，山东某化工公司在改扩建项目试车过程中发生爆炸事故，造成 9 人死亡、1 人受伤。

（1）事故原因：

①　直接原因。

压缩机出口管线强度不够、焊接质量差、管线使用前没有试压，致使压力管道残余应力集中的区域由于震动产生的微小裂纹迅速扩展，事故段的管线整体失效，产生物理爆炸。

②　管理问题。

（a）建设项目未经设立安全审查。

（b）建设项目工程管理混乱，无统一设计。有的单元采取设计、制造、安装整体招标，有的单元采取企业自行设计、市场采购、委托施工方式，有的直接按旧图纸组织施工。项目未按有关规定选择具有资质的施工、安装单位进行施工和安装。试车前未制订周密的试车方案，高压管线投用前没有经过水压试验。

（c）拒不执行安全监管部门停止施工和停止试车的监管指令。该项目的平面布置和部分装置之间距离不符合要求，企业在未进行整改、未经允许的情况下擅自进行试车，试车过程中发生了爆炸。

（2）事故教训及采取措施：

①　严格执行操作规程及开工方案。

②　项目工程要统一管理、统一设计。

③　试车前制订周密的试车方案（联动试车、投料试车），并严格执行。

④　发现问题应立即停止施工及试车，待整改合格、通过检查后再复工作业。

5.9　检维修作业安全管理

设备检维修是保持和恢复设备资产良好技术状态和生产能力的重要措施，也是改善设备设施性能、提高企业生产效率的重要手段。随着国家经济向高质量发展转型，检维修已不仅是一种辅助手段和应急措施，而是生产力的有机组成部分。

近年来我国石油石化行业，特别是炼油化工装置得到了大规模的发展，设备制造、装置自动化水平大幅度提高，设备可靠性日趋向好，装置长周期运行时间不断创新高，炼化企业运营效益得到了提升。但同时也为设备管理带来了一些新的问题：一是装置运行周期延长设备管理人员经历检修次数有限，加之有经验的设备管理人员因老龄化等原因不断减员，现有设备管理人员年轻化，各企业普遍存在设备人员大检修经验缺乏，设备管理队伍建设脱节断档的情况，难以依靠自身设备人员和检维修人员的经验完成大检修任务；二是随着装置大型化、智能化的发展，炼化设备不断有新材料、新结构、新技术的运用，设备复杂程度不断提高，对设备人员的技术门槛提出了更高的要求。炼化装置大检修能否科学管理不仅与企业的经营效益息息相关，也给企业带来了设备故障、装置非计划停工及安全生产事故事件等风险。完善检维修作业管理，提升检维修作业安全管理水平，意义重大。

5.9.1 设备检维修概述

5.9.1.1 检维修的基本概念

检维修是指为维持和恢复设备的额定状态及确定和评估其实际状态的措施，是维护、检查及修理的总称。

设备维护是指为防止设备性能劣化或降低设备失效的概率，按事先规定的计划或相应技术条件的规定进行的技术管理措施，以设备保养和简单维修为主要内容。

检查是确定和评估设备实际状态的措施。检查是指运用技术手段对设备进行外观检查、运行检查、油水检查、解体检查和化验分析等多种方式，以便查明和明确设备的技术状态并做出评估。

修理是指恢复设备额定状态的措施。修理可用于消除设备产生的机械磨损、故障，恢复其正常履行功能的能力，是企业维护再生产的最基本手段。

5.9.1.2 国内外检维修的管理现状

目前，国际上先进的炼化企业主要是英、法、美、日等有着深厚技术沉淀的老牌石油公司，比如英荷壳牌、英国 BP、美国美孚、新日本石油公司等，这些企业经过多年的探索，逐渐形成了具有自己特色的设备检维修体系。

（1）国外设备检维修管理现状。

在欧美发达国家的传统制造业中，设备综合工程学逐渐兴起。设备综合工程是在 20 世纪 70 年代初由英国率先提出的并且一直在英国各大企业发展，英国工商部给设备工程学下的定义是：以设备全生命周期为管理对象，以提高设备效率、使其寿命周期内费用最经济为目标的综合设备管理学科。国际石化巨头以此为核心，逐渐衍生出以可靠性为中心的设备检维修管理模式，并不断加以优化和发展。炼化装置运行周期达到 4～6 年，维修费和维持费用降低，效果显著。

日本各大企业在 20 世纪 50 年代起就一直探询相关内容，在引进美国预防维修和生产维修体制的基础上，兼之吸取英国设备综合工程学的先进理论，结合本国国情逐步发展了全员生产检维修（Total Productive Maintenance，TPM）模式，TPM 模式是设备综合工程学理论实践的一个重要成果。全员生产检维修追求的目标是"三全"，即全效率：把设备综合效率提高到最高；全系统：建立起从规划、设计、制造、安装、使用、维修、更新直至报废的设备全生命周期为对象的预防维修（PM）系统，并建立有效的反馈系统；全员：凡涉及设备全生命周期所有部门及这些部门的有关人员，包括企业最高领导和第一线生产工人都要参加到 TPM 体系中来。自 1979 年以后，日本 TPM 的普及率及维修水平得到了迅速提高。

美国的预防性维修是世界上预防性维修的两个主要体系之一，强调以日常点检和定期检查为基础，并且随着科学技术进步而不断发展和深化。还有一种有关设备寿命周期费用的学说体系在美国被称为后勤学。它的研究任务与设备综合工程学相同，都是为了使寿命周期费用最经济，只是两者的角度不同。后勤学是从设备制造单位的立场出发，考虑如何保证设备的用户达到上述目的。其具体措施主要是向用户提供适当的技术文件（使用、维修手册），充分的维修保养设施、备件供应、设备使用和维修人员的技术培训等，以及充分验证设备的可靠性和维修性。

综上所述，在欧美、日本等发达国家，先进企业的设备管理大体使用上述三种模式。设备综合工程学虽然仅对设备本身，但其管理涉及从设计制造和设备使用维修的全过程；全员生产检维修则主动积极地进行设备的维修，从而提高生产效率。后勤学与设备综合工程学侧重管理理论的研究，注重整体的设备管理效益；全员生产检维修主要是一种管理制度与方法，侧重企业生产维修为主体的微观管理。但是，这三者的目标是一致的，都是追求系统（或设备）的寿命周期费用最经济。

（2）国内设备检维修管理现状。

① 炼化企业设备检维修模式。

国内的炼化企业设备管理研究开始于 20 世纪 60 年代的大庆石油会战，由于属于传统的高危行业，炼化企业的设备处于高温、高压、高腐蚀状态，介质易燃、易爆、有毒，确保生产运行安全始终是企业的头等大事。

总的来说，国内的设备管理模式依据设备维修模式的发展也可大致分为三个阶段：

第一阶段：20 世纪 80 年代前。广泛采用预防维修和事后维修，装置基本上是"一年一大修，大修转一年"。

第二阶段：1990—2005 年。基本上采用预防性检维修和故障维修。设备广泛实行全员、全过程的综合管理，装置运行周期开始延长，由传统的"一年一修"开始向"三年两修"到"两年一修"迈进，主要装置实现了"两年一修"。

第三阶段：2005 年至今。设备检维修由被动状态向主动状态过渡，根据设备状态监测推算设备检维修的模式开始采用，预防性维修和预知维修并用，逐步过渡到预知维修，装置运行周期进一步延长，炼化企业主要生产装置逐步实现了"三年一修"，并向"四年一修"的更高目标迈进。

② 油田企业设备检维修模式。

（a）创新计划维修模式，提高钻井设计创效能力。

对钻机等重要的油田设备，采取灵活的强制计划维修模式，能有效控制设备意外损坏和突发故障，即根据钻机部件的平均无故障使用时间，制定合理的强制更换周期。钻机部件运转时间达到更换周期，在完成钻井作业进行拆搬设备时，用完好的部件倒换下来，送到修理厂检修，从而保证每口井施工过程中，每个钻机部件能够无故障运行。按计划强制更换的部件费用，单位予以统一核销；需提前更换的部件，经机况鉴定后予以更换，但费用不予以核销，基层自己承担；到更换周期，机况完好的钻机部件经鉴定后，可申请长寿设备继续使用。达到长寿设备标准的钻机部件，更换费用予以统一核销，同时执行长寿高效设备奖励机制。

（b）推广预防维修模式，降低生产设备维修费用。

对工程机械、工程发电机、注水泵和锅炉等主要生产设备，采用预防维修模式，即以"日常检查保养"和"专业检测维护"相结合的方法，利用检测仪器对设备的运行、震动、温度、润滑、紧固、调整和防腐等情况，按计划进行检查和监测，查找异常，分析原因，及时进行整改，将大部分设备隐患消灭在萌芽状态。

（c）实践预知维修模式，发挥电力设备保障潜力。

通过对发电机的温度、振动、润滑油质等项目进行状态监测、故障诊断和异常预警，及时准确掌握设备的健康状态，根据检验结果分析判断设备的劣化程度、故障部位和产生原因，并在故障发生前进行适时和必要的维修。这种预知维修模式，使设备得到了充分的保养、维护和检修，从而保证了发电机平稳连续运行。

（d）优化可靠性维修模式，保证设备安全环保运行。

一是采用分布式智能监测和计算机自动控制等技术，对设备关键和重点的部位、参数状态进行智能监测，识别潜在故障状态，在发生故障之前，按照预定程序排除隐患。二是按照日常闭环检查模式，点检与督查相结合，早期发现并消除设备异常和隐患，有效控制设备使用成本。三是运用RBI技术，以故障后果的严重程度确定维修对策。

（e）落实全员生产维修理念，提高设备综合管理水平。

在生产单位全面落实全员生产维修理念，把管理、操作和维修人员有机结合起来，建立以班组为载体，设备管理、操作和维修人员参加的TPM小组活动。

③钢铁企业设备检维修模式：宝钢设备维修模式的创新。

设备管理既是宝钢管理体系中的重要组成部分，又是发挥装备优势、提高产品质量、降低维修成本的关键环节。在投产以后较长一段时间内，宝钢在引进、消化世界先进设备管理经验的基础上演变并形成了以预防维修为主的设备管理模式，制定并形成了一套制度化的、比较完善的科学管理方法——点检定修制，从而保证了设备状态与能力基本满足不断上升的生产规模与生产负荷的要求。

从1997年开始推行设备状态管理，突出以专业化检测诊断技术手段量化掌握状态，深化点检管理内涵，提高了维修效率、降低了维修成本。在预防维修的基础上，宝钢发掘状态受控点管理工作中长期实践积累的大量经验和知识，设备系统提出并实施从"以周期检修为基础、以预防维修为主线"的维修模式向"以设备状态受控管理为基础、以状态维修为主线"的综合维修模式转变的战略决策，确保了宝钢设备管理水平持续提升并保持行业领先地位。

5.9.2　日常检维修

5.9.2.1　日常检维修基本模式

近年来，炼化企业设备以可靠性、可用性、可维护性和经济性为管理目标，逐渐摸索完善出以预知维修为主，预防性维修为辅，减少故障维修比例的日常检维修模式，逐渐形成了以设备可靠性为中心的日常检维修策略。

（1）故障维修：是指设备在发生故障不能正常工作后进行的维修。

（2）预防性维修：是指根据使用经验及统计资料，以概率论为理论根据，规定相应的维修程序，每隔一定时间就进行一次维修，对设备中某些零部件进行更换或修复，以防止其发生故障。

（3）预知性维修：是指以设备状态为依据的维修方式。它是根据设备的日常点检、定检、状态监测和诊断提供的信息，经过综合分析来判断设备的劣化程度、故障部位和故障原因，在故障发生前进行适时和必要的维修。

（4）以可靠性为中心的维修：是指以设备的可靠性状态和故障后果为基础，在有关安全、运行经济性和节约维修费用方面综合平衡，尽量以最少的维修资源消耗，运用逻辑决断分析法来确定所需的维修内容、维修类型、维修间隔期和维修级别，制定预防性维修大纲，从而达到优化日常检维修的目的。

5.9.2.2 日常检维修常见安全管理方法

（1）5M1E分析法。

5M1E是现场管理中的五大核心要素，分别对应人（Man）、机（Machine）、料（Material）、法（Method）、环（Environment）、测（Measurement）。5M1E分析法广泛应用于质量管理和安全管理中，5M1E在安全管理中的具体含义如下：

① 人指的是人员行为，人的不安全行为是导致安全事故发生的直接原因，包括人员的身体条件、安全意识、作业资质等，不仅包括一线的作业人员违章行为，也包括各级管理人员的违章指挥。

② 机指的是设备设施，既包括正在生产运行的设备设施，也包括施工作业的工具、器械，对于机的管理主要涉及设备设施的质量、性能、操作规程、完备状况、存放和维修保养等方面。

③ 料指的是物料原料，主要包括各类危险化学品、易燃易爆材料。对施工作业安全管理而言，常见的有油漆、乙炔气瓶、酸洗剂等，这类物料的安全管理重点是物料的取用、存放和余料清理。

④ 法指的是安全管理方法，常见的包括安全技术标准、安全管理制度、作业安全指导书、作业票等，其实质是安全管理的工具载体和标准规范，用以指导安全管理工作的实施和控制。

⑤ 环指的是作业环境，包括温度、湿度、风力大小、气体含量、酸碱性、粉尘等作业环境，当现场作业环境相对恶劣时，作业难度就会提升，导致人出现不当操作及设备设施功能异常等，事故发生概率大大提高。

⑥ 测指的是安全监测和安全检查，其对象是现场管理的人、机、料、法、环全要素，通过借助专业的监测设备或者人为观察，及时发现不安全因素，并采取应对措施，对现场进行动态管理。

（2）风险管理。

项目风险是指因为项目所处的外部环境复杂性、多样性及项目内部对于客观条件的不可控性，导致项目的结果未达到预期目标，并造成项目损失的概率。项目风险的三要素是风险事件、概率和项目损失。项目风险存在的根本原因是信息的不完全性，从客观层面来说是因为工作项目外部环境发生了难以预料的改变，从主观层面上来说是因为相关工作人员对项目的认识不够，在决策时出现了问题。

风险管理是指项目管理人员识别项目中的风险，并通过一系列手段将风险降到最低的过程。风险管理的目标与企业的总体目标具有一致性，从企业总体目标出发，分清风险管理的主次，以最小的成本来最大程度降低风险，获得最大的安全保障。因此风险管理不仅是企业安全生产方面的问题，它还涉及财务、设备、技术等多个方面，是一个系统的过程。

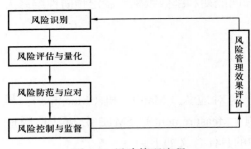

图 5.4　风险管理流程

风险管理的基本程序包括风险识别、风险评估与量化、风险防范与应对、风险控制与监督及风险管理效果评价等环节，如图 5.4 所示。

① 风险识别是指企业和项目人员通过对内外部环境分析，以及对潜在风险进行评估判断，确定风险类型的过程。

② 风险评估与量化是指在风险识别的基础上，通过分析收集到的数据资料，运用数理模型等工具，预估风险发生的可能性及风险会造成的损失程度。

③ 风险防范与应对是指采用合理的管理方法，改变导致损失的各类条件，降低风险发生的概率或降低风险带来的损失，使其达到可以接受的程度。

④ 风险控制与监督是指根据风险应对策略，采取具体的行动和措施来限制风险的发生和影响，并对风险控制措施的执行情况进行持续的监测和评估。

⑤ 风险管理效果评价是指分析、比较现阶段所采用的风险管理方法，所产生的结果与预期目标的符合程度，由此判断当前管理方法的可行性，并不断完善。

（3）目视化安全管理。

目视化管理指的是能够将所有的要求、预期和结果，通过简单、醒目的符号标识让人们能够一点就通，快速发现和领悟问题所在。这种方法最大的优点就是直接、快捷，因而被现代制造业企业广泛采用。简单地说，目视化管理就是利用眼睛看得懂而非大脑想得懂的管理方法。目视化安全管理是以视觉信号为基本手段，以公开化为基本原则，安全规章制度、设备设施状态、隐患情况和处置措施等让全体员工都能看得见、看得懂，一目了然，使得安全管理形象直观、透明度高，起到很好的督促作用。

（4）工作安全分析。

工作安全分析（Job Safety Analysis，JSA），具体是指在某项作业开始之前成立工作安全分析小组，对即将进行的作业进行分析，识别出潜在的危害并对预测风险进行评估，根据小组评价的结果制订相应的控制措施，使作业过程的风险影响降到最低或者有效控制风险的一种方法。它的目的是对作业风险的识别、分析和控制形成一种规范，确保企业的活动有序进行，以及保证员工的安全。

JSA 实行前，先成立专门的工作安全分析小组，以小组的方式展开讨论。在对工作进行讨论的过程中，可以邀请有经验的技术人员和要参与现场施工的工作人员加入分析活动，一起研究作业中可能存在的风险，并且针对风险提出对策举措，将风险有效控制在可接受范围内。

JSA 小组应由施工现场的总负责人或者承包商代表来担任小组长，小组成员应是熟悉施工现场情况、具备专业技术和隐患识别能力的作业人员。小组以外被邀请参加作业分析的人员必须有充足的相关工作经验，深入了解此次工作的所有内容和步骤流程，有能力一起分析识别即将开展工作的风险。JSA 方法具体实施步骤如下：

① 对作业步骤进行划分。首先应该了解工作任务，将工作内容进行排序，使其分解成为具体的可区分的工作步骤。在工作步骤分解后，应该使各个步骤在分析表中得以体现。通常会将一个工作项目划分为 3～9 个具体步骤，不宜过多，如果实在远远超过 9 个步骤，可以将其分成多个分析。

② 有效辨别危害因素。可以根据潜在危险的不同，一一分析出可能发生的潜在事故，以危险类别为结果，引起危险的因素作为原因，形成相关的因果图。

③ 对风险进行评估。将识别出的风险类型与之前确定的判别准则进行对比分析，有效评估风险的大小，并且根据确定的风险等级采取管控措施。

④ 将风险控制到可接受范围内。即在公司现在具备的技术水平上和当前的管理能力条件之下，以最小的付出换取最大程度的损失降低，将生产过程控制到最优安全运行的水平。

5.9.2.3 日常检维修作业安全管理问题

虽然目前日常检维修作业安全管理体系比较完善，然而日常检维修作业数量多、频次高。日常作业过程中暴露了很多安全管理问题，从人员、工机具、物料、管理方法、作业环境、安全监测几个方面进行问题归纳，常见的日常检维修作业安全管理问题如下：

（1）人员故意性违章。

在对日常检维修作业人员安全检查中发现，有些违规现象重复性出现，主要分为以下四种：

① 利益式的违章指挥。这类现象在现场故意性违章行为中最为典型，也最为普遍，后果也最严重，这种现象发生在检维修承包商管理人员身上。由于属地管理人员原因，日常检维修作业票开具确认时间较长，使得实际作业时间短，承包商管理成本升高，使得承包商受到降低成本的利益驱使，进行违章指挥，要求作业人员忽视现场安全规定、省略安全作业流程等，加快作业效率，以达到缩短工期、降低成本的目的。

② 经验式的违章行为。这类现象主要发生在工龄较大的老员工身上，这类员工对施

工作业从事多年，对自身的工作能力和工作经验相当自信，认为自己的违章行为完全没什么影响，即使出现问题，也完全能凭自身经验和能力去解决和规避。

③ 侥幸式的违章行为。这类行为主要表现为超出作业票内容进行作业，当作业任务量较小、风险较小时，作业人员私自对超出本身作业票规定内容进行作业。这类作业人员往往经过了专业的安全相关培训，具有较为熟练的技术水平，具有较高的安全意识，对作业中可能存在的风险也有一定的识别能力。然而，长期的遵守公司安全规定，让他们出现了疲倦的心理，对风险作业开始抱有侥幸心理。

④ 偷懒式的违章行为。检维修承包商作业人员和属地管理人员，存在着跳过安全作业流程，对于一些日常重复性检维修工作任务的安全管理要求，机械性地应付或忽略的行为。

（2）工机具管理混乱。

在日常检维修作业管理过程中，属地管理人员对承包商使用的工机具的安全检查存在疏漏，使得作业人员使用的工机具存在系列不安全状态，体现在以下方面：

① 工机具不达标。

检维修作业常用的工机具包括焊机、电箱、砂轮机、角磨机、人字梯、吊装带等，在日常的安全检查中发现，作业人员使用的工机具较为陈旧，没有进行及时更换、保养和维修，有些工机具的安全防护措施已经失效，仍在使用。常见的情况有焊机的电缆线破损、砂轮机防护罩缺失、电箱漏电保护器失效等，这些工机具的使用，大大提升了安全事故的发生概率。

② 工机具的存放位置不安全。

检维修作业过程中，使用工机具的存放位置不安全，没有明确的存放处置措施，导致检维修作业现场杂乱，文明施工较差。主要现象有：作业现场工机具摆放杂乱，堵塞通道和进出口，存在绊倒的风险；高处作业时，工机具没有使用安全手绳和工具包进行存放，存在滑落的风险；动火作业时，没有远离临时用电的电缆线。

③ 工机具缺少操作规范。

工机具运转时，具有较高的风险性，在使用时要严格遵守其安全操作规范，杜绝违章操作，尤其是针对砂轮机、焊机等电力式的工机具而言，这类工机具是造成人员伤害的主要来源，在对其进行管理时，要明确其操作规范，严格要求作业人员遵守操作规范。通过访谈发现，检维修作业中，工机具缺少操作规范进行参照和指导，作业人员凭借自身经验进行使用，出现一些不规范使用工机具的情况，常见的有：使用手持式砂轮机时，没有双手紧握，没有佩戴面罩，砂轮机和砂轮的安全规格不匹配，使用后不及时切断电源；使用焊机时没有进行有效接地，没有做好能量隔离措施等。

（3）作业票对现场工作的指导性不强。

八大特殊作业是日常检维修作业中关注的重点，作业票配合 LEC 风险评价法，对特殊作业的风险进行分析和评估，从作业人员的资质审查、作业环境的风险评估到应急预案、安全保障措施等程序，制定了明确的检查事项，也是日常检维修作业安全管理的重要载体。

作业票没有明确安全作业流程，缺少对作业过程中带来的新安全隐患的识别和规避措施等因素，使得作业票在实际的检维修作业安全管理中效果并不理想，存在难以把控作业现场的隐患因素的问题。

（4）作业现场安全监督失效。

日常检维修作业现场的监护人没有发挥实际作用，履职不到位，使得各项安全规定、现场安全作业流程及安全保障措施效果不能达到预期，给现场作业带来了较大的安全隐患。

5.9.3 窗口检修

窗口检修又叫机会修理，是指当因非设备原因停车时，或者当有的设备或部件按照状态监测分析结果需要排除故障或已经达到维修周期时，对另外某些设备或部件创造了一次可以利用的机会，因此称为机会修理。

窗口检修在连续生产的炼化企业较为普遍，炼化装置窗口检修是指装置部分设备或部件故障或工艺原因导致的、非计划性的、短暂的停车检修窗口周期。

窗口检修往往存在非计划性、窗口时间短等特点，这就给窗口期的检修作业带来了检修方案论证准备不足、施工配件材料准备不全、施工安全风险辨识不充分、检修深度无法保证等安全隐患。

窗口检修安全管理要求如下：

（1）进行窗口检维修作业风险辨识。窗口检修单位和施工单位按检维修作业类别（如腐蚀性介质检维修作业、转动设备检维修作业、高处检维修作业、动火检维修作业、密闭空间检维修作业、电气检维修作业等）分别进行风险辨识并有针对性地制订行之有效的安全措施。

（2）制订科学的检修方案。检修方案就是对检维修作业全过程的安全推演，必须考虑周到、细致。方案制订要辨识及载明每一个检修环节的安全风险、注意事项和安全防范措施并经技术人员、设备（仪表）工程师、安全管理人员会商确认。检维修作业负责人是该检维修作业安全管理的直接责任人，企业安全生产分管负责人是检维修作业的现场安全监督责任人。

（3）熟悉检修方案。检维修前，作业人员必须掌握检维修方案的内容，熟悉和掌握检维修安装作业的伤害及预知预警的要求，明确工作内容，熟悉检维修作业的流程，掌握作业过程存在的危险有害因素和相应的安全防范措施。

（4）承包商施工能力核查。检维修作业方案确定后，工程若由第三方承包的，必须核查其相应的检维修作业能力。一方面，要核查第三方单位及其工作人员的施工资质；另一方面，要核查其往年的安全施工经历，确认其安全施工能力。在此基础上，与承包商签订施工服务合同和安全管理协议，并要向承包商书面提供项目安全施工的技术文件，作业必须遵守的有关安全方面的要求。

（5）严格遵守上锁／挂牌管理规定。在对机器进行安装、修理、检查、清洗、调整等情况时必须运行上锁／挂牌程序。对即将进行检维修的设备进行安全确认后，检维修机械设备必须停机、停电，并在相应部位挂号警示牌和操作牌。

（6）确保作业现场有足够的监护人。检修期间监护人能够尽职尽责，作业监护人必须佩戴醒目标志，便于现场作业人员快速识别；不能做与监护无关的事情，对现场随时出现的不安全状态和违章行为要及时发现并制止。加强检维修作业区域的安全管理，严格控制检维修作业现场人员的数量，禁止无关人员进入检维修区域。

5.9.4　装置大检修

炼化企业具有"连续运行、高温、高压、易燃、有毒、有害"等特点。随着我国国民经济的发展，我国炼化装置规模不断扩大，多个大型炼化基地陆续建成投产，对标世界先进水平，提高运营效益，打造国际一流企业，成了炼化企业新的发展方向。这就从设备可靠性、装置长周期运行等方面对设备管理工作提出了很高的要求。

炼化装置大检修是一种以时间为基础，根据设备磨损和老化的统计规律，为恢复其功能而确定的定期性、大规模、计划性的检维修工作。通过定期开展大检修工作，达到消除瓶颈、治理隐患、优化流程、提升智能化的目的，是实现炼化装置"安、稳、长、满、优"运行的重点工作，也是炼化企业全生命周期中最关键的环节之一。

炼化装置大检修计划性强、工作量大、施工周期短，涉及工艺、设备、分析、质量、安全、环境、计划管理等炼化企业主要部门；涵盖了工程项目、设备运维、生产、HSE、合同、规划计划、物资采购、后勤保障等管理环节；包含了大量受限空间作业、动火作业、高处作业、电工作业、盲板抽堵作业、吊装作业等特殊作业；存在火灾、爆炸、触电、窒息、中毒、高处坠落、物料灼伤、各种机械伤害等事故事件发生的风险，是一项安全管理难度非常大的全面综合性的设备管理工作。

5.9.4.1　大检修阶段风险管控要求

（1）检修安全管控要求。

装置检修及改造过程的安全管控，要坚持"以人为本、预防为主、全员参与、持续改进"的方针和"属地管理"原则，坚持 HSE 九项管理原则。

① 检修阶段安全管控总体要求：

进入检修现场的各类人员应严格遵守国家、行业的相关法规、标准和各公司安全管理程序文件。

（a）属地单位和检修承包商都要加强检修作业过程的安全监管，要明确分工，密切合作，共同做好检修作业全过程的监督管理。属地单位有权检查并制止承包商人员的任何违章行为，直至停止其检修作业。承包商人员在加强自身安全管理的同时，必须主动接受生产单位的安全监管。

（b）安全监护人应按监护职责指导卡挂牌监护，并有明显监护标识。监护人员要熟悉监护内容、作业风险和作业人员情况。

（c）每天作业前必须对施工作业人员进行安全警示教育，对当天作业内容的作业安全风险及质量要求交底，对现场的作业风险和安全措施进行再检查、再确认；当现场情况发生变化时，需要重新进行风险辨识。

（d）施工人员进场作业时要随身携带上岗证、特种作业证（或复印件）及作业票据，并随时接受检查。

除上述安全管控总要求外，以下安全事宜也应重点关注：

严格第一次动火管理。各装置第一把火要实行升级管理，在由属地主管领导审核的基础上，由公司领导签发。

严格有限空间作业管理。在容器、反应器、再生器等设备内作业，施工单位应在出入口悬挂警示牌，禁止非作业人员进入，同时监护人员对进入有限空间人员进行严格检查，包括人员身体状况的检查、工机具的检查、安全设施的检查、事故自救知识的检查等。

严格管理各类标识。施工单位在检修现场应设有安全警示标识，施工现场危险区域，如坑、井、沟等必须设置明显标识并进行硬隔离，夜间应设有红灯警示，并做好防护。

严格夜间作业审批。原则上夜间不得进行起重机械吊装作业、高处作业和搭设脚手架，如有特殊情况，须经项目主管部门批准。

多工种、多层次交叉作业时，生产属地单位应统一组织协调，对交叉作业产生安全风险进行辨识，采取有效的隔离措施。

检修现场禁止存放易燃、可燃物料。清理出的易燃、可燃物，要及时运到安全地点，并采取相应的安全措施。

进入受限空间作业前必须进行气体分析，分析合格且相关人员签字确认后方可作业。

脚手架搭拆及检查执行《建筑施工扣件式钢管脚手架安全技术规范》（JGJ 130）及相关技术规范和要求。脚手杆不得绑、架在生产设备、工艺管线等位置。

大型设备吊装执行《石油化工大型设备吊装工程规范》（GB 50798）及上级公司相关要求。

做好放射源管理，其使用、运输和储存必须严格执行国家有关法律法规。

② 检修阶段安全管控具体要求：

（a）严禁无票作业、无许可作业。

（b）检修施工作业实行甲乙方监护方式，属地单位和施工单位监护人员应佩戴明显监护标识。一级风险作业、存有物料部位或区域的检修作业和进入塔、釜、罐、反应器等容器的受限空间作业和吊装作业实行定点监护；对于装置设备容器内动火，监护人必须熟悉工艺流程，物料特性及具备初期火灾扑救能力。

（c）对可能含有硫化亚铁的部位，在检修施工作业前，要制订可靠清洗钝化方案，确保含硫化亚铁部位清洗充分；在停工过程中，操作人员要密切监控设备、塔器内各点的温度变化情况，出现异常升温应及时采取措施；设备、塔器内硫化亚铁未清理干净前，不得进行动火作业；清理出的含硫化亚铁废弃物不得随意堆放，应及时运出作业现场，并妥当处置。

（d）因作业需要临时拆除的护栏、平台孔洞和围堰等必须加临时硬防护措施，施工完后要及时恢复原样，无法及时恢复的，要设置警示标示和夜间警示灯。

（e）禁止高空抛物件、工具和杂物，高处作业应配备工具袋，作业人员使用的工具、材料在不用时要装入袋内，作业时产生的杂物要放在安全位置并及时清理，防止坠物伤人。

（f）高压清洗应设置专用清洗场地且尽可能远离检修现场，清洗现场周围设置硬隔离措施和警示标识，清洗人员应配备高压清洗专业工作服和防护用品，清洗现场严禁使用明火，严禁持枪对人操作。

（g）化学清洗应设置专用清洗场地，作业人员应穿戴防护工作服、耐酸碱手套、防护眼镜和防毒面具等，并在上风向进行作业；严禁在清洗系统上进行其他作业，距离作业现场 15m 内禁止动火作业，室外清洗现场设置风向标并配备四合一便携式报警仪；化学清洗使用的材料应存放在安全位置，并设置警示说明。

（h）清洗设备所用酸、碱、抗蚀剂和其他溶剂药品不得倾倒在地面上，清洗液、废酸、碱水要经中和处理达到相应指标后才能排入污水处理装置。

（i）设备、管道清理出的有机固体物（如自聚物、油泥、罐底泥等）要按危险废弃物相关要求进行处理。

（j）检修废料由施工作业单位按生产属地单位指定的存放地点和要求进行存放，更换下来的旧设备由生产属地单位组织办理退库或报废手续。

（2）检修安全环保准备工作。

装置停工前六个月，生产属地单位应对装置停、检、开全过程的危险和环境因素进行辨识，对停开工全过程及检修项目开展风险评估。生产属地单位应制定监护职责指导卡，并对检修作业安全监护人进行培训。编制风险评价报告和安全环保应急预案，并向施工作业单位和生产属地员工交底。

装置停工前三个月，施工作业单位应根据检修任务和生产属地单位提供的风险评价报告，对施工作业风险进行识别、评价，制订风险削减措施，编制 HSE 作业计划书，将 HSE 作业计划书提交生产属地单位审查备案。施工作业单位应将检修 HSE 作业计划书及入厂相关安全注意事项等内容在检修前向作业人员交底，被交底人员要签字确认。

全面识别高风险作业，列表进行重点监督。在明确了高风险作业前提下，编制三方四级的监督计划和要求。

施工作业单位首次进入厂区作业前必须按照相关的管理规定，由项目所在单位完成特种作业资质审查、安全培训并办理安全教育合格证等相关证件。

检修作业应实行实名制。施工人员名单报生产属地单位，生产属地单位要对作业人员的资格进行审查并备案。每个作业点必须指定负责人、安全员和质检员，并在"施工人员名单"中注明。

施工作业单位在开项前必须对所要使用的工机具尤其是起重机械、电动工具等按规定进行检查、检验和维修并标识，确保安全、完好、有效，并向项目所在单位提交完好工机具清单。

检修前办理完施工合同、安全合同。合同办理前，必须对施工单位的安全资质、项目管理人员资质、技术人员资质、施工人员资质和人员数量，以及工种配套情况、劳务合同签订等是否符合项目需求进行审查，保存鉴证资料。

公司应在停工前3个月编制停工环保管控方案，加强三废管理，严格控制排放，做到"油不落地、气不上天、声不扰民、固废全覆盖"，确保环境不受污染。

5.9.4.2 大修技改停、开工风险管控

（1）开停工过程中要充分识别危害因素。

主要危害因素（包含职业病危害因素）有：高温物质（气、液、固）、易燃气体、易燃液体、压缩气体、腐蚀性物质、有毒有害物质（气、液）、低温、夜间作业、误操作、违章作业等，容易引发火灾、爆炸事故、中毒窒息事故、高温、噪声、放射、腐蚀性灼烫、低温冻伤、物体打击、高处坠落等事故。

按照炼化公司停工过程"降温降量降压、退油退料、排出残留物、清除腐蚀及毒性物质、吹扫置换（化学清洗、钝化）、系统隔离、开启人孔、监测合格"等八个步骤控制要求；开工过程要按"投用前安全检查、检修交生产界面交接、吹扫试压、单机试车、引入开工介质、升温升压气密、烘炉煮炉油运、投料条件确认、投料开工、调整操作"等十个步骤控制要求，落实管控措施。

各单位要在停工、开工期间严格按照《大检修停开工总体方案》操作，有效管控风险。

（2）停工阶段安全管控要求。

属地单位必须编制检修装置隔离方案。界区及未退出或连通易燃易爆、有毒有害物料的设备管线要用盲板彻底隔离，并挂牌标识。要指定专人负责盲板的管理，绘制盲板图，统一编号，装（拆）盲板要办理作业手续。

① 装置停工置换过程中，应划定限制区域，实施装置区域人员限制措施，除必须参加现场指挥、联络和停工操作的人员外，无关人员不得随意进出限制区域，装置现场应保持应急通道畅通。

② 装置停工置换过程中，操作人员必须使用防爆工具和防爆照明灯具，停工置换区域停止一切明火和受限空间等作业。

③ 地沟、窨井、下水井封堵应统一编号，比照盲板要求进行管理。做好地沟窨井清洗置换工作，装置内地沟窨井清洗置换分析合格后，进行有效封堵，水封井必须充满，并定期做测爆分析。

④ 停工后，装置与装置之间、装置与储罐区之间必须做好有效的物料隔离，严禁用关闭阀门代替盲板，确保停工区与运行区有效隔离，并做好目视化标识（如上锁挂签）。

⑤ 装置存有物料的不检修区域要进行能量隔离，并用警戒绳围挡、挂牌警示，关键部位上锁挂签。

⑥ 动火点 15m 内的雨排、污排等在动火时应采取防火措施。

⑦ 重视危险物品的清理，装置内退出的污油、化学药剂和停工排放物等危险物品要运出装置区，平台、地面及设备、管道外表面的油污清理干净。

⑧ 氮气吹扫排放口周边设置警戒和标识，防止人员误入造成氮气窒息。严禁在厂房、机房等封闭和半封闭场所排放氮气。

（3）停工阶段环保管控要求。

停工退料要有已审批的停工方案、化学清洗方案（常压装置、加氢裂化装置、溶剂脱沥青装置、催化裂化装置、产品精制装置、柴油加氢装置、航煤加氢装置、汽油加氢装置、重整液化气脱硫醇设施、苯抽提装置、酸性水汽提装置、溶剂再生装置、硫黄回收装置、液化气站气柜等停工时必须进行化学清洗）、吹扫置换方案、蒸煮方案，易产生 FeS、H_2S 装置的设备管线应进行钝化、净化处理，严格控制排放，确保环境不受污染。

① 废水管控：优化停工期间退料操作，装置吹扫前，将设备、管线内液态物料全部退净，必要时采取增设临时管线等措施回收物料，并做好水质水量监控。

② 废气管控：停工时气态物料全部密闭送入回收装置或火炬等设施，杜绝无组织排放。

③ 固废管控：装置停工前，现场及固废库暂存的固废清理完毕，为检修产生固废留出存放空间。

④ 噪声管控：合理安排吹扫、放空、泄压时间，严控排放速率，必要时加装临时消音、隔音措施，确保厂界噪声达标。

⑤ 火炬管控：停工前火炬系统相关设施保证完好，装置废气排放流程畅通，属地做好火炬排放记录。

⑥ 异味管控：系统应密闭吹扫，并将吹扫气排入火炬或气柜，吹扫、蒸煮、置换过程中，严禁将有机废气直接对空排放。

⑦ 放射源管控：提前确认放射源装置检修项目，做好施工单位的放射风险交底工作。

⑧ 环保设施：废气处理设施应正常运行，并后于主装置停工，废水处理设施应针对废水水量和浓度变化进行优化调整。

⑨ 环境监测：针对停工过程废水排放、厂界空气、厂界噪声进行持续监测，及时反馈超标数据，快速进行工艺调整。

（4）开工安全管控要求。

① 装置开工前，所有安全消防设施、安全仪表、护栏平台、安全通道安全警示标识必须恢复完好并检查确认。

② 装置开工前，临时配电箱、电焊机、工具箱、临时设施等非防爆设施必须移出

装置。

③ 开工装置与检修装置之间，必须设置明显安全警示隔离标识，严禁无关人员进入。

④ 装置开工过程中，严禁安排动火作业，如必须进行需按特殊动火作业进行管控；厂际和厂内管廊投用危险化学品物料后，动火作业按规章制度执行。

⑤ 加热炉点火操作必须按规程执行，分析检验要具有代表性，加热炉一旦熄火必须按点炉程序重新操作。

⑥ 装置升温、升压、硫化期间，所有作业必须停止，外来人员必须撤离现场；并要结合开工风险对保运人员进行交底。

⑦ 装置开工过程中，操作人员和维保人员进入装置区，应按装置危险特性，佩戴适宜的防护用品。

⑧ 装置开工过程中，装置内所有地漏、窨井应保证畅通，装置围堰应恢复完好，三级防控设施完好备用。

（5）开工环保管控要求。

① 废水管控：严格执行操作规程，清洗预膜及开工过程中产生的各类废水按计划有序排放。

② 锅炉管控：锅炉开工时投用脱硫、脱硝、除尘设施，杜绝在线监测数据超标。

③ 固废管控：装置引入物料前现场遗留的固废清理完毕，严禁在现场堆放。

④ VOCs 管控：挥发性物料引入系统后，应做到"人随物料走"，必要时进行 OGI 光学气体成像扫描，发现泄漏点及时处理。

⑤ 噪声管控：重点加强火炬排放、大型机组运行、吹扫置换、系统升压等操作的管控，不得在夜间（22：00—次日 6：00）组织高噪声操作。

⑥ 异味管控：检修前后实施清理、收油、检修等作业的污水池、隔油池等污水设施，开工前需重新密闭，并保证密闭效果。

⑦ 环境监测：针对开工过程废水排放、厂界空气、厂界噪声进行持续监测，及时反馈超标数据，快速进行工艺调整。

⑧ 放射源管控：放射源应经过现场检测，确认满足安全条件后投运。

⑨ 环保设施：污染防治设施应先于主体装置投入运行，保证达标排放。

⑩ 环保标识：开工前，检修中破坏、移位的各种环保标识、标牌等应全部恢复。

5.9.4.3 危险作业安全要求

停工交检修后、检修交开工前，大修技改危险作业原则上执行作业许可制度，对适用大修和风险高、容易忽略、重复出现等情况重点强调如下：

（1）动火作业。

① 承包商现优先采用场外预制，减少工业动火作业。工业动火必须办理动火作业许可。

② 装置停车大检修，工艺处理合格，经生产交检修界面交接验收组正式验收，并安全实施了第一次动火作业的装置内动火，可以按二级动火管理。

③ 二级动火可办理区域票，区域范围由属地根据现场实际风险确定，具体动火点要明确，不允许两个或两个以上施工队伍使用同一张动火票。每个监护人可同时监护动火点不超过三处（同一平面内），且在15m半径、无障碍视线范围内。高处及受限空间内的动火监护人可按实际情况确定，原则一人一点（同时作业）。

④ 因有不确定性，在区域周围特别是上下有拆卸或挖掘作业时禁止动火（即动火与拆卸、挖掘等作业不准同时交叉进行）。

⑤ 施工现场所有可能产生明火或者火星的作业，必须有防火毯等措施，禁止火花飞溅。高处动火时须铺设接火盆、消防毛毡围接，毛毡上浇水，防止火花落下飞溅。氧气瓶、乙炔瓶与动火点垂直投影点距离不得小于10m。在有孔隙平台上部动火，要将孔隙堵塞严密，动火部位和下方地面各设一名监火人。遇五级风以上（含五级风）天气，禁止露天动火作业，因生产确需动火，动火作业应当升级管理。

⑥ 用火严格执行用火制度，做到"四不用火"，距用火点15m内所有的地漏、排水口、各类水封井、阀门井、排气管、管道、地沟等封严盖实。

⑦ 动火分析合格判定指标如下：

（a）采用色谱分析等化验分析方法进行检测时，被测气体或者蒸气的爆炸下限大于或等于4%时，其被测浓度应不大于0.5%（体积分数）；当被测气体或者蒸气的爆炸下限小于4%时，其被测浓度应不大于0.2%（体积分数）。

（b）采用移动式或者便携式检测仪进行检测时，被测的可燃气体或者可燃液体蒸气的浓度应不大于爆炸下限（LEL）的10%。

（c）在生产、使用、储存氧气的设备上进行动火作业时，设备内氧含量不应超过23.5%（体积分数）。

（2）进入受限空间作业。

① 进入受限空间作业必须严格执行"四不进入"原则，即没有批准的受限空间作业许可证不进入，没有安全措施或安全措施不落实不进入，没有监护人或监护人不在场不进入，受限空间位号、作业内容、作业人员、日期、时间、地点与受限空间作业许可证不符一律不得进入。用惰性气体吹扫空间，可能在空间开口处附近产生气体危害，此处可视为受限空间。在进入准备和进入期间，应进行气体检测，确定开口周围危害区域的大小，设置路障和警示标志，防止误入。

② 检测标准：

（a）受限空间内外的氧浓度应一致。若不一致，在进入受限空间之前，应确定偏差的原因，氧气含量为19.5%~21%（体积分数），在富氧环境下不应大于23.5%（体积分数）。

（b）不论是否有焊接、敲击等，受限空间内易燃易爆气体或液体挥发物的浓度都应满足以下条件：

——当爆炸下限≥4% 时，浓度<0.5%（体积分数）；

——当爆炸下限<4% 时，浓度<0.2%（体积分数）；

——同时还应考虑作业的设备是否带有易燃易爆气体（如氢气）或挥发性气体。

（c）受限空间内有毒、有害物质浓度应符合《工作场所有害因素职业接触限值　第1部分：化学有害因素》（GBZ 2.1）的规定。

检测人员进入或者探入受限空间进行检测时，应当制订特殊控制措施，佩戴隔绝式呼吸防护装备等符合规定的个体防护装备。

受限空间内有毒、有害物质可燃介质浓度超过动火作业合格指标，不得进入或应立即停止作业。

（d）作业人员和监护人必须经过进入受限空间作业专项培训，作业人员、监护人不得随意更换，监护人不得一人监护多处受限空间作业。

（e）承包商在进行受限空间作业之前依据相关安全标准需对所有参与受限空间作业的人员进行相关安全培训，将现场准备实施作业的受限空间设置警示标志。

（f）进入受限空间作业前必须进行气体浓度检测，进入设备内部作业时，人员应佩戴便携式气体检测仪连续监测。承包商根据检测结果佩戴相应的防护用具。受限空间作业时，作业现场应配置移动式气体检测报警仪，连续检测受限空间内氧气、可燃气体及有毒、有害气体浓度，并两小时记录一次检测数值；气体浓度超限报警时，应当立即停止作业、撤离人员。在对现场进行处理，并重新检测合格后方可恢复作业。

（g）承包商对进出受限空间人员及工机具应做好登记。进入受限空间的供电设备应使用安全电压或满足防爆要求。

（h）受限空间作业期间必须设置专人监护，监护人和受限空间作业人员应有良好的沟通渠道，保证信息及时传递。监护人应具备受限空间紧急救援知识和能力，监护人不得随意离岗。

（i）受限空间通道应保持畅通，进入受限空间人员必须系带安全绳；承包商制订应急救援计划；受限空间外应至少配备一套空气呼吸器等救援装备。

（3）高处作业。

① 当在坠落高度超过2m 的地方作业时，优先采取主动防护措施，如固定的平台，且平台上防护装置或栏杆已经承包商项目安全负责人或安全员检查合格，否则要进行强制性的坠落保护，并要办理高处作业票。高处作业所有作业人员都需要100% 使用五点双挂式安全带。

② 高处作业安全带难以实现高挂低用时，应采取措施，例如使用生命绳、搭设脚手架用于悬挂安全带。

③ 高处作业工机具、材料使用绳索传递，不得使用安全带作为吊钩吊运物件。高处作业工机具应存放在工具包或工具箱内，施工过程禁止空中抛物。高处作业中使用的安全标志、工具、仪表、电气设施和各种设备应当在作业前检查，确认完好后方可投入使用；

禁止穿硬底、铁掌和易滑的鞋进行高处作业；作业基准面30m及以上高处作业人员，作业前必须体检，合格后方可从事作业；30m以上高处作业应当配备通信联络工具。

④ 临边作业必须采取硬防护措施，并设置踢脚板；孔洞必须全覆盖，并设置硬围挡。

⑤ 悬空作业所用的索具、脚手板、吊篮、吊笼、平台等设备，均需经过技术鉴定或检验方可使用。

（4）脚手架作业。

① 承包商架子工需经过职业技能评估。承包商应保证架子工专业技能符合要求，无登高禁忌症。

② 脚手架搭设完成后由承包商有资质的人员检查签字，挂绿色准用牌；不合格的挂红色禁用牌。并每周对脚手架检查一次，在准用牌上签字。

③ 作业中所用的物料均应堆放平稳，不妨碍通行和装卸。工具应随手放入工具袋。拆卸下的物件及余料和废料均应及时清理运走，不得任意乱置或向下丢弃；传递物件禁止抛掷。

④ 脚手架搭设基本要求：

（a）脚手架搭拆人员须持证上岗；

（b）脚手架材料须经检验合格方可使用；

（c）脚手架的基础地面必须平整坚硬；

（d）脚手架作业层脚手板应铺满铺稳，并与支承杆可靠地固定；

（e）塔器、框架、储罐、建筑物搭设的脚手架实行封闭落地式双排脚手架；

（f）脚手架应设置剪刀撑，底部须设纵向、横向扫地杆，作业平台设置双护栏、安全通道和踢脚板；

（g）脚手架搭设区域周边设置安全警示标志和围护；

（h）脚手架严禁超载；

（i）脚手架要有接地装置，接地电阻不大于10Ω；

（j）新搭设的脚手架须经验收合格，并挂合格牌后方可使用；

（k）六级及六级以上大风、雷雨天气要停止脚手架作业。

（5）挖掘作业。

① 承包商在开挖前应编制平面规划图，应包含积水坑、防洪、防汛措施等方案，报监理审核，甲方批准后实施。

② 承包商的挖掘作业依据相关安全标准进行管理，在实施挖掘作业前，属地单位查阅相关图纸向承包商交底，承包商与相关方确认、金属探测、人工挖探坑等组合方式确认地下障碍物。对地下确认存在或怀疑存在有地下设施的作业点，禁止进行机械开挖，必须采用人工开挖方式。

③ 对压缩机基础开挖应制订有专门的施工方案。基坑内应在不同方向至少设置两条逃生通道。

④ 承包商挖掘基坑应根据技术文件进行放坡，条件限制无法满足放坡要求的，应进行基坑支护，基坑支护方案必须经过甲方专业审批。

⑤ 动土时遇有埋设的易燃易爆、有毒有害介质管线、窨井等可能引起燃烧、爆炸、中毒、窒息危险，且挖掘深度超过 1.2m 时，应当执行受限空间作业相关规定，如进行气体检测等。对填埋区域、危险化学品生产及储存区域等可能产生危险性气体的作业，应对作业环境进行气体检测，必要时应采取使用呼吸器、通风设备和防爆工具等相关措施。

（6）临时用电。

① 承包商应编制临时用电组织设计报监理审核，甲方批准后实施，承包商定期检查和安全使用电气设备。变更临时用电施工组织设计时必须经过相同程序审核。临时用电设备在 5 台（含 5 台）以上或者设备总容量在 50kW 及以上的，用电单位应当编制临时用电组织设计方案和应急预案。

② 在运行中的装置内的技改工程必须使用防爆配电柜，减少电缆接头，接头应使用热缩带缠绕。供配电单位应当将临时用电设施纳入正常电气运行巡回检查范围，建立检查记录和隐患问题处理通知单。

③ 送电和停电应遵守一定的操作顺序。

④ 施工现场必须配备至少一名专职电工，并由甲方专业部门组织审核人员能力。

⑤ 施工现场钢结构、大型设备应第一时间做好防雷接地，接地电阻不得大于 30Ω。

⑥ 现场电缆敷设应采用埋地和架空处理，需要横跨道路或在有重物挤压危险的部位，需加设防护套管（统一使用红白相间的专用电缆保护管）。

（7）吊装作业。

① 任何类型的起重机使用之前应报监理公司检查合格贴标后方可入场。承包商对起重工职业技能进行审核评估，发现有不符合要求的起重工，项目部有权要求承包商停止吊装、更换起重工、暂停施工。

② 关键吊装作业（一级、二级吊装作业；吊装物体质量虽不足 40t，但形状复杂、刚度小、长径比大、精密贵重；在作业条件特殊的情况下的三级吊装作业；环境温度低于 −20℃ 的吊装作业；其他吊装作业环境、起重机械、吊物等较复杂的情况等）承包商须提供吊装方案报审，任何实际与方案不一致的，甲方及第三方监督有权叫停并采取考核措施。

③ 起重机作业时，吊装半径隔离，避免其他人停留、工作或通过。重物吊运时，严禁从人上方通过。所有吊装均需使用溜绳。

④ 起重机吊运吊篮作业前，承包商必须经甲方设备专业批准。

⑤ 夜间吊装作业，要有足够的照明。遇到大雪、暴雨、大雾、六级及以上大风等恶劣天气时，不应露天吊装作业。

⑥ 作业结束后吊车在厂区内停留过夜，应获得批准；吊车大臂必须收回。

⑦ 禁止吊装作业，即"十不吊"：

（a）吊物重量不清或超载不吊；

（b）指挥信号不明不吊；

（c）捆绑不牢、索具打结、斜拉歪拽不吊；

（d）吊臂吊物下有人或吊物上有人有物不吊；

（e）吊物与其他相连不吊；

（f）棱角吊物无衬垫不吊；

（g）支垫不牢、安全装置失灵不吊；

（h）看不清场地或吊物起落点不吊；

（i）吊篮、吊斗物料过满不吊；

（j）恶劣天气不吊。

（8）射线探伤作业。

大检修期间各属地单位办理射线探伤作业证时，要通过票证书面、会议等方式告知可能进入属地该区域的所有员工及各承包商。同时在公司信息门户"射线作业告示"栏上传射线作业信息，方便所有人员获知，杜绝人员误入。

① 放射作业工作单位办理射线作业许可证时应如实填写源的强度和数量，不得虚报隐瞒。

② 放射作业工作单位每次射线探伤作业前，须在作业控制区域防护距离示意图中标明涉及的范围，作业现场应划出安全防护区域，设置明显的放射性标志、警戒线、警示灯和防护设施，派专人警戒，防止无关人员进入。作业员工和警戒员工必须配备报警仪和对讲机。

③ 放射作业工作单位不得以任何借口擅自以增大放射源强度方式缩短拍片时间。若因工作需要作业地点或放射源的强度或拍片时间临时有变动，应及时重新办理射线作业许可证和相关告知工作。

④ 放射作业期间，作业人员必须穿好防护用品，佩戴好施工作业证，严禁擅自离开现场。一旦发生放射源丢失、被盗事故或其他特殊情况，放射作业工作单位应及时报告武装保卫部及相关人员，防止影响扩大。

⑤ 每天放射作业结束，放射作业工作单位及时将放射源入库，同时认真整理相关记录，存档，以利追踪溯源。

⑥ 作业单位应当针对源机操作中突发卡源、源（辫）脱落、人员遭受外照射急性放射病等风险，编制应急处置方案。

（9）管线设备打开作业。

① 装置系统整体交出，装置系统内部作业时，不需办理。

② 所有拆加盲板作业必须办理管线打开许可证。

③ 在抽堵盲板作业时无关人员要撤离，必要时停止附近的生产、检修工作，周围30m内停止动火作业。装置开停工中，引瓦斯、动火、试压等工作，不得与抽、堵盲板工

作同步进行。

④ 不得带物料、带压力抽堵盲板；如确需在存有易燃易爆、有毒物品的设备进行抽堵盲板作业，作业人员必须佩戴隔离式防毒面具。对于酸碱等腐蚀性介质的设备，作业（改动拆卸设备）人员必须穿戴防酸、碱面具及衣靴。

⑤ 拆卸螺栓应隔一个松一个，缓慢进行，确认无气无液无压时方可拆下螺栓；作业人员要站在上风向且不准正对法兰缝隙；拆卸法兰的管道如距支架较远，则必须设临时支架和吊架；法兰螺栓全部紧好后，应详细检查，确认无遗漏后，方可离开现场。

（10）能量隔离。

① 系统出入界区的所有管线加装盲板，并挂盲板牌；界区阀门必须关闭并挂签。

② 装置大检修期间，对系统整体隔离交出后，系统内部作业不再进行能量隔离和上锁挂签（对存有物料不能整体交出的塔器设备必须进行能量隔离和上锁挂签）。

③ 隔离两个界区的能量（主要为化学能）需要上锁的点，由两个单位的主管主任批准，主管技术员负责实施能量隔离，上锁、挂签、测试，此类上锁至少上两把锁（两个单位必须都要在此点进行上锁）。

④ 界区内没有彻底交出，储存物料的设备出入口所有管线加装盲板，并挂盲板签；阀门必须关闭，并进行上锁挂签。

⑤ 生产装置需要检修并断电的单台设备停电后必须由工艺、电气、检修人员共同确认，并上锁挂签。

⑥ 生产装置需要在检修前上报停工检修界区盲板表和盲板牌。

⑦ 装置内所有下水井、地漏、明沟要实施封堵。必须做到"三定"（定人、定时、定点）检查。对未用水泥封堵的下水井盖，按照目视化标准要求采取临时封堵措施。地漏应用防火布裹压盖实，上面用沙土覆盖。

（11）涉硫化氢作业。

① 进入生产涉硫的停检装置（主要指硫黄回收、加氢裂化和产品精制装置等）应设置警示标识。

② 无气体防护具严禁进入含硫化氢区域和设有禁入标志的区域。

③ 停检期间装置内的固定硫化氢报警器无检修需求时，须始终处于在用的完好状态，如发出声光报警，作业人员应立即停止作业，并由佩戴空气呼吸器的装置人员现场确认，处理完毕方可继续作业。

④ 在 H_2S 报警器报警或接到其他人员的泄漏告知时，必须立即撤离，并尽可能向上风向或高处撤离。

⑤ 进入含 H_2S 的停检装置时，一个作业组不超 6 人可使用一台 H_2S 报警器，但分散距离不准超过 10m。

⑥ 在拆卸含有 H_2S 系统的法兰、阀门、螺栓和开关放空、导淋阀门的所有初始作业时须佩戴正压供风式呼吸器。系统打开并确认无误后方可降低防护等级。

⑦ 在无法确认系统内部的 H_2S 含量或可能堵塞排放口而出现憋压的可能时，为防止物料突然喷出等紧急情况发生，对其进行拆卸作业必须佩戴隔离式防毒面具并使用防爆工具。

⑧ 对涉及 H_2S 作业进行监护时，监护人须配备与作业人员同等级别的防护器具。

（12）交叉作业。

两个以上单位在同一区域内进行作业活动，可能危及对方作业安全，应当签订区域安全管理协议，互相告知本单位作业特点、作业场所存在的危险因素、防范措施及事故应急措施，明确各自的安全生产管理职责和应当采取的安全措施，并指定专职安全管理人员进行安全检查与协调。相关要求如下：

① 不得在上下贯通同一垂直面上作业。

② 后行作业人员应避让先行作业人员。

③ 相同或相近轴线不同高度的同步检修作业，上部施工单位应为下部施工人员提供可靠的安全隔离防护措施，下部施工人员在隔离设施未完善之前不得施工。

④ 同一作业区域不同类型的施工队伍同时检修时，相互进行安全交底，明确各方责任，落实安全措施。

⑤ 除上述以外的其他交叉作业，由甲方属地项目负责人划分安全责任区，明确各方安全责任。每个运行部设备负责人为交叉作业指定协调人。

⑥ 交叉作业责任方必须确保隔离设施及其他安全设施的完整、可靠性。

⑦ 出现交叉作业安全责任不清时，各施工单位应暂停施工，报属地单位明确安全责任，待责任方完善安全措施后方可施工。

⑧ 交叉作业的各施工单位在作业前必须对工人进行交叉作业安全教育，并实施针对性的分项、分工种、分工序的安全技术交底。

（13）化学清洗。

承包商必须明确清洗配剂成分和清洗污水处理方法。

（14）夜间作业。

① 夜间作业必须进行申请审批。需要进行夜间作业的单位需提前 8h 申办"夜间作业许可申请书"，并进行工作危险性分析。

② 夜间作业现场负责人负责落实作业许可证规定的各项措施，属地单位安全监管人员负责监督检查落实情况。

③ 夜间作业场所必须设置充足的照明。照明灯具应为防雨型，易燃易爆场所必须使用防爆型灯具。所有通道照度至少达到 30lux，工作面至少达到 50lux。现场采用 IP65 灯具，禁止使用碘钨灯。必须使用带地线的冷光源，灯必须有罩，并且安装、支撑、维护正常，使用绝缘材料作为照明设施的固定和支撑。临时照明支架高度不低于 3m。

④ 容器内作业照明必须使用安全电压照明灯具。

⑤ 夜间作业开始之前，项目负责人应召开作业前班前会，对施工方案进行交底，并

进行风险评估和岗位安全性分析，检查个人保护设施是否适当、到位。

⑥ 夜间作业期间，属地必须安排管理人员全过程在现场进行监督管理，并协调联系值班电工现场随时处理用电和照明问题。

⑦ 夜间不得进行大于40t的吊装作业、脚手架作业、5m以上的高处作业及其他危险不易识别和控制的作业。

⑧ 夜间作业期间由当班调度安排救护车值守待命。

⑨ 大雨、强风、雷电、下雪、能见度极差等恶劣环境条件时应停止夜间作业。

（15）喷砂除锈。

① 喷砂除锈方案按设计要求执行，承包商应在作业前上报监理审核，业主审批。喷砂除锈应优先采用金刚砂。

② 喷砂除锈必须搭设专门的防护棚，防止扬尘。

③ 作业人员必须戴防尘口罩或半面罩。

（16）防腐保温。

承包商应提供防腐保温的作业程序，应包括关于设备类型、防火、防爆、人员防护，以及防腐涂料选型、作业过程防异味、涂料防撒漏、空漆桶回收、环境保护等方面要求。

（17）涂装。

① 罐内涂装作业时要有相配备的通风设备，如排气机、换气扇等，保持罐内空气流通。罐内作业涂装人员进入施工现场必须戴好防毒面具及防毒口罩和相关的防护用品，作业中禁止用钢质工具撞击，也不准穿带钉子的鞋作业，防止产生火花。所用的电源线不得有接头，接地可靠。罐内涂装照明设备需采取防爆型。

② 涂料、溶剂应存放在防晒、防水通风良好的地方，并配有灭火消防器材。施工现场所用的涂料、溶剂等要远离火源。

③ 涂料、溶剂选择环保型产品，作业过程落实防异味、防撒漏措施，空桶当日回收。

5.9.5　典型事故案例

近几年在石油石化行业检维修工作中，由于施工作业前工艺处理不彻底，有介质残留；项目单位和检修单位未进行工作前安全分析（JSA），未编制检修方案，检修过程中未对检修人员进行安全交底或交底不清；参与检修人员安全意识薄弱，不了解作业过程的风险和控制措施；检修时工器具本身存在缺陷或隐患；安全监管部门对各种危险作业审批不严；检修人员未按规定佩戴劳动防护用品等因素导致安全生产事故屡屡发生。

根据统计（表5.2），检维修作业期间因停开车不规范造成的事故占比为8%，置换不彻底造成的事故占比为7%，监控不到位造成的事故占比为10%，措施不落实造成的事故占比为8%，未按检修方案施工造成的事故占比38%，抢进度造成的事故占比22%，工机具问题造成的事故占比为3%，其他原因造成的事故占比为4%。

表 5.2　检维修作业安全生产事故原因统计表

序号	造成事故原因	占比
1	停开车不规范	8%
2	置换不彻底	7%
3	监控不到位	10%
4	措施不落实	8%
5	未按检修方案施工	38%
6	抢进度	22%
7	工机具问题	3%
8	其他原因	4%

5.9.5.1　H化工公司烷基化装置检维修过程中发生爆炸引起火灾事故

（1）事件经过：H化工公司烷基化装置反应工序后的物料经酸洗、碱洗后，进入水洗罐的主管线（管线 DN150，物料主要为异丁烷、正丁烷、烷基化油等），于 2023 年 1 月 11 日 18 时 12 分发现漏点，11 日 21 时 52 分开展第一次堵漏，至 22 时 26 分人员撤离，未堵漏成功，泄漏量增大；12 日 14 时 20 分至 47 分开展第二次堵漏，未堵漏成功；14 日 13 时 1 分使用一台吊车、一个吊篮开展第三次堵漏，至 14 时 50 分，未堵漏成功；15 日 9 时 18 分开展第四次堵漏，12 时 43 分使用两台吊车、两个吊篮进行堵漏，13 时 27 分管线爆裂，物料大量喷出，导致爆炸并起火（图 5.5）。

（2）事故造成人员伤亡情况：造成 2 人死亡，12 人失联，4 人重伤，30 人轻伤。

（3）事故原因分析：初步分析事故直接原因为烷基化装置反应工序后的物料经酸洗、碱洗后进入水洗罐前，主管线发生泄漏，在作业人员堵漏时管线爆裂，大量物料泄漏，遇静电或吊车等明火引发爆炸并起火。

图 5.5　H化工公司烷基化装置爆炸事故现场

5.9.5.2 美国威斯康星州赫斯基能源集团炼油厂火灾爆炸事故

2018年4月26日10时，美国威斯康星州赫斯基公司Superior炼油厂催化裂解装置停工检修期间发生爆炸。

（1）事故经过：2018年4月26日5时40分，操作人员停止FCC进料，关闭和催化剂再生器连通的闸板阀V1和V2，然后通入蒸汽对系统进行清洗（FCC工艺流程如图5.6所示）。停止进料10min后V1关闭，反应器内的催化剂料位在30min后下降到0。从5时40分停车到10时事故发生，有10%的时间差压显示为0。因压差表不能检测负压，实际压差可能已经为负，空气从再生器进入工艺系统。10时，吸收塔爆炸产生的碎片将60m外的沥青储罐击破，近2400m³热沥青泄漏，遇明火源发生大火，并迅速蔓延（图5.7）。

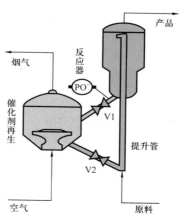

图5.6 FCC工艺流程示意图

图5.7 Superior炼油厂催化裂解装置爆炸事故现场

图5.8 腐蚀的滑阀不能阻止催化剂下落

（2）事故造成人员伤亡情况：共造成36人紧急医疗处置，11人可记录伤害，数千人紧急疏散。

（3）事故原因分析：该炼油厂催化裂化装置反应器与再生器之间的滑阀被腐蚀（图5.8），在装置停机检维修期间，再生器内的空气进入反应器及其下游设备，形成易燃易爆混合气体，遇点火源发生爆炸，爆炸产生的金属碎片击穿附近沥青储罐，导致热沥青泄漏起火。

根本原因是：

① 风险识别不到位。装置认为正常情况是反应器内压力高于再生器，没有识别开停车等异常工况，空气可能进入反应器的风险。

② 保护措施不充分。针对此高风险事故场景，除了一道控制阀，没有冗余的保护措施。

③ 关键设备维护不到位。此阀在采购时，考虑了耐磨要求，但该装置在 2013 年大修后一直未停车，持续运行五年，未按计划对关键设备进行拆解检查，阀门的使用时间超过了耐磨寿命。

5.10 班组管理

5.10.1 概述

班组，企业的最小单位。它是由同工种员工或性质相近配套协作的不同工种员工组成，是企业根据劳动分工、协作和管理的需要，按照工艺原则或不同产品及劳务或经营活动而划分的基本作业单位，是企业最直接最基层的生产经营和最小管理的单位。班组好比是企业的"细胞"，班组管理是企业管理的重要组成部分，凡涉及企业的生产、经营、质量、效率、技术、安全等诸项指标，都须落实到班组才具有实际意义。班组承载着企业几乎所有的生产任务和日常工作，是企业最重要的"前沿阵地"，也是企业安全管理的"主战场"、企业安全保障的"防护线"。

班组是搞好安全生产的基础，是保障员工生命安全和实现作业过程安全生产的主体。处在一线的班组是企业生产组织机构的基本单位，是进行生产和日常管理活动的主要场所，也是企业完成安全生产各项目标的主要承担者和直接实现者。企业的设备、工具和原料等都要由班组掌握和使用，企业的生产、技术、经营管理和各项规章制度的贯彻落实也要通过班组的活动来实现。因此，班组是企业安全文明生产的重要阵地，是企业取得安全、优质、高效生产的关键所在，企业安全管理各项工作必须紧密围绕生产一线班组开展才有效。

5.10.2 班组基本特征、作用及管理特性

5.10.2.1 班组基本特征

管理实践中有些企业把最基层的组织叫班，有的则习惯叫组，但在职能或地位上它们是相同的，所以习惯把班组统一起来称呼。基层班组是企业的一个最基本的生产单位，具有"小""细""全""实"的特点。

（1）小是班组结构的特点。

"小"是基层班组结构的一个显著特点。基层班组所属员工少则十来人，多则不过几十人；生产设备少的只有一两台，多的不过十几台；生产的产品有的只有一种，有的只有一种产品中的某几道工序；生产方式比较单一，有的是全组人员从事同一工种，有的从事

同一工序，有的是几个工种或几道工序的简单组合。因此，再大的基层班组，与整个企业相比较，无论从哪个角度看，都显得小。

（2）细是班组管理的特点。

"细"是指任务分配细，各种考核细，管理工作细。比如从生产任务的分解、落实过程来看，企业作为一个整体，一项生产任务从分解、下达到各车间，各项经济指标的考核对象是车间（站、队），车间（站、队）把经过第一次分解的局部任务，按照每个班组不同的生产的能力，再分解成若干个更小的局部任务下达到班组，此时各项经济指标的考核对象是班组。可见，当班组接到这个小局部任务时，它要把这个仍然具有综合性的任务分解落实到班组的每个员工，班组各项经济指标考核的对象是员工。可见，基层班组的特点是：面向每一个人，把任务落实到人、考核到人、管理到人，所以基层班组是企业生产管理中最细的一个层次。

（3）全是班组工作的特点。

"全"是指企业的任何工作都要落实到班组，都要贯彻到组。如：承包的生产任务要通过生产部门落实到班组；宣传学习通过宣传部门落实到班组；成本核算要通过经济核算部门落实到班组；安全生产、劳动保护和环境管理要通过安全环保部门落实到班组；企业内部的优化劳动组合、奖惩分配等都要通过人力资源部门落实到班组等。所以，班组工作是企业全部工作的缩影。

（4）实是班组长工作的特点。

"实"是指班组长的工作就是需要解决实际问题。基层班组长是处于"兵头将尾"的特殊地位。在员工中，基层班组长是"将"，在干部中基层班组长又是"兵"。他们是不脱产的"将"，指挥一班人的"兵"。一是指基层班组长不脱离生产；二是指基层班组要解决班组许多具体实际问题，特别是劳动用工、工资奖金分配等涉及员工切身利益的实际问题。基层班组长天天与组员、设备、产品、奖惩打交道，所接触的是员工千变万化的思想，要解决的是形形色色的具体实际问题。凡是班组的问题事无巨细，都要班组长去关心、去帮助解决。基层班组是企业管理的基础，也是企业整个生产经营活动的基础。

5.10.2.2　班组的作用

班组作为企业组织生产经营活动的基层组织，是企业的基本细胞，是企业发展建设的前沿阵地。无论企业采用何种组织结构、多少管理层次，都离不开班组这一组织，班组也是企业整个生产经营活动的基础。因此，班组在企业中处于十分重要的地位，发挥着独特的作用，主要表现在如下几个方面：

（1）班组是企业的基本单位。

从企业内部的纵向结构看，无论企业采用何种组织结构（职能制、直线制、矩阵制等），无论企业有多少管理层次，都离不开班组这一级组织。一个班组虽然只是一个局部环节，但如果它与企业整体脱节，完不成既定的生产或工作任务，就会破坏企业的均衡生产，会造成生产的中断，所以班组是不可缺少的环节。

（2）班组是企业管理的基础。

加强企业管理，就是对企业的生产、技术、经营活动进行组织、指挥、控制和调节，使生产力三要素得到最科学的结合，人力、物力、财力能得到最充分的利用，从而做到投入少，产出既多又好。要实现这个目标，必须加强对班组的管理。企业的各项经济技术指标最终都要靠班组来完成，各项规章制度、工艺规程和技术标准都要依靠班组的活动来提供依据。

（3）班组是提高员工素质的基本场所。

员工是否精通本职业务、能否掌握现代科学技术、思想政治觉悟如何，这都决定着现代化建设的成败。生产班组就是学习业务技术，提高思想政治与文化技术素质的重要场所。基层班组可通过结合生产任务开展日常技术培训，提高自己组员的生产技能和素质。班组成员朝夕相处，互相比较了解，最便于开展有针对性的日常教育工作，还可配合企业的系统教育，不断提高员工的思想政治与文化技术素质。

5.10.2.3 班组管理的特性

班组管理具有很多特殊的性质，概括起来主要有以下几个方面：

（1）具有执行的特性。

企业的管理系统可以分为经营决策层、职能管理层、监督执行层和现场作业层四个层次。经营决策层是企业高级领导人员战略决策、综合管理和统一指挥的最高层次；职能管理层是为实现战略决策，落实长远规划，制定各项具体管理目标，组织对各有关执行部门协调和考核的管理层次；监督执行层是组织本部门员工落实计划、分配任务、控制进度的执行层次；现场作业层是班组成员按照工艺规程，运用劳动手段对劳动对象进行加工，努力完成生产作业计划规定生产任务的操作层次。班组管理包含职能管理层和现场作业层两个层次，都属于执行型，因此班组管理的基本职能应体现为可具体操作的执行性质。

（2）具有生产的特性。

生产制造是班组的主要任务，它对外不发生任何经营关系，主要是搞好生产制造，保证完成各项生产计划。总之，班组管理处处体现出生产性。

（3）具有相对独立性。

班组长是最基层组织的领导人，是班组上下联系、对外联系的全权代表。一方面，班组长接受上一级组织的授权，对自己管辖的人、财、物有一定的决策权，对班组生产过程有指挥权，根据自己班组内员工的不同表现有要求上一级组织对其进行惩罚或奖励的权力。在特殊情况下，可超越权力范围，有临时处置权，这使班组长行使的职权在班组范围内有相对独立性。另一方面，班组管理的执行性和生产性又限制了一线管理者只能围绕班组生产过程管理行使领导权，赋予班组管理者决策的性质是管理决策和生产决策。班组长掌握的各项技术经济指标、信息反馈和资源配置等，仅限于在班组管理范围内，有相对的独立性。

5.10.3　安全生产标准化达标建设

安全管理标准化是"企业生产流程各环节、各岗位要建立严格的安全生产责任制。企业生产活动和行为，必须符合安全生产有关法律法规和安全生产技术规范，做到规范化和标准化"。基层班组 HSE 标准化建设是安全生产标准化的基础和重要组成部分。

为进一步加强安全环保基层基础管理，强化一线岗位员工执行力建设，有效和控制安全环保风险，建立健全基层 HSE 管理持续完善和改进提升的工作机制，将 HSE 管理重心下移，切实将 HSE 管理的先进理念和各项制度要求融入业务流程，消除基层 HSE 工作与日常生产作业活动相脱节现象，根治现场"低老坏"问题和习惯性违章，结合国家安全生产标准化工作要求和企业基层工作实际，全面开展基层站队（车间、装置、库站、所）HSE 标准化建设工作。

5.10.3.1　安全生产标准化建设基本要求

（1）管理合规——管理标准化。

① 突出班组风险管控，运用安全检查表、工作前安全分析、安全经验分享方法，识别风险、排查隐患，做到风险隐患有数、事件上报分享、防范措施完善。

② 落实"一岗双责"，明晰目标责任，强化激励约束，加强属地管理，做到领导率先示范、班组员工积极参与。

③ 强化岗位培训，完善培训矩阵，开展能力评估，积极沟通交流，规范班组活动，做到员工能岗匹配、合格上岗。

④ 严格承包商监管，开展安全交底，落实安全措施，强化现场监管，禁止违章作业。

⑤ 依法合规管理，依据制度标准，结合班组实际，优化工作流程，严格规范执行。

（2）操作规范——操作标准化。

① 基层班组完善常规作业操作规程，强化操作技能培训，严格操作纪律检查考核，做到操作规范无误、运行平稳受控、污染排放达标、记录准确完整。

② 严格非常规作业许可管理，规范办理作业许可证，完善能量隔离措施，作业风险防控可靠。

③ 落实岗位交接班制，建立岗位巡检、日检、周检制度，及时发现整改隐患，杜绝违章行为。

④ 各类开工、停工等操作变动及其他工艺技术变更履行审批程序，变更风险受控。

⑤ 各类突发事件应急预案和处置程序完善，应急物资完备，定期培训演练，员工熟练使用应急设施，熟知应急程序。

（3）设备完好——现场标准化。

① 基层站队按标准配备齐全各类健康安全环保设施和生产作业设备，做到质量合格、

规程完善、资料完整。

②　严格装置和设备投用前安全检查确认，做到检查标准完善、检查程序明确、检查合格投用。

③　开展设备润滑、防腐保养和状态监测，强化特种设备和职业卫生防护、安全防护、安全检测、消防应急、污染物监测和处理等设施管理，落实检修计划，消除故障隐患，做到维护到位、检修及时、运行完好。

④　落实设备变更审批制度，及时停用和淘汰报废设备，设备变更风险得到有效管控。

（4）场地整洁——现场标准化。

①　基层站队生产作业场地和装置区域布局合理，办公操作区域、生产作业区域、生活后勤区域的方向位置、区域布局、安全间距符合标准要求。

②　装置和场地内设备设施、工艺管线和作业区域的目视化标识齐全醒目。

③　现场人员劳保着装规范，内外部人员区别标志。

④　现场风险警示告知，作业场地通风、照明满足要求。

⑤　固体废弃物分类存放，标识清晰，危险废弃物合法处置。

⑥　作业场地环境整洁卫生，各类工器具和物品定置定位、分类存放、标志清晰。

5.10.3.2　安全生产标准化建设基本框架

遵循 PDCA 闭环管理模式，安全生产标准化建设标准包含管理模块和硬件模块两方面内容。在管理模块中突出 HSE 重点，明确了风险管理、责任落实、目标指标、能力培训、沟通协商、设备设施管理、生产运行、承包方管理、作业许可、职业健康、环保管理、变更管理、应急管理、事故事件与检查改进 15 个主题事项；在硬件模块中狠抓现场关键，明了健康安全环保设施、生产作业设备设施与生产作业场地环境三个方面建设内容。

对于标准确定的每一个事项，都要依据有关法规、制度、标准，明确建设要求及加、扣分标准，逐项量化考核评审，根据考核得分确定是否达标及达标等级。对于不同专业领域，上述管理模块和硬件模块两个方面的建设标准既有共性内容，也有特性差异。

5.10.4　班组标准化建设

班组安全标准化工作是企业从安全基础工作入手，结合安全管理工作中存在的突出问题和薄弱环节，应用标准化的管理方法，制定各工种各岗位的安全操作标准，使每个从业人员按岗位标准进行操作。以此解决管理中存在的"逐级递减"难题，做到安全管理中心下移，同时也为班组的各项工作统一标准提供支撑和依据，从而提高班组的安全管理水平。

班组安全标准化是要求企业将安全生产责任逐一落实到每个操作岗位和每个工种、每个从业人员，从而提高班组生产能力，落实企业作为安全生产主体责任，从基础上保障企业的安全生产。班组主要的岗位安全标准有如下内容。

5.10.4.1 班组安全检查标准

班组长要组织进行班前和班中检查。班前检查可结合交接班进行设备和安全设施的检查和交接，有问题要交接清楚。各岗位在班前要对所管区域、所用设备、使用工具进行检查，包机人要对所包设备重点检查。班中要对设备运行动态情况进行检查，重点是安全装置完好情况及设备是否有不正常现象等。长期闲置不用的设备，使用前应全面检查，经检查合格后方可使用。值日人员应督促本班组人员按规定穿戴好劳动防护用品，检查各岗位执行安全规程情况。安全检查查出的问题无论是否整改都应记入安全值日栏内，未整改的要立即上报，并注明整改情况和报告部门名称、接受报告人姓名及职务。

5.10.4.2 班组安全规程与制度管理标准

班组的每个岗位、工种和所操作的机电设备、工具都必须有健全的"安全规程"并达到统一版本、字迹清楚、人手一册、人人熟知、严格执行。班组要根据生产设备等因素的变化，事故教训等情况，及时检查现有规程制度是否健全。要根据实际情况及时提出补充修改意见，上报批准后执行；凡检修、抢修及临时性工作，班组都必须提前制订出书面安全措施，并由车间主管领导审批，大、中修安全措施要逐级把关、审批。所有安全措施都必须在检修、抢修施工前认真学习，并在实际工作中严格执行。临时安全措施中要结合现场、环境、季节、施工方案、危险区域、重点部位、互保联系信号、标识等实际情况制订。

凡上级颁发的与本班组有关的各项规章制度及各类操作证、票、表，在班组内必须健全并妥善保管，经常组织学习，认真贯彻执行。班组要保证每周必须抽考安全规程，抽考规程要全面，全班组人员要全覆盖。抽考范围是单位安全通则、岗位安全规程、相关通用安全规程、相关规章制度、危险源控制措施、紧急情况的处理程序，应结合当天的工作实际，学习、抽考相关安全规程的有关条款和相关的其他规程。班组应适时组织岗位安全操作的技能训练，举行反事故演练，掌握处理各种故障的能力，提高自我保护能力。班组各岗位人员应熟知本岗位安全生产责任制并严格遵守。

5.10.4.3 班组安全生产标准

班组内的机电设备、工具、车辆及工作现场等都必须做到无隐患。安全防护装置、设施齐全可靠并符合"六有"规定，严禁设备带病作业。上岗前必须按规定穿戴好劳动保护用品，杜绝疲劳作业。班组内每项操作，每个职工都能认真执行安全操作规程和各项规章制度，无冒险蛮干，无违规操作。特种作业人员从事相关操作必须持有效证件上岗，持学习证人员必须在具有相应资格人员的监护下工作，不得安排无证人员从事特种作业。班组要严格执行交接班制度。新上岗职工（含换新工种人员）必须明确专人监护，负责其安全工作，在监护期间不得独立操作。

5.10.4.4 作业安全标准

班组作业标准化是预防事故、确保安全的基础。所谓作业标准化，就是在对作业系统调查分析的基础上，将现行作业方法的每一操作程序和每一动作进行分解，以科学技术、规章制度和实践经验为依据，以安全、质量效益为目标，对作业过程进行改善，从而形成一种优化作业程序，逐步达到安全、准确、高效、省力的作业效果。标准化作业的作用主要有以下几方面：一是标准化作业把复杂的管理和程序化的作业有机地融为一体，使管理有章法、工作有程序、动作有标准；二是推广标准化作业可优化现行作业方法，改变不良作业习惯，使每一名工人都按照安全、省力、统一的作业方法工作；三是标准化作业能将安全规章制度具体化；四是标准化作业所产生的效益不仅仅在安全方面，标准化作业还有助于企业管理水平的提高，从而提高企业经济效益。

5.10.4.5 安全操作标准

开展安全生产标准化岗位达标工作是企业建立安全生产长效机制、实现安全生产状况稳定好转的根本保障。安全生产标准化岗位达标工作旨在企业对自身的生产经营活动，从制度、规章、标准、操作、检查等各方面，制定岗位标准，使企业的全部生产经营活动实现规范化、标准化，提高企业的安全素质，最终能够达到强化源头管理的目的。

建立健全班组安全生产各项规章制度，包括安全生产岗位责任制、安全技术操作规程、工艺规程、安全检查制度、安全教育制度、安全奖惩制度等。每个岗位、工种和所操作的机电设备、工具都必须有健全的安全操作规程、规范和工艺要求。凡检修、抢修及临时性工作，班组都必须制订出书面安全措施，并逐级把关、审批。班组各岗位人员应熟知本岗位安全操作规程和工艺规程并严格遵守。建立以安全交底、安全确认为内容的交接班安全管理制度。

在实施标准化管理过程中，要不断完善班组安全管理标准，修订各类班组的达标标准和验收细则，使其更符合基层的安全生产实际，增强可操作性。同时，要按照标准严格检查考核、逐级验收、定期考评、动态管理，将考核情况与奖惩挂钩。

5.10.5 班组安全活动

5.10.5.1 班组安全活动的目的

开展班组安全活动是为了使每个成员掌握基本的安全常识，提高班组成员安全意识和技能，提升班组安全管理水平，切实提高全员安全文化素质，使班组安全活动成为让员工掌握单位安全风险信息、有效提升自身安全技能、消除班组安全隐患、保障安全生产的一项重要措施。

5.10.5.2 班组安全活动内容

班组安全活动力求在"实、活、新"，即在开展扎实、形式灵活、内容创新上下功夫，试行采用"四级"内容、"规定动作＋自选动作"的形式进行。"四级"内容即公司级、分厂级、车间级、班组级内容。"规定动作＋自选动作"即上级规定固定学习内容＋班组自选学习内容。学习及活动内容包括安全责任教育、安全生产方针教育、安全法规教育、事故案例教育和安全知识教育等。

（1）安全责任教育。

教育班组成员认识自己在安全生产中的地位和作用，增强搞好安全生产的自觉性和责任感，自觉遵章守纪，严格执行操作规程，抵制违章指挥。

（2）安全生产方针教育。

作为班组长不能认为安全生产方针教育是上级的事，与己无关，而首先要树立安全第一的思想，认识、掌握事故发生的规律，有意识地发现和排除隐患，以达到避免伤害、预防事故的目的。

（3）安全法规教育。

对班组成员要进行安全法规教育，使班组全员都了解有关安全生产法规、标准和企业安全生产的制度、规定和规程。要逐步提高对知法、守法、执法、护法重要性的认识。

（4）事故案例教育。

事故案例教育是安全教育的极好教材。有条件时班组可要求上级专业人员定期用典型事故案例为本班组成员上安全教育课，以提高全班组人员的安全意识。

（5）安全知识教育。

主要内容有：

① 生产工艺过程和安全技术；

② 各种设备、设施性能和操作方法；

③ 作业的危险区域和岗位作业安全事项；

④ 生产中使用的有毒有害材料及有毒有害物质的防护知识；

⑤ 危险、特殊作业的安全知识；

⑥ 消防制度与方法；

⑦ 个体防护用品的正确使用方法；

⑧ 要注重对新员工和调岗员工的岗前教育。

5.10.5.3 班组安全活动要求

不得以基层其他会议代替或合并开展班组安全活动，安全活动时间不得挪作他用。应结合季节特点、结合岗位生产实际，有所侧重、简化活动内容，注重实际效果。每次优选一至两个活动主题，避免流于形式。活动过程要增加互动性，调动班组成员参与积极性，应留有充分时间让岗位员工讲风险、说隐患、谈心得，查找岗位管控薄弱环节。基层单位要对积极参与并提出隐患或合理化建议的员工给予适当奖励，避免领导讲、员工听，做完记录就散会的"一言堂"做法。

班组的每周安全活动要做到时间、人员、内容"三落实"。以安全生产必须落实到班组和岗位的原则，班组对岗位管理、生产装置、工具、设备、工作环境、班组活动等方面进行灵活、严格、有效的安全生产建设。

5.10.6 现场 5S 管理

5S 是流行日本的一种班组现场管理方法。其要点是通过整理、整顿、清扫、清洁和素养来保持良好的环境卫生，从而实现管理水平的提高，保证产品质量的可靠，以创造出一个具有标志性的、干净的、能目视管理的、高效高质的公司。

5.10.6.1 5S 活动的基本内容

5S 包括整理（SEIRI）、整顿（SEITON）、清扫（SEISO）、清洁（SEIKETSU）、素养（SHITSUKE）五项内容。由于它们在日文的罗马拼音中，均以"S"为开头，故简称"5S"。

（1）整理，就是将工作场所中的物品区分为必要的与不必要的，将不必要的物品撤掉或废弃掉，目的是腾出空间，保持工作场所的宽敞整洁。

（2）整顿，就是合理安排物品的放置方法、位置，设置必要的标识，以便在必要的时候能快捷地找到并取出必要的物品，提高工作效率。

（3）清扫，即清除灰尘、脏污，保持环境和设备的干净、清洁。

（4）清洁，就是指将前面三个 S 的工作规范化、制度化，目的是使整理、整顿、清扫的工作能长期有效地开展。

（5）素养，就是要求员工遵守规章制度，掌握正确的作业方法，养成良好的工作和生活习惯。

5.10.6.2 5S 的实施

（1）整理的实施办法。

5S 活动中的整理可以分以下三个步骤完成：

① 物品登记和分类整理。就是把工作场所中的所有物品进行列表，并根据这些物品的状态进行分类，以确定哪些需要废弃、哪些应该留用。在登记物品的同时，对现场发现的问题也要进行登记管理，在后续的 5S 过程中持续跟进问题的解决。

② 废弃该废弃的物品。就是坚决废弃不用的物品。认为有的物品将来什么时候可能会用到是影响整理工作的一个很主要的原因，对那些利用率极低的物品就应坚决废掉。

③ 建立一套废旧物品废弃及处理的程序。现场有许多无用的物品，尤其是大件物品，就是由于缺乏这样一套废弃的程序而长期放置在那里，久而久之，现场的 5S 水平就会大打折扣。因此，必须建立一套申请的提出、确认、批准及处理的程序，给整理工作的有效进行提供制度上的保证。

（2）整顿的实施办法。

整顿的实施包括以下三个部分的工作：

① 对需要留下的物品进行定位管理。整顿工作的第一步是确定区域的分布及物品的摆放位置。最常用的办法是在区域内研究和确定物品最高效、合理的摆放位置，并用区域

图或布局图的形式进行标准化管理。

②确定摆放的数量。确定物品放置的数量，即一种物品在一个地方放置多少是合适的，做出标识，避免因物品堆积过多占用过多的空间和资金。

③进行必要的标识。整顿同时还是一门标识的艺术，因此整顿工作的第三步就是对物品摆放的数量及状态等进行明示，使人人都明白什么地方该摆放什么东西，该摆放多少，现在的状态如何。标识的方法有设置标示牌、区域划线、形迹管理等，这些方法都属于"目视管理"的范畴。

（3）清扫的实施办法。

清扫看似简单，和我们通常说的大扫除好像没有什么两样，但是仔细对比后就可以清楚，5S活动中的清扫与大扫除是不一样的。清扫至少有以下三个方面的要求：

①要将看得见和看不见的地方都清扫干净。

②对清扫要进行规范化管理，制定清扫标准，并按标准实施清扫。

③要长期坚持不懈，把清扫当作日常工作的一部分，持续实施。

（4）清洁的实施办法。

清洁是指将整理、整顿、清扫的工作规范化、制度化，只有这样才能使整理、整顿、清扫长期有效地进行，从而避免像进行大扫除那样，虽然当时收拾得干净整洁，过一段时间就又恢复成老样子了。

清洁实施的要点如下：

①职责明确。必须确定一个区域或设备由谁来负责整理、整顿、清扫。职责的分配一般来说要体现谁使用谁负责的原则。

②明确要求。清洁的要求要明确，应确定应该怎样做和做到怎样的程度。

③定期进行检查和考核。进行定期检查和考核，监督检查措施是否有效，使班组所进行的整理、整顿、清扫受到规范和约束，以保持高水准。

（5）素养的提升办法。

素养是指对人的要求，要求员工遵守规章制度，掌握正确的作业方法，在日常工作中自觉按5S要求去做，使员工养成保持工作场所干净整洁的良好习惯。

5S工作能否保持高水准，归根结底取决于每一个员工的素质。不管一开始的整理、整顿、清扫、清洁做得多么完美，如果员工最终没有养成保持干净整洁的良好习惯，5S的意识没有在头脑中扎下根，5S的要求不能成为员工的自觉行为，5S的成果是很难保持下去的，推进的难度也是巨大的，就像保持城市的清洁需要广大市民具有高素质一样。

素养提升的要点是教育、培训，并在现场长期坚持按5S要求员工，才能使5S要求变成员工的习惯。教育的形式是灵活多样的，并不一定需要安排整块时间召集大家来进行。班前、班后开会时可以对5S进行强调，平常工作中发现不符合5S要求的行为应及时指出来并告诉应该怎样做才正确，这些都是很有效的教育方法。

5.10.7 自主管理与团队管理

5.10.7.1 高素质团队的特征

好的班组长善于在很短的时间内，将自己的组员训练成一支雄狮猛虎般的团队，所向披靡。训练有素的班组团队，无论是其成员、组织气氛、工作默契和所发挥的生产力，和一般性的团队比起来，总是有相当大的不同，他们常表现出以下主要特征：

（1）组织目标明确。

班组长对于自己和群体的目标，永远十分清楚，往往都主张以成果为导向的团队合作，目标在于获得非凡的成就；他们深知在描绘目标和愿景的过程中，让每位伙伴共同参与的重要性。因此，好的班组长会向追随者指出明确的方向，并经常和他的成员一起确立团队的目标，竭尽所能设法使每个人都清楚了解、认同这个共同目标，进而获得他们的承诺、支持。

只有当班组长和组织成员共同认为团队的目标和愿景并非由组织的头儿一个人决定并实现，而是靠大家共同合作完成时，才可以使所有的成员有"所有权"的感觉，大家会从心里认定这是"我们的"目标和愿景，每一个人都应该为这个共同目标而努力。

（2）全员积极参与。

在一个高素质的团队里，它的每一个员工都要参与承担损失的风险。作为团队的带头人，班组长希望员工全力支持自己，让他们参与，愈早愈好。我们也常会发现一种现象，在成功团队的成员身上总是有一种参与的热情，他们相当积极、相当主动，一逮到机会就参与，事实上通常参与的成员永远会支持他们参与的事物，这时候团队所汇总出来的力量绝对是无法想象的。

（3）成员互相信任。

班组团队合作的力量来自成员之间真心地相互支持和依赖，曾有管理专家研究参与式组织，他们发现参与式组织的一项特质，就是管理者与下属之间彼此信任，双方的信心和信任在组织上下到处可见。

（4）成员互相尊重。

有位团队负责人说："我努力塑造成员们相互尊重、认真倾听其他伙伴表达意见，在我的单位里，我拥有一群心胸开阔的伙伴，他们都真心愿意知道其他伙伴的想法。他们展现出其他单位无法相提并论的倾听风度和技巧，真是令人兴奋不已！"

（5）彼此职责明确。

成功班组团队的成员在分工共事之际，非常容易建立起彼此的期待和依赖。每一位成员都清晰地了解个人所扮演的角色是什么，并知道个人的行动对目标的达成会产生什么样的影响。他们不会刻意逃避责任，不会推诿分内之事，知道在团体中该做些什么。他们非常清楚地明白团队的成败荣辱，"我"占着非常重要的分量。

（6）自由真诚沟通。

成功班组团队的领头人会提供给所有成员双向沟通的舞台，每个人都可以自由自在、公开、诚实地表达自己的观点，不论这个观点看起来多么离谱。当然他还必须以身作则，在言行之间表示出对下属的信赖感，这样才能引发成员间相互信赖、真诚相待。

总之，保持一种真诚的双向沟通，使团队成员都能了解并感谢彼此都能够"做真正的自己"，这样才能使团队表现力臻完美。

（7）彼此互相认同。

彼此激励和互相认同是高效团队的主要特征，团队成员以参与团队的活动为荣，因为每个人会在各种场合里不断听到这样彼此赞赏和支持的话："我认为你一定可以做到！""我要谢谢你！你做得很好！""你是我们的灵魂！不能没有你！""你是最好的！你是最棒的！"这些赞美、认同的话提高了大家的自尊、自信，并使大家愿意携手同心共创团队的辉煌。

通过在团队里学习、成长，每位成员都会不知不觉地重塑自我，重新认知每个人跟群体的关系，在工作和生活上得到真正的欢愉和满足，活出生命的意义。

5.10.7.2　班组团队的运作

班组长作为一个班组团队的带头人，必须知道实现一个任务牵涉哪些事情，时间表怎么安排，什么时候是最后期限，需要怎样的责任和努力；如果可能的话，也要了解任务的目的何在。只有这样，整个团队对工作便会更加投入，以做出最好的成绩。

（1）采用民主型的领导方式。

班组长不同的领导方式对群体凝聚力有着不同的影响。早在20世纪40年代，心理学家勒温等人的经典实验，比较了"民主""专制""放任"三种领导方式下各实验小组的效率和群体氛围，发现"民主"型领导方式的群体比其他群体成员之间更友爱，思想更活跃，而且成员互相帮助，因此凝聚力更高，这也是我们今天在班组中所提倡的领导方式。

（2）使班组成员认同团队目标。

团队精神是班组成员对团队的态度表现，它体现一个成员对团队的满意感，并有愿为达成团队目标的心理和行为表现。这种心理与行为表现只有当个人的目标与团队目标一致，得到团队内成员的认同方能产生。如果团队内成员对团队目标不认同，甚至反对，便不可能形成高昂的团队战斗力。所以，班组长要经常对其成员进行行之有效的教育，宣传团队的共同目标，使成员感到自己的满足得益于企业和团队的成就，从而为实现企业和团队目标而努力工作。

（3）不断调动热情。

班组长应尽可能地邀集团队成员参与任务分析和讨论，以便将任务区分为若干必要步骤，以利于目标的实现。这项分析必须要考虑到：如何充分地利用每一个人的专长，如何使每一个人都有事情做。这种考虑将会决定团队该如何运作。班组管理者处理事务的方式是团队作业的环节之一，但很容易一不小心就疏忽掉了。请记住，一个球员花在练习方面的时间，至少是正式比赛的 10 倍以上。在工作场合，班组长应当考虑让一半以上的成员协商工作的改进之道。有些团队发现，一个月召开一次例会对于团队士气和生产力的提高确实有帮助。这主要得归功于会议的公开讨论作风，每一位成员置身其间都有责任思考任务应该如何来完成，提出改进的建议。

（4）不断改进工作。

班组长应了解每一位成员的特长，以便让他们能最有效率地发挥；设计相互支援、彼此合作的工作模式，以达到最理想的结果；培养其他技能，使团队在既有的基础上精益求精。一个人觉得自己的才能受到团队的赏识，就会对工作有兴趣、有干劲，从而会做出更有价值的贡献。

此外，让团队从成功的学习与庆祝中感受到鼓舞，也是很重要的。自成功中学习到的东西，并不亚于从失败中领受到的教训。每个人都希望成为成功者，一个团体有越多成功的果实，便会有越多的成功美景可以期待。

（5）使班组成员对工作有满足感。

班组成员对在团队中所从事的工作感到合乎他的兴趣，具有挑战性，能充分发挥他们的潜力，可施展其抱负，这样的工作就会使成员感到满意。满意的工作可以激发高昂的劳动热情。所以，班组长要了解班组各成员的脾气、爱好、特长、文化水平、健康状况、家庭状况，因为这些信息往往是影响成员个人需求、动机与行为的重要因素，而且还要在安排工作时尽量照顾成员兴趣、能力与专长，使员工的学识、才能在工作上有充分的发挥机会。

（6）要使经济报酬合理。

合理的经济报酬是对班组成员付出劳动的补偿和肯定。取得一定的经济报酬对不同的员工来说具有不同的作用。对有些人来说，报酬是一种取得社会地位的途径；对另一些人来说，可能是受到赏识的形式；但对大多数人来说，经济报酬决定了他们的生活水平的高低，可以满足员工较低层次的需要。因而，在工资与奖金的分配上如能按劳分配，保证工作表现较好的员工能获得较高的报酬，就会提高员工的积极性与创造性，反之就会严重挫伤成员的积极性，就会降低团队的战斗力。合理的经济报酬，不仅对激发班组成员的战斗力有重要作用，而且对保持班组成员的战斗力也十分重要。

（7）设计团队愿景。

为团队设计一个清晰、可行的目标，通常能给予每一位成员共同的期望，这对于激励工作意志和发挥高昂士气是非常必要的。设计一个好的团队愿景应当熟悉所在企业的情势，通盘考虑各个可行的方案，尽可能迎合每一位成员的意愿和偏好，评估各种驱使团队前进的动机；并且既要合乎实际，又要兼顾可行性。班组长作为团队带头人应经常和员工一起商讨任务大计，理清细部事项，然后再把所有的人集合起来，针对每一个项目形成共识。

（8）使班组成员关系和谐。

班组内部团结、思想统一、感情融洽、关系和谐、行动协调、每个成员对团队的归属感、责任感、自豪感就会增强，当个人利益与团队的集体利益发生矛盾时，个体就会无条件地服从集体。相反，如果成员相互心理不相容，相互猜疑嫉妒、尔虞我诈、内讧不止，正常的人际关系不复存在，这样的团队不仅没有战斗力，而且还会对工作起到负面影响。因此，班组长要努力改善和增强团队内成员间的和谐关系。

（9）保持员工的身心健康。

班组长要努力改善员工的工作环境、生活环境，丰富员工的文化活动，努力增进员工的身心健康。建立良好的内部沟通渠道，努力消除班组长对员工、员工对班组长，以及员工之间的不满与隔阂，保持员工的心理平衡，减少员工的心理挫折，进而有助于提高团队的战斗力。

（10）凝聚团队力量。

"一根筷子容易断，折断十根筷子则很难"是每一个团队做事的信条。同样的道理，一个密不可分的团队，内部的人际、工作之间维持着良好的关系，遇到困难便能团结在一起，共同克服眼前的困难和外来的挑战。

为增进班组团队的凝聚力，班组长可以考虑经常做一些班组成员彼此增进了解的公共活动，比如利用下班后的时间或假日集体吃饭、看电影或集体为组员过生日等。这些做法无疑会增进一个团队的凝聚力。

（11）团队管理相关问题。

在现代人力资源管理领域中，十分强调"团队管理"的概念，基层班组作为一个团队在企业中的作用是怎样的呢？一个成功的团队要靠哪些因素来塑造？一个成功的管理团队是不是企业发展的根本？

团队管理的概念应分两个层次，一个是建立公司经营团队的共识及团结合作，另一个是培养员工团队合作的精神及工作态度。

公司经营团队的共识是指公司的全体员工充分了解公司的愿景及经营理念，认同公司共同的价值观，共同承诺达成公司经营目标，在工作方面各部门能同一步调，彼此充分协调沟通共同为达到公司经营目标一起努力。员工在班组长管理影响下，发挥团队合作精神，将分配的工作在最短时间、最佳品质状况下做好。团队合作包括沟通技巧、角色扮演、班组长管理、问题解决方法及解决冲突模式等。为什么企业需要经营团队？企业需要各种不同专长的人才，但不同专长的人才应该能互相配合做共同一件事才有意义，有些经营团队成员不认同企业经营理念与价值观，或不支持、不愿承诺公司经营目标，或与大多数经营团队成员意见不合又坚持己见，这种成员换掉对经营团队是有好处的，至少可减少企业内耗损失。

但应注意的是，班组长不可随意换掉自己的组员，向上级组织申请，减少或增加自己的组员之前一定要认真斟酌本班组的长期利益，而不是只看到眼前的利益。

5.11 仪表管理

5.11.1 概述

5.11.1.1 仪表运行管理重要性和目的

随着国内外石油化工企业发展，以及对自动化水平的要求不断提高，检测与控制过程中出现的仪表故障也越来越复杂多变，正确判断和及时处理仪表故障，直接关系到生产的安全与稳定。大部分仪表故障可以通过检查、测量、分析等手段有效避免，仪表在"发病"前一般是有先兆的，如何及时发现仪表的隐患，将事故消灭在萌芽状态，仪表运行管理显得尤为重要。

5.11.1.2 仪表运行维护的原则

石化企业中的仪表主要包括生产和运营过程中使用的各类检测仪表、自动控制监视仪表、计量仪表、执行器、在线分析仪表、可燃及有毒气体检测报警器、火灾报警监测系统、工业视频监视系统及其附属单元、分散控制系统（DCS）、过程控制可编程控制器（PLC）、安全仪表系统（SIS）、紧急停车系统（ESD）、机组控制系统（CCS）、先进过程控制系统（APC）及过程控制微机、服务器和附属网络设备等。

仪表设备在运行维护中应遵循下列原则：

（1）仪表运行时如发现异常或故障，维护人员应及时处理，对故障现象、原因、处理方法及结果做好记录。

（2）仪表维护人员处理仪表及自控系统故障、调整控制仪表或自控系统内部参数、检查或维护在用仪表或自控系统时，必须办理"作业许可证"，同时进行风险识别，并按风险等级划分标准编制安全预案，办理作业动作卡后，方可修理、调试有关仪表及自控系统。

（3）凡属自动调节回路，在工艺条件满足的情况下，不应采用手动操作。

（4）装置运转中，仪表设备或自控系统进行检查或动作试验时（可能引发装置或机组停车），必须办理工作票，经工艺技术人员同意并签字，同时报二级单位相关部门同意，生产车间主管领导和仪表技术人员必须到现场。涉及安全联锁的检查或动作试验按《安全联锁管理制度》执行。

（5）仪表维护人员应及时做好仪表或自控系统使用前的准备工作，待满足仪表或自控系统使用技术条件后与工艺人员配合，由仪表维护人员启动仪表或自控系统。维修后的仪表或新投用的仪表原则上在投入运行前应进行校验，精度合格后方可投用。

（6）仪表设备的操作及维护保养人员应经过培训，取得相应的资格证书。

（7）仪表车间应建立在线分析仪表运行、维护、校准及检修等规程，并定期进行检查和校准。

仪表日常维护保养体现全面质量管理预防为先的思想，是一项十分重要的工作，是保证生产安全和平稳操作的重要环节。

5.11.1.3　仪表自动化特点

目前国内企业仪表及控制系统，大多是国外进口产品，近几年国产仪表及 DCS 在主要生产装置的使用中也有了越来越多的业绩，但是在高温高压等特殊部位的仪表及安全联锁 SIS 系统基本还是被国外仪表所垄断，例如加氢装置高压阀门、高温耐磨热偶、S-ZORB 耐磨球阀等。近十几年来，在仪表控制系统制造及应用领域，随着新技术、新工艺、新材料，尤其是计算机技术、显示技术、通信技术的飞速发展及应用，仪表自动化呈现出一些新的特点和趋势。

（1）技术层面：

① 小型化、模块化、高可靠性。随着新技术、新工艺、新材料的应用，仪表制造工艺日趋完善，外观不再是傻、大、黑、粗，而是变得小巧精致。仪表结构标准化、模块化，可动部件越来越少，可靠性大大增强。现场仪表维护工作主要集中在仪表与检测介质接触的预处理部分，确保满足仪表检测要求即可，仪表本身故障率大大减少。即使仪表本体出现问题，也只需简单地更换故障部件。

② 智能化。仪表的智能化是指采用大规模集成电路技术、微处理器技术、接口通信技术，并利用嵌入式软件协调内部操作，使仪表具有智能化处理的功能，如仪表故障的自诊断功能等。还可以对仪表性能指标数据进行统计分析，使得有针对性地制订仪表预防性维修计划成为可能，大大提升了仪表性能。而且便于信息沟通，还可通过网络组成新型的、开放式的测控系统。

③ 总线化、数字化、无线化。过程控制系统中的现场设备通常称为现场仪表，主要有变送器、执行器、在线分析仪表及其他检测仪表。现场仪表的总线化，使得现场仪表可以通过广泛应用于计算机领域的现场总线技术进行互联。现场总线技术的广泛应用，使得组建集中和分布式控测系统变得更为容易。现场仪表总线化是数字化的基础，也是未来智能工厂及物联网的发展方向。

随着无线通信技术的发展，现场仪表通过无线通信技术与控制系统互联也是一个发展趋势，目前无线智能变送器在偏远无人值守的站场应用越来越普遍。

④ 网络化。仪表通过现场总线技术及计算机数字化通信技术，使自动控制系统与现场设备加入工厂信息网络，成为企业信息网络的底层，可使智能仪表的作用得以充分发挥。随着工业信息网络技术的发展，以网络结构体系为主要特征的新型自动化仪表系统已经形成。

⑤ 开放性。自动化仪表及系统越来越多采用以 Windows/CE、Linux、VxWorks 等嵌入式操作系统为系统软件核心和高性能微处理器为系统硬件核心的嵌入式系统技术，使得未来的自动化仪表工控系统和计算机网络信息系统的关联将会日趋紧密，两者将不断融

合，界限越来越模糊。数字化、开放性的自动化仪表系统具备计算机系统所需要的所有接入方式，完善的通信接口及标准化的通信协议可连接多种现场测控仪表或执行器设备，在过程控制系统主机的支持下，通过网络形成具有特定功能的测控系统，实现了多种智能化现场测控设备的开放式互联系统，真正做到数据资源共享。

（2）应用层面：

① 依靠在线分析仪表指导生产操作越来越普遍。通过在线分析仪表实时分析产品及中间组分的理化指标变化情况，指导生产操作，并对操作变化做出快速反应，使得生产操作对在线分析仪表的依赖作用越来越大。而在线分析仪表的预处理部分仍然是确保在线分析仪表正常使用的关键。

② 视频监控应用越来越深入。视频监控不再仅仅用于安防，而是越来越多地用于生产监控，例如加热炉炉膛视频监控等，随着图像识别技术的发展，视频监控设备会越来越多地延伸到设备内部及人力所不及的监控死角，发挥越来越大的作用。

③ 先进控制、优化控制越来越成为提高效益的重要手段。利用计算机技术的技术优势及计算能力，先进控制、优化控制等先进控制方法的应用越来越普及，不仅可以解决传统 PID 单回路控制的局限性，使过程控制更为平稳。还可以实现卡边控制、优化控制、全流程优化控制等，大大提高控制效果，达到节能增效的目的。

④ 环保要求越来越高，生产要求零排放、零泄漏。2016 年我国开始执行史上最严环保法，对炼化企业要求零排放、零泄漏、无污染。所有排放口实行在线监测，每一个排放烟筒要求配置 CEMS 烟气排放在线监测系统。

⑤ 功能安全的理念深入人心。安全仪表系统已从传统的过程控制概念脱颖而出，成为自控领域重要分支，为生产装置的安全运行保驾护航。安全仪表的应用和发展紧紧围绕安全功能和功能安全两大主题，已经发展建立起完备的技术体系和功能安全管理体系。

⑥ 工控系统网络安全上升到国家安全层面。随着工业控制网络与计算机信息管理网络的相互连接渗透交融，工控网络信息安全问题越来越突出，工控系统网络安全防护体系的建立健全迫在眉睫，工控网络信息安全问题已经上升到国家安全层面。工控系统实行等级保护、工控系统安全防护能力测评等工作将制度化、常态化。

（3）管理层面：

① 维修的空间越来越小，维护的工作变得越来越重要。传统仪表的维护维修方式正在发生改变，维修空间越来越小，维护工作越来越重要。现在的仪表都是模块化的，可动部件极少，几乎不需要维修，发现故障即使是厂家也是更换部件或整机更换。现场维保大量的工作是做好仪表的保养维护，确保仪表引压管线畅通等维护性工作。

② 科学化的设备管理手段不断增强，仪表设备生命周期管理、预防性维护检修渐成趋势。传统的故障后维修，正在被建立在科学检测评估前提下的预防性维护所取代，智能仪表设备的故障预报警，状态监测技术越来越成熟；利用热成像仪、声呐检测仪等先进检测设备发现仪表设备故障隐患的应用越来越普及；仪表设备生命周期管理越来越被重视。

③ 管控一体化、智能化工厂方兴未艾。随着计算机技术的飞速发展，工厂管理计算机网络与底层实时工控计算机网络深度联网融合，实现管控一体化，ERP 系统、MES 系统、EM 系统及 OA 系统等管理工具互联互通，大数据、云计算、云平台、物联网及全流程优化等新技术的应用，越来越深入普及，实现智能化工厂，工业 4.0 等已成为企业的设定目标。

④ 传统的仪表维保方式转变为专业化、市场化。原来仪表车间大包大揽的管理模式，正在被专业的维保公司所替代，根据仪表的特性细分为不同的仪表专业，由专业化的仪表检维修队伍，按市场化进行商业承包。

⑤ 两级管理变为一级管理。石化企业的仪表管理模式由原来的两级管理模式变为一级管理模式，变原来的公司级和各二级单位分散管理为集中管理，仪表管理更加直接，更加全面细致。

⑥ 仪表专业技术需求向多学科复合型发展。随着仪表技术的发展，仪表专业与工艺、设备、计算机等相关专业的交叉相容变得越来越深入紧密，优化控制、先进控制必须要懂工艺，机电一体化项目必须要懂机械、电气，智能化工厂更要求懂通信技术、计算机技术，仪表专业不再是单一的 DCS 和现场仪表，而要求是复合型的人才，加速仪表复合型人才的培养迫在眉睫。

5.11.2　仪表资料管理

5.11.2.1　遵循的原则

仪表基础资料是指仪表设备设施的原始资料、文件、图样、档案、标准、规程及软件等，含电子版文件。各企业仪表及自动控制系统基础资料管理应遵循以下管理原则：

（1）集中管理，共同分享原则。

仪表基础资料为企业集体所有，任何人不得占为己有，应在统一领导下分级集中管理，尽量减少保管场所，提高仪表基础资料的完整性、保密性和安全性，便于企业各级人员有效合理使用。

（2）真实性、时效性、完整性原则。

基础资料的建立要资料齐全、数据准确。基础资料发生变化时，要及时整理归档，科学保管，提高管理质量与效率。

（3）坚持 HSE 管理原则。

践行有感领导，落实直线责任，实行属地管理，明确管理人员职责。

（4）纸质与电子信息化管理相结合的原则。

（5）与运行、维护和检修相结合原则。

仪表基础资料的管理要紧密结合仪表设备和自动控制系统运行、维护和检修的需求，分类、整理、归档和保存要充分依据企业管理制度，服务于企业生产需求。

5.11.2.2 管理标准

（1）基础资料管理要求。

① 公司所属各单位仪表车间、仪表维护班应设置专职或兼职资料员，具体负责仪表基础资料管理工作，人员变更时，必须按目录逐次交接。

② 仪表基础资料是仪表管理的基础，必须齐全、准确、规范。应及时更新、不断完善，并充分利用信息化手段，提高基础资料管理水平和效率。

③ 新建项目、技改技措项目、安全环保项目等必须具备完整的竣工验收资料并妥善保管。

④ 有关总结、文件、报表等文字材料，要求精炼、概括、工整和美观。

⑤ 仪表设备、数据发生变更时，应在项目结束后，修改相关图样资料、台账；过程控制计算机软件修改后，应进行软件备份，资料完整存档。

⑥ 技术档案中的图样，要求按国家标准复制，做"手风琴箱式"折叠，正面向外，标题栏角露在右下角；照片要附有编号，填写说明。

⑦ 原始检修交工文件，要装订整齐，按顺序排列编号，保存于设备技术档案内。

（2）基础资料管理完好标准。

① 各类资料种类齐全、使用。

② 各种资料整洁、规格化。

③ 各种资料内容、数据与说明要完整、准确、真实、系统、精炼。

④ 按时填写、归档，保持成套性。

⑤ 排列合理，方便使用。

⑥ 有历史情况。

（3）仪表资料管理标准。

仪表车间应建立健全的仪表资料包括：

① 各装置仪表设备台账和档案资料。

② 各装置仪表汇总表。

③ 仪表检维修作业规程，仪表及其附件检修校验单。

④ 各种仪表技术说明书。

⑤ 标准仪器检定证书和合格证。

⑥ 装置仪表自控系统设计的全套图样。

⑦ 安全联锁台账、图样、方案及工作票／申请票／试验记录。

⑧ 安全仪表台账、检测点分布图、检定证书。

⑨ 各装置静密封点统计表。

⑩ 仪表技术状况月报。

⑪ 仪表故障分析报告。

⑫ 仪表购置技术协议。

⑬ 随机成套资料。

⑭ 仪表变更审批单。

（4）自动控制系统资料管理标准。

仪表车间应建立健全的自动控制系统资料，包括各类过程控制系统及安全仪表系统：

① 系统硬件、软件手册。

② 系统操作手册。

③ 系统组态手册及资料。

④ 系统维修手册。

⑤ 各装置自动控制系统台账和档案资料。

⑥ 自动控制系统检维修作业规程。

⑦ 自动控制系统技术状况季报。

⑧ 自动控制系统运行状态记录。

⑨ 自动控制系统定期维护和检修记录。

⑩ 仪表自动控制系统软件、硬件修改审批单。

⑪ 自动控制系统购置技术协议及开工会纪要。

⑫ 自动控制系统故障分析报告。

⑬ 自动控制系统组态资料。

⑭ 自动控制系统工厂测试报告和现场测试报告。

⑮ 自动控制系统的系统程序、应用程序和组态文件备份光盘。

（5）工程竣工资料管理标准。

仪表及自动控制系统的工程竣工资料应包括：

① 装置的全套仪表自控设计图样、竣工图。

② 设计修改核定单。

③ 全部仪表的单机校验、回路联调及联锁联调记录，仪表风线、导压管线等扫线、试压、试漏记录，报警联锁系统定点值设定记录，电缆绝缘、接地电阻测试记录等。

④ 全部仪表的使用说明书。

⑤ 仪表及自动控制系统合格证书（所有仪表必须有产品合格证和防爆认证，计量仪表要有计量认证和有效的检定证书，安全仪表要有计量认证和消防认证）。

⑥ 隐蔽工程资料和记录。

⑦ 高温高压管线与管件材质合格证书。

⑧ 脱脂记录。

⑨ 工程交接证书。

⑩ 自动控制系统结构图、机柜柜内布置图、端子接线图等随机图样。

⑪ 自动控制系统硬件维护手册、软件介质及说明书。

⑫ 自动控制系统操作及组态说明书。

⑬ 仪表、自动控制系统购置技术协议及开工会纪要。

（6）自动控制系统软件管理标准。

① 自动控制系统软件（包括系统软件、应用软件、驱动程序等）必须定期进行备份，原则上每年进行一次。每次大检修前、后，软件或组态变更后必须进行备份。软件备份至少两份，介质应异地存放。

② 自动控制系统软件必须进行定点存放，并由专人进行管理，存放地应建立相应的管理制度、管理台账，满足软件介质的存放条件，保证软件的存放质量，做到随时可用。

③ 在用自动控制系统软件要在年度大检修期间（结合点检工作）进行全面检查或抽检，保证系统程序安全稳定可靠、应用程序功能正常、组态参数正确、各点测量准确。

（7）电子文件管理要求。

① 存储在脱机载体上的电子文件资料：

（a）电子文件资料的存储介质应清洁，无病毒、无划痕，信息填写清楚（版本、设备环境、记录格式等）。

（b）保存与纸质等文件内容相同的电子文件时，要与纸质等文件之间相互建立准确、可靠的标识关系。

（c）存放时应远离强磁场、强热源，并与有害气体隔离。

（d）环境温度选定范围：17～20℃。相对湿度选定范围：35%～45%。

（e）电子文件载体至少应有两份，需异地保存。

（f）厂家提供的设备或系统光盘按实际移交数量保存。

② 存储在计算机或应用系统上的电子文件资料：

（a）定期对电子文件进行备份。

（b）具有病毒隔离及防范措施。

（c）限定电子文件查阅、拷贝、编辑权限。

③ 存储电子档案的磁性载体每隔（满）两年、光盘每隔（满）四年应进行一次抽样机读检验，抽样率不低于10%，如发现问题应及时采取恢复措施。

④ 电子档案对磁性载体上的电子档案，应每四年转存一次。原载体同时保留，时间不少于四年。

5.11.3 仪表四率

随着工业生产和计算机技术的飞速发展，自动化控制技术也从石油化工的过程监测、控制、安全保护向智能化、信息化发展，自控仪表设备也随即迅速多样化、智能化，深入到装置的各个过程与角落。

对于仪表自动化控制及管理而言，仪表四率是对仪表自动化系统运行的主要考核项目。仪表四率包括：仪表完好率、仪表使用率、仪表控制率及仪表泄漏率。通过定期对仪表运行主要技术指标进行统计、分析，及时掌握仪表设备运行状况，便于分析仪表设备存在的问题，及时制订、落实整改措施，不断提高仪表自动化系统运行效率。

5.11.3.1 仪表完好率

一类仪表：系统综合误差在允许范围内，指示和记录清晰，信号动作正确，附属设备安装牢固，绝缘良好，管路和阀门不堵不漏，表牌和标志明显，技术资料及校验记录齐全的仪表。

二类仪表：系统中个别点超差但经调校后即符合要求，个别附件有缺陷但并未妨碍仪表正常使用，其他均符合一类仪表要求的仪表。

仪表完好率指在各工艺系统和设备所安装的仪表中，一类、二类仪表数量与安装的仪表总数之比，通常用百分数表示。计算公式见式（5.1）：

$$仪表完好率 = \frac{完好仪表台数}{仪表总台数} \times 100\% \tag{5.1}$$

式（5.1）中的仪表总台数包括现场在用、停用仪表设备。

5.11.3.2 仪表使用率

仪表使用率为投入使用回路数与总回路数之比，通常用百分数表示。计算公式见式（5.2）：

$$仪表使用率 = \frac{投入使用回路数}{总回路数 - 因工艺原因停用回路数} \times 100\% \tag{5.2}$$

在计算仪表使用率时，应将由于工艺原因停用的仪表回路数除外。

5.11.3.3 仪表控制率

仪表控制率为投入控制回路数与总控制回路数之比，通常用百分数表示。计算公式见式（5.3）：

$$仪表控制率 = \frac{投入使用回路数}{总控制回路数 - 因工艺原因停用控制回路数} \times 100\% \tag{5.3}$$

式（5.3）中的仪表投入控制回路数为投入运行的仪表中投入自动控制的回路数，在计算仪表控制率时，应将由于工艺原因停用的控制回路数除外。

5.11.3.4 仪表泄漏率

有一处泄漏，就算一个泄漏点，不论是密封点或因焊缝裂纹、砂眼、腐蚀及其他原因造成的泄漏均作泄漏点统计。

仪表泄漏率为泄漏的密封点数占总密封点数之比，通常用千分数表示。计算公式见式（5.4）：

$$仪表泄漏率 = \frac{泄漏点数}{总密封点数} \times 1000‰ \tag{5.4}$$

5.11.3.5　技术目标指标

各个企业因实际情况指标有所不同，一般情况要求如下：

（1）仪表完好率≥95%。

（2）仪表使用率≥95%。

（3）仪表控制率≥90%。

（4）仪表泄漏率≤0.5‰。

5.11.4　现场仪表管理

5.11.4.1　常规仪表的完好性检查

（1）压力仪表完好性检查：

① 外观检查：检查仪表外壳应无脱漆、锈蚀、破损、裂痕及被撞击的痕迹；检查仪表零部件应完好齐全并规格化；检查仪表铭牌应清晰无误，检查仪表安装支架是否牢固，所配防护设施、保温设施完好无损。

② 电气密封检查：检查仪表电缆绝缘层和防爆软管是否有老化、破损现象，防爆软管或电缆接头是否密封良好，检查接线盒及密封件、各紧固件等有无破裂、缺损、松动、老化失效等情况。

③ 泄漏检查：检查仪表的密封点是否有泄漏；检查表体与工艺管道连接处是否有泄漏，主要包括与工艺连接的引压管路、阀门、接头、连接法兰等。

④ 使用环境检查：检查仪表的使用环境温度、湿度是否在技术要求范围内，仪表周围是否存在恶劣条件，容易造成仪表测量不准、故障、老化损坏等情况发生。

（2）压力/差压变送器：

① 检查与工艺设备连接的取压阀、引压管及接头是否腐蚀、损坏。

② 检查仪表引压管保温伴热情况，防止隔离液冻、凝、汽化等；对于差压变送器要求两个引压管处于同一环境温度内。

③ 检查接地是否松动，变送器在运行时，其壳体宜良好接地。

④ 对于安装有冷凝器、集气器、沉降器、隔离器、排气阀、排污阀等设备的引压管路，需检查这些设备是否有腐蚀、损坏、变形及泄漏等现象。

⑤ 对于采用吹气法测量压力或差压的变送器，需检查反吹管路是否腐蚀、泄漏，检查吹气流量是否满足要求。

（3）单/双法兰变送器：

① 检查法兰与设备连接部分的密封是否良好；法兰与毛细管、毛细管与变送器的连接部分及毛细管本身是否有液体泄漏、扭曲、挤压、腐蚀等不良情况。

② 检查仪表保温伴热是否正常，防止伴热温度过高损害测量膜盒，对于双法兰变送器还要求两根毛细管处于同一环境温度内。

（4）电接点压力表：

① 检查铅封装置是否完整无损。

② 检查表盖、接线盒的密封件 O 形环与密封脂是否老化失效，表盖与接线盒螺纹是否旋紧。

③ 检查接线是否牢固可靠，不准直接将导线头绕接，接线螺纹与螺孔要旋动良好，且紧固力要强。

（5）温度仪表完好性检查：

① 外观检查。

检查仪表外壳应无脱漆、锈蚀、破损、裂痕及被撞击的痕迹，检查仪表零部件应完好、齐全并规格化，检查仪表铭牌应清晰无误，检查仪表安装支架是否牢固，所配防护设施、保温设施完好无损。

② 电气密封检查。

检查仪表电缆绝缘层和防爆软管是否有老化、破损现象，防爆软管或电缆接头是否密封良好，检查接线盒及密封件、各紧固件等有无破裂、缺损、松动及老化失效等情况。

③ 泄漏检查。

检查仪表的密封点是否有泄漏：检查表体与工艺管道连接处是否有泄漏，主要包括与工艺连接的引压管路、阀门、接头、连接法兰等。

④ 使用环境检查。

检查仪表的使用环境温度、湿度是否在技术要求范围内，仪表周围是否存在恶劣条件，容易造成仪表测量不准、故障和老化损坏等情况发生。

（6）流量仪表完好性检查：

① 外观检查。

检查仪表外壳应无脱漆、锈蚀、破损、裂痕及被撞击的痕迹；检查仪表零部件应完好、齐全并规格化；检查仪表铭牌应清晰无误；检查仪表安装支架是否牢固，所配防护设施、保温设施完好无损。

② 电气密封检查。

检查仪表电缆绝缘层和防爆软管是否有老化、破损现象，防爆软管或电缆接头是否密封良好；检查接线盒及密封件、各紧固件等有无破裂、缺损、松动及老化失效等情况。

③ 泄漏检查。

检查仪表的密封点是否有泄漏；检查表体与工艺管道连接处是否有泄漏，主要包括与工艺连接的引压管路、阀门、接头、连接法兰等。

④ 使用环境检查。

检查仪表的使用环境温度、湿度是否在技术要求范围内，仪表周围是否存在恶劣条件，容易造成仪表测量不准、故障、老化损坏等情况发生。

（7）物位仪表完好性检查：

① 外观检查。

检查仪表外壳应无脱漆、锈蚀、破损、裂痕及被撞击的痕迹；检查仪表零部件应完好、齐全并规格化；检查仪表铭牌应清晰无误；检查仪表安装支架是否牢固，所配防护设施、保温设施完好无损。

② 电气密封检查。

检查仪表电缆绝缘层和防爆软管是否有老化、破损现象，防爆软管或电缆接头是否密封良好；检查接线盒及密封件、各紧固件等有无破裂、缺损、松动及老化失效等情况。

③ 泄漏检查。

检查仪表的密封点是否有泄漏；检查表体与工艺管道连接处是否有泄漏，主要包括与工艺连接的引压管路、阀门、接头及连接法兰等。

④ 使用环境检查。

检查仪表的使用环境温度、湿度是否在技术要求范围内，仪表周围是否存在恶劣条件，容易造成仪表测量不准、故障、老化损坏等情况发生。

5.11.4.2　过程控制仪表的完好性检查

（1）系统硬件日常巡检：

① 检查空调设备运行情况，检查环境条件是否满足系统正常运行的要求，避免由于温度、湿度急剧变化导致在系统设备上凝霜。

② 检查防小动物危害措施、电缆出入口封闭情况、防水情况。

③ 保证电缆接头、端子、转插接器不被碰撞，接触良好。

④ 检查机房消防设施是否完好。

⑤ 检查系统风扇的运转情况，重点检查排风扇运行情况，出现噪声应及时对风扇轴承润滑，并定期更换或清洗过滤网。

⑥ 检查系统机柜接地情况，接头无氧化锈蚀，保护层无破损。检查回路电缆接地是否完好，信号电缆屏蔽层接地是否良好。

⑦ 检查操作室机柜室设备完好情况，电源工作指示灯应正常，无电源故障报警。

⑧ 检查备用电池的标签，看有效时间是否到期，如到期要及时更换。

⑨ 保证备件的正确存放方式及条件，备件应放在防静电的塑料袋中。

⑩ 建立硬件设备归档及维护档案。

（2）系统软件的日常维护管理：

① 键锁开关的钥匙要由专人保管，密码要注意保密。

② 严格按照操作权限执行操作。

③ 系统盘、数据库盘和用户盘必须备份，要有清晰的标记，应放在金属柜中妥善保管。备份至少保证两套，异地存放。应用软件如果有大的变更，必须及时备份。同时要建

立系统应用软件备份清单。

④ 系统软件及重要用户软件的修改要经过主管部门批准后方可进行。

⑤ 用户软件在线修改，必须有安全检查防范措施，有看护人，且做好记录。软件变更要入档，并通知操作和维护人员。

⑥ 操作站操作系统临时文件检查：检查硬盘剩余空间，检查历史文件和系统文件所在目录空间占用情况。

⑦ 操作站防病毒情况检查：注意操作站（工程师站）计算机的防病毒工作，不使用、不安装控制系统不需要的软件；不使用未经有效杀毒的可移动存储设备（如软盘、移动硬盘、U盘等）；不在控制系统网络上连接其他未经有效杀毒的计算机；不将控制网络联入其他未经有效技术防范处理的网络等。

⑧ 操作站运行一定时期后（通常三个月），用操作系统提供的磁盘整理程序整理硬盘。

⑨ 检查系统进程及 CPU 负荷情况。

⑩ 检查各系统时钟同步情况。

⑪ 检查系统 SOE 事件记录功能是否启动。要根据自控系统特点定期对 SOE 功能通信状态进行检查，对 SOE 事件进行归档、清理，并做好记录，保证 SOE 功能工作正常。

⑫ 检查系统软件、资料是否齐全、完整，软件数据是否读取正常。

⑬ 当操作站计算机由于异常断电、人为等原因，计算机不能启动时，按照"控制系统装机规程"要求重新安装操作系统和系统软件。

5.11.4.3　仪表的示值检查

仪表正常运行时，示值检查主要体现在以下几个方面：

（1）向当班工艺人员了解仪表运行情况及示值准确情况。

（2）检查仪表电源是否供上，电压是否符合要求。

（3）正常工况下，仪表示值应在全量程的 20%～80%，且仪表示值无大幅度波动或跳变。

（4）查看仪表示值趋势，趋势应平稳，无异常测量值。

（5）调节阀主要查看行程与输出信号是否一致，阀杆应运动平稳，调节阀动作时无喘振、无异常声音及配管无异常振动。

5.11.4.4　强制保养

仪表设备正常使用的前提和基础是设备的日常维护和保养。为防止设备老化，维持设备性能，需要进行卫生清扫、润滑、排污、紧固等日常维护保养工作。设备保养的意义在于设备在长期使用中部件磨损直接影响到设备的稳定性、可靠性，甚至会导致设备丧失其固有的基本性能，无法正常使用，因此要科学合理地制订设备的强制保养计划。强制保养必须遵循"养修并重，预防为主"的原则，做到定期保养、强制执行，延长设备的使用寿命，降低设备运行维修成本，确保安全生产。常规仪表的强制保养一般内容有：

（1）对于安装现场振动大的仪表及接线盒，要求原则上半年对接线端子检查并紧固一次，紧固应在仪表停用的前提下进行。

（2）仪表绝缘检测：在停电情况下，拆下接线用500V兆欧表检查仪表接线端子与外壳间的绝缘电阻，该电阻应大于20MΩ。仪表的检测周期随仪表校验周期。

5.11.4.5　仪表及辅助设施的卫生清理

做好仪表的卫生清理工作不但能有效提高仪表的清洁程度，提升现场仪表管理的目视标准化水平，更能防止脏污对仪表的污染导致电气短路或影响仪表的正常使用。

（1）卫生清理的分类：

① 生产车间负责岗位操作台、控制室及现场仪表盘正面，以及现场对讲话筒等操作人员经常使用的仪表及仪表盘面的卫生管理。

② 除生产车间负责仪表及仪表盘面的卫生外，其他所有仪器仪表、仪表柜、仪表盘、接线箱等的卫生管理均由仪表车间负责。

（2）清洁方式：

① 一般仪表的卫生清理常用毛刷、干布或蘸有绝缘油的纱布，将仪表的外表擦刷干净。尽量不使用蘸水的湿布抹擦，避免水汽侵入仪表内部而受潮，防止外壳脱漆或部分生锈。

② 对于有油污的仪表表面，可用抹布蘸少量无水乙醇或四氯化碳进行擦除。

③ 清理仪表内部的积尘时，可用吹风机、皮老虎吹干净，或用小毛刷轻轻扫干净。装置的关键仪表建议在检修时进行清理，以防止误动作。

④ 对于带有防尘罩的仪表，需将防尘罩拆下移至远离仪表处统一进行除尘，该仪表可用干净的塑料布等进行临时防护。

（3）卫生清理的要求：

① 一般仪表及仪表盘、操作台等表面、内部要每月清扫一次。

② 对于运行环境粉尘较多的厂房、包装线等区域仪表要每周清扫一次，并做好防粉尘进入等措施。

③ 对于不可带电清扫的仪表、仪表盘要利用停车抢修、检修的时机进行清扫。

④ 北方地区冬季下雪后，室外仪表表面上的积雪要及时清理。

5.11.5　在线分析仪表管理

在线分析仪表（on-line analyzers）又称过程分析仪表，是指直接安装在工艺流程中，对物料的组成成分或物料参数进行自动连续地测量、分析、指示的分析仪器。在线分析仪表广泛应用在石油化工生产和环境保护污染源（烟气、污水）排放连续自动监测和排污总量控制中。在线分析仪表按被测介质的相态可分为气体分析仪和液体分析仪；按测定方法可分为光学分析仪器、电化学分析仪器、色谱分析仪器、物性分析仪器及热分析仪器等。其中气体分析仪表包括红外线分析仪、热导式气体分析仪、氧分析仪、硫比值分析仪、CEMS 烟气分析仪、色谱分析仪及质谱分析仪等。液体分析仪表主要是常见的水分析仪表，包括 pH 计、电导仪、COD、ORP、浊度计、氨氮分析仪、水中油、余氯、铵离子及硅分析仪等。

在线分析仪表运行维护及检修范围包括取样单元、样品预处理系统、配套附属设施、仪表电源信号回路及在线分析仪本体的检修。

5.11.5.1 在线分析仪表完好性检查

（1）红外线分析仪完好性检查：

① 取样装置完好性检查。

（a）取样装置零部件、附件齐全。

（b）紧固件无松动、无泄漏、无堵塞，可动件控制灵活自如。

（c）处理后的样品能满足预处理系统的要求。

（d）外壳无油污、无腐蚀，无明显损伤。

（e）所处环境无强烈振动，腐蚀性弱，清洁干燥。

（f）取样装置及输送管路排列整齐，可视部件显示清晰，控制方便。

（g）取样装置及部件保温、伴热、制冷等符合技术及现场安全运行要求。

② 预处理装置完好性检查。

（a）系统运转正常，经处理后的样品能满足分析仪表安全稳定运行的要求。

（b）系统及预处理各部件长期运行中无腐蚀、无堵塞、无泄漏。

（c）旁路放空或排放回收的样品不影响分析仪表的正常工作并符合安全规定。

（d）预处理系统无油污、无灰尘，无明显损伤。

（e）所处环境无强烈振动，腐蚀性弱，清洁干燥。

（f）系统与外部管路排列整齐，可视部件显示清晰，控制方便，并有足够的维护检修空间。

（g）取样装置及部件保温、伴热、制冷等符合技术及现场安全运行要求。

③ 分析仪本体完好性检查。

（a）分析仪表零部件、附件齐全完好。

（b）仪表铭牌清晰。

（c）紧固件无松动、无泄漏，插接器接触良好，可动件控制灵活自如。

（d）仪表外壳无油污、无灰尘，油漆无脱落，无明显损伤。

（e）所处环境无强烈振动，腐蚀性弱，清洁干燥。

（f）仪表的运行质量达到规定的技术性能指标。

（2）热导分析仪完好性检查：

① 取样装置完好性检查。

（a）检查取样探头处是否存在跑冒滴漏等现象。

（b）检查前级减压阀出口压力值（0.05～0.4MPa），判断探头是否存在堵塞现象。

（c）检查前级预处理箱门是否处于关闭状态。

（d）检查前级预处理箱温度是否正常维持。

（e）定期利用试漏液测试接头泄漏情况。

②预处理装置完好性检查。

（a）查看样品压力（0.05～0.1MPa）、加热控制温度等指示值是否偏离设定值。

（b）检查旁路流量计流量值情况（100～400L/h）。

（c）检查进表流量计流量值情况（30～60L/h）。

（d）检查可视过滤器和玻璃浮子流量计是否有积液和表面污染的情况。

（e）定期检查过滤器滤芯的污染情况。

（f）检查排放水封或凝液罐等液体积累情况。

（g）定期利用试漏液测试接头泄漏情况。

③分析仪本体完好性检查。

（a）查看仪表外观是否完整完好。

（b）检查电器单元配置和相关线路连接是否正常完好。

（c）查看系统管路配置和相关连接是否正常完好。

（d）查看仪表供电电源状态指示。

（3）色谱仪完好性检查：

①取样装置完好性检查。

（a）取样器检查：保持管道中压力检查取样探头处是否存在跑冒滴漏等现象。保持管道中压力检查取样法兰焊点无泄漏，螺栓螺母满帽，垫片无压偏、无泄漏。检查前级减压阀出口压力值（0.05～0.4MPa），判断探头是否存在堵塞现象。

（b）前处理箱检查：检查前级预处理箱门是否处于关闭状态。检查前级预处理箱伴热投用情况，温度是否正常并恒定。前处理箱内部件无泄漏。检查前处理箱内减压阀完好情况，压力设定是否符合要求。流量计设定情况，样品流量是否满足要求。

（c）定期利用试漏液测试接头泄漏情况。

②预处理装置完好性检查。

（a）预处理箱检查：检查前级预处理箱门是否处于关闭状态。检查预处理箱伴热投用情况，温度是否正常并恒定。

（b）检查减压阀运行情况，查看样品压力（一般情况下应为0.05～0.1MPa）是否偏离设定值。

（c）查看加热器控制温度等指示值是否偏离设定值。

（d）检查旁路流量计流量值情况（一般情况下应为100～400L/h）。

（e）检查进料表流量计流量值情况（一般情况下应为30～60L/h）。

（f）检查可视过滤器和玻璃浮子流量计是否有积液和表面污染的情况。

（g）定期检查过滤器滤芯的污染情况，发现异常，及时清理。

（h）检查排放水封或凝液罐等液体积累情况，根据积液情况，定期排放。

（i）定期利用试漏液测试接头泄漏情况。

（j）定期检查流路阀动作是否准确。

③ 分析仪本体完好性检查。

（a）查看仪表外观是否完整完好。

（b）检查电气单元配置和相关线路连接是否正常完好。

（c）查看系统管路配置和相关连接是否正常完好。

（d）查看辅助配套部件是否处于正常工作状态。

（e）查看仪表供电电源状态指示。

（f）查看仪表故障状态指示和记录故障代码描述。

（g）查看仪表各辅助气体压力值是否偏离设定值（仪表风管网压力最小不能低于 0.5MPa）。

（h）查看防爆装置是否完好。

（4）露点分析仪完好性检查：

① 将电源适配器插入 220V 交流电源上，直流输出插头插入仪器后面板上的"DC9V"电源插孔。把电极装在电极架上，取下仪器电极插口上的短路插头，插上电极。注意电极插头在使用前应保持清洁干燥，切忌被污染。

② 检查所有连接是否牢固，是否存在泄漏。

③ 检查仪表的所有连接是否正确。特别是需要检查所有软管连接是否安全、可靠，避免出现泄漏，确保需要用力方可拔下软管。

④ 检查所有的软管是否有损坏。

（5）质谱仪完好性检查：

① 取样装置完好性检查。

（a）检查取样探头处是否存在跑冒滴漏等现象。

（b）检查前级减压阀出口压力值（0.05～0.4MPa），判断探头是否存在堵塞现象。

（c）检查前级预处理箱门是否处于关闭状态。

（d）检查前级预处理箱温度是否正常维持。

（e）定期利用试漏液测试接头泄漏情况。

② 预处理装置完好性检查。

（a）查看样品压力（0.05～0.1MPa）、加热控制温度等指示值是否偏离设定值。

（b）检查旁路流量计流量值情况（100～400L/h）。

（c）检查进表流量计流量值情况（30～60L/h）。

（d）检查可视过滤器和玻璃浮子流量计是否有积液和表面污染的情况。

（e）定期检查过滤器滤芯的污染情况。

（f）检查排放水封或凝液罐等液体积累情况。

（g）定期利用试漏液测试接头泄漏情况。

③分析仪本体完好性检查。

（a）查看仪表外观是否完整完好。

（b）检查电气单元配置和相关线路连接是否正常完好。

（c）查看系统管路配置和相关连接是否正常完好。

（d）查看仪表供电电源状态指示。

（6）氧化锆分析仪完好性检查：

①取样装置完好性检查。

（a）检查连接法兰是否紧固，有无渗漏等现象。

（b）检查接线是否紧固、正确。

（c）检查气路是否泄漏。

（d）检查外表有无损伤、腐蚀。

②分析仪本体完好性检查。

（a）检查仪表外观铭牌是否良好，液晶显示是否正常。

（b）检查仪表接线是否正确紧固。

（c）检查防爆措施是否符合规范。

（7）磁压式氧分析仪完好性检查：

①取样装置完好性检查。

（a）检查取样气路及阀门有无泄漏情况。

（b）冬季检查保温层是否破损，伴热温度是否正常。

②预处理装置完好性检查。

（a）检查气路管线是否有泄漏现象。

（b）检查气路压力、流量是否在规定范围内。

（c）冬季检查保温层是否破损，伴热管线及预处理箱温度是否正常。

③分析仪本体完好性检查。

（a）检查仪表外观铭牌是否良好，液晶显示是否正常。

（b）检查仪表接线是否正确紧固。

（c）检查仪表接地是否良好。

（d）检查防爆措施是否符合规范。

（e）检查环境应无振动源。

（8）热值分析仪完好性检查：

①电源检查。

该系统使用交流 115V 或 230V 电源。该交流电源被转换成各级直流电压，包括打火装置的高电压。必须采取适当的预警告，以防止点燃分析仪周围的可燃材料。如果分析仪或采样系统外壳打开，必须采取预警告，以防触电。

加到分析系统的交流电源必须是无噪声、无浪涌、无尖峰和跌落冲击，以保证系统正确地运行。交流电源电路开关和导线规格必须满足电流要求。所有导线安装必须满足电气规范。

② 瓶装气体检查。

该 Flo-Cal 系统可用一个或多个气瓶。该瓶装气体可有很高的压力。如该瓶没有安装适当的减压器而该瓶上阀门的损坏或打开，可造成人员或设备的严重损坏。在搬运气瓶时，瓶上阀门的上方的保护盖必须随时装上。如果该瓶没拆下减压器或瓶保护盖未装上，不得移动此瓶。拆下保护盖时，该瓶必须被安全地锁牢。

燃气类型和位置，必须做清楚的标记，防止把错误的燃气接到该系统。带可燃气体的气瓶，不能装在封闭的空间。必须采取适当的措施，确保在气瓶泄漏情形下不产生爆炸混合物。为燃烧用的空气不得含有碳氢化合物、湿气或其他杂质，以防干扰操作、增加读数或产生其他问题。

③ 采样和标准气检查。

被测采样气和校准用标准气是易燃的和对人或环境有危险的。必须采取适当的预警告，以避免点燃采样、伤害人员或污染环境。采样和标准气通常是被压缩的，必须采取特殊的预警告，采样和校准系统在任何时间只能由维护人员打开，并确保所有压力已从系统撤除，危险材料已被搬走。

采样和标准气对实际条件具有代表性。过程采样必须及时到达分析仪，并确保其成分浓度不由采样处理而变。采样的滞后时间必须足够短，以保证分析仪的采样足够新鲜。

④ 过滤器检查。

过滤器用于除去采样中的颗粒物质，从而降低了采样系统的维护要求。过滤器必须定期更换或清洗。在维修前，必须撤除过滤器上的所有压力。该过滤器和相关的采样系统在拆除和维修前应先进行适当的清扫。用过的过滤器或过滤器元件应按所有合理规则对过滤中的积存物进行彻底清除。更换过滤器或元件必须是适用的多孔性材料。

⑤ 电磁阀检查。

阀必须正确标记，以防不正确地匹配。阀可能泄漏或泄出。当打开采样系统时，必须采取预警告，以防阀泄漏时伤及人员或损坏设备。

在拆除或断开任何一个阀之前，必须彻底地清除阀内外的危险材料，并撤除全部压力。安装一个新阀或维修一个阀时，所有的连接件和表面必须泄漏检查。

⑥ 排放口检查。

排放口用于排放该分析仪系统产生的废气。该排放口必须安排在一个安全位置，以防伤害人员。该排放口处的背压必须是最小的，以防降低系统性能。必须避免用长的排放管道。必须采取预警告，以防冷凝不能在排放管道中蓄积。

（9）pH 分析仪完好性检查：

① 通电是否正常。确保供电电压与分析仪铭牌上的标识电压一致。

② 检查所有管路连接是否牢固，是否存在泄漏。

③ 检查仪表的所有连接是否正确。特别是需要检查所有连接是否安全、可靠，避免出现泄漏，确保所有接头紧固。

④ 检查所有仪表接线是否牢固，电缆有无破损。

（10）电导率分析仪完好性检查：同 pH 分析仪完好性检查。

（11）钠离子分析仪完好性检查：

① 检查供电电压是否与分析仪铭牌上的标识电压一致。

② 检查所有连接是否牢固，是否存在泄漏。

③ 检查仪表的所有连接是否正确。特别是需要检查所有软管连接是否安全、可靠，避免出现泄漏，确保需要用力方可拔下软管。

④ 检查所有的软管是否有损坏。

⑤ 检查所有试剂瓶是否完好。

（12）SiO_2 分析仪完好性检查：同钠离子分析仪完好性检查。

（13）浊度分析仪完好性检查：

① 通电是否正常。请确保供电电压与分析仪铭牌上的标识电压一致。

② 检查所有连接是否牢固，是否存在泄漏。

③ 检查仪表的所有连接是否正确。特别是需要检查所有软管连接是否安全、可靠，避免出现泄漏，确保需要用力方可拔下软管。

④ 检查所有的管路是否有损坏。

（14）溶解氧分析仪完好性检查：同 pH 分析仪完好性检查。

（15）COD 分析仪完好性检查：同钠离子分析仪完好性检查。

（16）氨氮分析仪完好性检查：同钠离子分析仪完好性检查。

（17）酸度分析仪完好性检查：

① 将电源适配器插入 220V 交流电源上，直流输出插头插入仪器后面板上的"DC9V"电源插孔。把电极装在电极架上，取下仪器电极插口上的短路插头，插上电极。注意电极插头在使用前应保持清洁干燥，切忌被污染。

② 检查所有连接是否牢固，是否存在泄漏，是否有废液溢流。

③ 检查仪表的所有连接是否正确。特别是需要检查所有软管连接是否安全、可靠，避免出现泄漏，确保需要用力方可拔下软管。

④ 检查所有的软管是否有损坏。

（18）密度分析仪完好性检查：

① 通电是否正常。请确保供电电压与分析仪铭牌上的标识电压一致。

② 检查所有连接是否牢固，是否存在泄漏。

③ 检查仪表的膜盒是否有破损。

（19）水分分析仪完好性检查：

① 检查所有电缆连接是否牢固，是否存在虚接现象。

② 通电是否正常。请确保供电电压与分析仪铭牌上的标识电压一致。

③ 检查探头的密封性是否正常，是否有破损。

④ 检查变送器接线是否正常。

（20）比值分析仪完好性检查：

① 采样装置完好性检查。

（a）检查蒸汽夹套阀是否有泄漏。

（b）检查连接法兰是否有泄漏。

② 预处理装置完好性检查。

（a）检查恒温箱是否密封完好。

（b）检查引射风压力表是否完好。

③ 分析仪本体完好性检查。

（a）检查分析仪显示是否正常。

（b）检查各仪表风压力表是否完好。

（21）液相氨碳比分析仪表完好性检查：

① 取样装置完好性检查。

（a）取样管线检查：保持管道中压力检查取样管线焊口处不存在跑冒滴漏等现象。保持管道中压力检查取样法兰焊点无泄漏，螺栓螺母满帽，垫片无压偏、无泄漏。检查取样三通阀动作情况，判断根部一次取样阀是否存在堵塞现象。

（b）伴热管线检查：检查夹套伴热取样及排放管线的伴热投用情况，温度是否正常并恒定。焊口部件无泄漏。

（c）定期利用冲洗水泵打压测试接头泄漏情况。

② 冲洗水装置完好性检查。

（a）冲洗水泵检查：检查冲洗水是否处于流通状态。检查冲洗水泵投用情况，流量是否正常并恒定。

（b）检查冷却水泵运行情况，查看出口压力（一般情况下应为15MPa）是否偏离设定值。

（c）检查取样三通阀动作情况。

（d）检查冲洗水旁路阀是否关闭，是否有排放。

（e）检查冲洗水管线是否有泄漏。

③ 冷却水装置完好性检查。

（a）冷却水泵检查：检查脱盐水是否处于流通状态。检查冷却水水泵投用情况，流量是否正常并恒定。

（b）检查冷却水泵运行情况。

（c）查看仪表风出口压力（一般情况下应为 0.4MPa）是否偏离设定值。

（d）检查冷却水调节阀动作情况。

（e）检查冲冷却水管路是否有泄漏。

④ 预处理装置完好性检查。

（a）预处理箱检查：检查箱门是否处于关闭状态。检查预处理箱伴热投用情况，温度是否正常并恒定。

（b）检查水冷器的运行情况，各处接口无泄漏。

（c）查看加热器控制温度等指示值是否偏离设定值（一般情况下应为 50℃）。

（d）检查进表压力值情况（一般情况下应为 0.3MPa）。

（e）检查进表流量计流量值情况（一般情况下应为 60L/ h）。

（f）检查背压阀压力是否可调节，是否偏离设定值（一般情况下应为 0.3MPa）。

⑤ 分析仪本体完好性检查。

（a）查看仪表外观是否完整完好。

（b）检查电气单元配置和相关线路连接是否正常完好。

（c）查看系统管路配置和相关连接是否正常完好。

（d）查看辅助配套部件是否处于正常工作状态。

（e）查看仪表供电电源状态指示。

（f）查看仪表故障状态指示和记录故障码描述。

（22）CEMS 烟气分析仪完好性检查：

① 取样装置完好性检查。

（a）外观检查：检查取样探头单元是否清洁、完好，仪表铭牌是否清晰。

（b）检查取样伴热管是否有老化、破损现象。发现问题，及时处理，恢复采样功能。

（c）检查取样电磁阀动作时有无异常声音，电磁阀及采样管线有无振动。发现问题，及时处理。

（d）检查取样单元探头加热组件，检查接线端子是否松动。对于安装现场振动大的取样单元的加热组件电气部分，要求原则上半年对接线端子检查并紧固一次。

（e）检查探头滤芯、取样伴热管是否堵塞，发现问题，必须马上处理。

（f）检查取样探头反吹单元是否正常，反吹气源是否正常。

② 预处理装置完好性检查。

（a）烟气系统检查采样泵、制冷器、过滤器、采样流量是否正常。

（b）烟尘系统检查鼓风机、风管、空气过滤器等部件工作是否正常。

（c）流速系统检查皮托管的反吹管路、控制阀等是否正常。

③ 分析仪本体完好性检查。

（a）检查各分析仪表体是否有破损。

（b）各分析仪是否正常显示。

（c）各连接管路是否有松动脱落现象。

5.11.5.2　在线分析仪表运行状态检查

（1）红外线分析仪运行状态检查：

① 取样装置，包括根部阀的开度检查、探头管阀件泄漏检查等。

② 伴热保温装置，包括电加热、蒸汽伴热及其他伴热的检查和调整。

③ 预处理系统检查，包括减压阀、节流部件、限流孔板、显示部件、喷射器、增压泵、制冷器等，排污阀、疏水器、旁路阀及放空阀等的检查和调整，供预处理系统正常工作的电源、气源、水源和仪表空气等的电压或压力、流量的检查和调整，系统泄漏检查等。

④ 检查分析仪的各状态灯的状态确认，分析仪示值观察与检查。

（2）热导分析仪运行状态检查：

① 检查仪表是否仍处于上电且运行状态。

② 查看和记录热导分析仪故障代码和故障描述。

③ 查看测量值状态，是否符合正常范围且无波动。

④ 查看热导传感器参数，是否在正常状态。

（3）色谱仪运行状态检查：

① 检查色谱仪的工作状态有无报警发生。

色谱处于上电且运行状态。如发现报警，查看和记录色谱故障代码和故障描述，查看电子单元各部件是否存在故障或警告指示灯。查看电子单元是否有线路虚插、接口脱离等现象。

② 检查色谱仪工作状态指示灯有无异常。

③ 色谱仪的工作条件是否满足数据手册的要求。

（a）吹扫气体压力是否正常。

（b）载气压力、流量是否正常。

（c）燃料气体的压力、流量是否正常。

（d）样品压力、流量是否正常。

（e）色谱柱炉体控制温度是否正常稳定。

（f）流路切换是否正常。

（g）色谱仪是否能够进行正常操作。

④ 如果是 FID 或者 FPD 检测器，那么氢火焰是否在正常燃烧。

⑤ 色谱出峰是否正常，色谱峰是否正常（包括基线水平、保留时间偏移量、进样峰高度等）。

⑥ 分析结果是否正确（是否处于正常区间）。

⑦ 色谱仪的运行参数是否完整。

⑧ 输出到 DCS 的结果是否正常等。

（4）露点分析仪运行状态检查：

① 检查气流是否洁净，尤其气流中不能含有颗粒物和烟雾。

② 检查过滤器是否堵塞，如果堵塞使用清洁仪表风吹扫。

③ 检查减压装置，以保证样品气对分析仪的压力在 20～50psi 范围内。

④ 检查在线分析仪表有无错误提示。

（5）质谱仪运行状态检查：

① 检查仪表是否仍处于上电且运行状态。

② 查看和记录分析仪故障码和故障描述。

③ 查看测量值状态，是否符合正常范围且无波动。

④ 通过工程师站查看在线质谱参数，是否在正常状态。

（6）氧化锆分析仪运行状态检查：

① 检查分析仪显示屏显示氧气含量是否符合正常范围，分析仪有无报警信息或故障码。探头温度等信息是否正确。

② 检查远程端是否正确显示氧含量，是否有报警信息。

（7）磁压式氧分析仪运行状态检查：

① 检查分析仪显示屏显示氧气含量是否符合正常范围，分析仪有无报警信息或故障码。

② 检查远程端是否正确显示氧含量，是否有报警信息。

（8）热值分析仪运行状态检查：

① 初次启动检查。

如果启动一个新装的或进行了大范围维修后的系统，则必须执行下列步骤：

（a）电源接线检查：

——正确的导线规格。

——正确的断路器规格。

——正确的安装（电压、导体、密封灌注等）。

——正确的系统接地。

（b）采样系统检查：

——确保所有的残屑和杂物从管路中清除（用鼓风机吹或其他适当设备）。

——检查正确的管路和阀的布置。

——在高于正常或非正常工作压力条件下进行泄漏测试。测试正确的阀的动作。

——确保多孔过滤器滤芯已经插入。

——确保所有背压阀已转到安全位。

（c）仪表空气检查：

——确保所有残屑和杂物从所有管中清除。

——用高于正常工作的压力测试泄漏。

——确保瓶装气体是非常安全和调整过的。背压阀必须装在调压器的下游，以防气瓶的调压器失效时损坏管路和设备。确保任意背压阀切换到安全位置。

——检查空气中的湿度、碳氢化合物或其他杂质。确保空气满足仪器正常运行的技术要求。确保足够的空气流量是可用的。

（d）确保分析仪和采样系统的排放口和烟囱切换到正确的和安全的位置，分析仪的烟囱不能承受明显的反向压力。

（e）确保整个分析仪系统安装满足了所在安装区域要求（例如，所有设备符合该区域的安全级别）。

（f）在白色纸板包装箱中，有一个封装，它在发货前安全地放在仪表壳的里边。从该封装中取出校准配重。

（g）从精密燃气调压器顶部拆下透明有机玻璃盖。该盖由两个螺钉固定。把该配重放在膜片上，确保它能在轴上易于滑动。

② 日常运行状态检查。

（a）检查热值分析仪的工作状态有无报警发生。

（b）检查热值分析仪工作状态指示灯有无异常。

（c）热值分析仪的工作条件是否满足：

——确保所有的残屑和杂物从管路中清除（用鼓风机吹或其他适当设备）。

——检查正确的管路和阀的布置。

——在高于正常或非正常工作压力条件下进行泄漏测试。

——测试正确的阀的动作。

——确保多孔过滤器滤芯已经插入。

——确保所有背压阀已转到安全位。

——吹扫气体是否正常。

——载气压力流量是否正常。

——燃料气体的压力流量是否正常。

——样品压力流量是否正常。

——流路切换是否正常。

——热值分析仪是否能够进行正常操作。

（d）如果是 FID 或者 FPD 检测器，那么氢火焰是否在正常燃烧。

（e）热值分析仪出峰是否正常，热值分析仪峰是否正常（包括基线水平、保留时间偏移量、进样峰高度等）。

（f）热值分析仪结果是否正确（是否处于正常区间）。

（g）热值分析仪的运行参数是否完整。

（h）输出到 DCS 的结果是否正常等。

（9）pH、电导率分析仪运行状态检查：

① 检查监测数据是否正常。

② 检查传感器与管线接口是否有泄漏。

③ 检查在线分析仪表是否有故障信息。

（10）钠离子、SiO_2、COD、氨氮分析仪运行状态检查：

① 定期检查各试剂是否满足使用要求。

② 定期检查废液桶内废液存量，并及时处理排除，切勿造成废液溢流。

③ 定期检查在线分析仪表采样系统，有过滤器堵塞情况及时清理。有采样水泵抽空情况时，及时停泵，进行灌泵，并在灌泵后将采样水泵重新投入使用。

④ 定期检查监测数据是否正常。

⑤ 定期检查在线分析仪表是否有故障信息。

⑥ 定期检查泵进出水口，并确保顺畅。

⑦ 定期检查计量管清洁程度。

（11）浊度分析仪运行状态检查：

① 定期检查外部仪表管路。

② 定期检查在线分析仪表采样系统，有过滤器堵塞情况及时清理。有采样水泵抽空情况时，及时停泵，进行灌泵，并在灌泵后将采样水泵重新投入使用。

③ 定期检查监测数据是否正常。

④ 定期检查在线分析仪是否有故障，并及时处理排除。

⑤ 定期检查泵进出水口，并确保顺畅。

（12）溶解氧分析仪运行状态检查：

① 定期查液位是否满足要求。

② 定期检查延长杆是否有积水。

③ 定期检查在线分析仪表采样系统，有过滤器堵塞情况及时清理。有采样水泵抽空情况时，及时停泵，进行灌泵，并在灌泵后将采样水泵重新投入使用。

④ 定期检查监测数据是否正常。

⑤ 定期检查在线分析仪表是否有故障，并及时处理排除。

（13）酸度分析仪运行状态检查：

① 定期检查监测数据是否正常。

② 定期检查在线分析仪表是否有故障信息。

（14）密度分析仪运行状态检查：

① 定期检查在线分析仪表采样系统，有过滤器堵塞情况及时清理。有采样水泵抽空情况时，及时停泵，进行灌泵，并在灌泵后将采样水泵重新投入使用。

② 定期检查监测数据是否正常。

③ 定期检查在线分析仪表是否有故障，并及时处理排除。

④ 定期检查泵进出水口，并确保顺畅。

（15）水分分析仪运行状态检查：

① 定期检查液位是否满足要求。

② 定期检查探头杆是否有锈蚀。

③ 定期检查在线分析仪表采样系统，有过滤器堵塞情况及时清理。有采样水泵抽空情况时，及时停泵，进行灌泵，并在灌泵后将采样水泵重新投入使用。

④ 定期检查监测数据是否正常。

⑤ 定期检查在线分析仪表是否有故障信息。

（16）比值分析仪运行状态检查：

① 检查仪表显屏，仪表数据是否正常。

② 检查进入喷射器的仪表空气是否畅通，并具有足够压力。

③ 检查蒸汽压力与温度是否符合规定，保证样品气体的温度不低于129℃。

（17）液相氨碳比分析仪运行状态检查：

① 检查分析仪的工作状态有无报警发生。

分析仪处于上电且运行状态。如发现报警，查看和记录故障指示灯和故障描述，查看 PLC 及现场逻辑盒内电子单元各部件是否存在故障或警告指示灯。查看电子单元是否有线路虚插、接口脱离等现象。

② 检查分析仪工作状态指示灯有无异常。

③ 色谱仪的工作条件是否满足。

（a）冲洗水是否正常。

（b）冷却水是否正常。

（c）样品的压力流量是否正常。

（d）分析仪温度控制是否正常稳定。

（e）分析仪是否能够进行正常操作。

④ 分析结果是否正确（是否处于正常区间）。

⑤ 分析仪的运行参数是否完整。

⑥ 输出到 DCS 的结果是否正常等。

（18）CEMS 烟气分析仪运行状态检查：

① 烟气监测系统 SO_2、NO_x 及 O_2 数据是否正常。

② 烟尘系统检查数据是否正常。

③ 流速系统检查数据是否正常。

④ 其他测量参数压力、温度、湿度是否正常。

⑤ 数据采集传输装置检查各通信线的连接是否松动，数据传输卡上的费用、分析仪、

工控机及数据采集传输仪上的数据是否一致。

5.11.5.3　在线分析仪表强制保养

（1）红外线分析仪强制保养：

① 每月对分析仪样气管线、仪表风管线、伴热管线和接头进行泄漏检查，并进行紧固。

② 每季度对分析仪进行一次通入标准气校验，标定时通 99.999% N_2 检查分析仪零点，再通入量程气检查分析仪的范围，如发现超差，可通过校正零点和量程解决问题。

③ 定期清洗预处理系统各部件，包括过滤器、水冷器、压力调节阀、转子流量计等。

④ 定期对取样、预处理、仪表内部管路进行吹扫。

（2）热导分析仪强制保养：

① 热导分析仪样品预处理部分强制保养。

（a）每季度对预处理系统的样气管线，辅助气体管线，仪表风管线，伴热管线和接头进行泄漏检查或进行紧固。

（b）每半年对预处理系统中的过滤器滤芯进行检查或替换，清洗流量计。

（c）根据介质污染情况严重与否，制订对取样管道、预处理内部管阀件、仪表出口管路等进行吹扫的时间和频次。

（d）每次工厂大检修，需对取样管道进行溶剂清洗（推荐使用无水乙醇或丙酮）。

② 热导分析仪本体强制保养。

（a）每季度对热导进行一次通入标准气的验证或校验，并对色谱数据进行调整，及时填写校验单和设备档案。

（b）每半年对热导进行一次内部气路泄漏检查和流量检查，必要时进行替换。

（3）色谱仪强制保养：

① 每天检查载气钢瓶的压力，钢瓶压力低于 1.0MPa 时要及时更换新载气钢瓶。

② 每天检查燃料气钢瓶的压力，钢瓶压力低于 1.0MPa 时要及时更换新燃料气钢瓶。

③ 定期检查管路密封性能，检查色谱仪燃料气压力、流量、稳定性能等。

④ 每月对钢瓶减压阀工作情况的全面检查，发现故障，及时更换。

⑤ 每月对色谱仪样气管线、载气管线、仪表风管线、伴热管线和接头进行试漏，并进行紧固。

⑥ 每月对色谱仪进行一次通入标准气校验，并对色谱数据进行调整，及时填写校验单和设备档案。

⑦ 每季度对色谱仪进行一次吹扫样气管线，清洗流量计，清洗色谱阀，调整柱流量。

⑧ 根据介质及生产情况定期对取样、预处理、仪表内部管路进行吹扫。

⑨ 在条件允许的情况下，建议由设备厂家每年对设备进行全面的点检工作。内容包括：易损件的更换、色谱柱分离能力的确认、各测量、检测元器件的精度确认等。

（4）露点分析仪强制保养：

① 顶起对外部干燥器（AMETEK PN305400901S 干燥器或相当品）干燥参比气体，含量直到低于 $2.5 \times 10^{-6}\%$。

② 干燥器必须定期更换。在一般使用时，PN305400901S 干燥器干燥 $5 \times 10^{-3}\%$ 的气体的寿命长达一年。

③ 确定分析仪干燥并稳定至少 2h；对采样系统来说，需要 3d。系统在此期间处于报警状态。当干燥完成，石英晶体频率稳定，测量出的数据才稳定。

（5）质谱仪强制保养：

① 每月对在线质谱仪样气管线，仪表风管线，伴热管线（如果有）和接头进行试漏，并进行紧固。

② 每个月检查冷却风扇及空气入口过滤器。如出现过滤器堵塞，及时更换滤芯。

③ 每三个月对在线质谱仪进行一次通入标气（混合气）检验，并根据校验结果，确定是否需要对分析参数进行调整，并及时填写检验单和设备档案。

④ 每半年对在线质谱仪快速多流路进样器（RMS）进行清理，吹扫清理采样臂过滤器滤芯，如必要，请及时更换滤芯。

⑤ 每半年对在线质谱仪外置真空泵的润滑油进行检查，如发现其颜色变深至棕色，且出现明显的杂质和乳化现象，请及时更换润滑油。并且仔细检查预处理系统过滤器及除水设备的运行状态，必要时更换新的滤芯及除水滤膜。

⑥ 定期通过上位机上 Gasworks 提供的在线质谱仪运行状态显示，定期检查离子源灯丝的运行状态。

（6）氧化锆分析仪强制保养：

① 每月对校验气路，仪表风管线进行试漏，并给予处理。

② 每季度进行一次通入标准气校验，并进行调整，及时填写校验单和设备档案。

（7）磁压式氧分析仪强制保养：

① 每月对样气管路、排放管路、校验管路、仪表风线进行试漏，并给予处理。

② 每季度进行一次通入标准气校验，并进行调整，及时填写校验单和设备档案。

③ 每季度对样气管路、排放管路、校验管路、仪表风线进行吹扫。

（8）热值分析仪强制保养：

① 每天检查热值分析仪本机表面的污染情况，做必要的清洁工作。

② 每月对热值分析仪轴部件和本体箱选用合适的软纸和洗涤剂或溶剂清洗剂。

③ 每季度对探头进行检查和停机吹扫。

④ 每半年对过滤器进行一次清洗，如果发现沉淀大量累积或者有磁性物质牢固地处于本体中部，检查过滤器并增加清洗的频率。

⑤ 每次大检修需对吹扫无法消除的电子单元板卡表面的污渍进行清洗（清洗可以用

三氯乙烯、氟利昂或类似的溶剂）。

（9）pH分析仪强制保养：

① 每月清洁pH分析仪传感器。

步骤如下：

（a）用软布小心擦拭传感器的整个测量末端（过程电极，盐桥和接地电极）去除积累的污染物，然后用温热清水漂洗。

（b）准备温和的肥皂液，用温水和不含羊毛脂的洗洁精（以防覆盖玻璃电极表面，影响传感器测试皂）。

（c）将传感器浸泡在肥皂液中2～3min。

（d）用小的鬃毛刷刷洗传感器的整个测量末端，彻底清洗其表面。如果清洗剂不能除去表面的沉积物，那么使用盐酸溶解这些沉积物，此酸液应尽可能稀，但必须满足清洗要求。

（e）再次用干净温热的水冲洗传感器。

（f）清洗之后一定要校准测量系统。如果校准有问题，请参照分析仪操作手册的相关内容。

② 标定：用万用表和两种pH值缓冲液（pH值7和4或pH值为10）测试pH值传感器是否正常工作。

步骤如下：

（a）从分析仪（或接线盒，如有使用互联电缆）上断开传感器的红色、绿色、黄色电缆。

（b）将传感器置于pH值为7的缓冲液中。然后等待传感器温度和缓冲液温度相等。

（c）通过检验传感器温度元件（300Ω电热调节器）黄线和黑线间的电阻，确定温度元件是否正常。在25℃时的读数应介于250～350Ω。

（d）重新连接黄色和黑色电缆。

（e）将万用表的（+）极连接到红色电缆，将（-）极连接到绿色电缆。随着传感器浸入pH值为7的缓冲溶液后，测量直流（DC）电压。传感器"偏移量"读数应该在±50mV之间。如果在此范围，说明传感器在出厂要求范围内。然后记下进黑色电缆。25℃（室温）读数按照（f）的说明进行。如果不在该范围内，请结束测试，更换传感器。

（f）万用表连接后，用清水清洗，然后将其浸入pH值为4或者pH值为10的缓冲溶液中。在测试前使传感器温度与缓冲液温度接近25℃（室温）。如果传感器读数"范围"在pH值为4或pH值为10缓冲溶液中分别比偏移量读数至少高或低于160mV。说明传感器在出厂要求范围内。

（10）电导率分析仪强制保养：

① 每月对在线监测仪表传感器做周期性清洁。

（a）用软布小心擦拭传感器的整个测量末端去除积累的污染物。

（b）准备一些去离子水或者自来水冲洗电极，将电极浸泡 5～10min 或者更长时间，用质地柔软的棉织物擦拭电极，不要将电极碰撞硬物。

② 每次清洗之后一定要校准测量系统。如果校准有问题，请参照分析仪操作手册的相关内容。

（11）钠离子分析仪强制保养：

① 每周检查样水气泡是否均匀，检查碱化瓶中碱化试剂量，少于 1/4 瓶时需添加，检查 KCl 电极液。如需要时，填充电解液。

② 每月用软纸巾清洁钠电极，用电极活化液浸泡电极 0.5min，做一次单点校准。

③ 每年更换钠电极（如需要），做一次两点校准，用中性洗涤剂清洗仪表中的铁沉积物，如果铁沉积物较多，更换反应管。

（12）SiO_2 分析仪强制保养：

① 每月对在线监测仪表做一次标定，校正测量曲线，并填写对应记录。

② 每月与化验合作，做一次标准物质及水样的数据比对，并填写对应记录。

③ 按说明书要求定期更换仪表试剂软管等消耗件，并填写相应记录。

④ 每季度或按实际情况进行分析仪自清洗。

（13）浊度分析仪强制保养：

① 每月进行控制器的清洗。

在外壳关闭严密的情况下，用一块湿布擦洗控制器的外部。

② 光电池窗口的清洗。

有必要清洗光电池窗口，频度取决于溶解于或悬浮于试样中的各种固体的性质和浓度。在窗口上矿物质水垢沉积物中生物的活性是一个最重要的因素，其数值随试样温度而有不同。一般而论，在温暖温度下沉积物增长更多而在低温下则较少。

③ 每季度清洗浊度计本体及气泡捕集器。

在持续使用后浊度计本体内部可能聚积沉淀物。读数中的噪声（波动）会指示必须清洗本体及 / 或气泡捕集器。可能需要拆下仪表的气泡捕集器及底板使清洗更容易进行。在每次进行校正之前进行浊度计排液和清洗。确定一个定期实施的日程表或者根据目检决定是否进行清洗。

清洗浊度计本体遵循以下步骤：

（a）切断通过浊度计本体的试样液流。

（b）从本体上拆下首部总成及气泡捕集器罩盖。垂直提起气泡捕集器把它拆下。把它放在一旁单独清洗。

（c）从浊度计本体底部拧下塞堵，使本体排液。

（d）重新装上排液塞堵，灌入本体清洗溶液直到溢水口高度。该清洗溶液可以含有稀释氯溶液（在 3.78L 水中放入 25mL 家用漂白液）或一种诸如试验室用清洁剂（在 1L 水中放入 1mL 的清洁剂）。

（e）使用一把软毛刷子清洗本体内各个表面。

（f）再次拧下排液塞堵，并用经超滤过的去离子水彻底冲洗浊度计本体。清洗并重新安装塞堵。

④ 清洗气泡捕集器。

遵循以下步骤：

（a）在一个足以容纳浸泡整个气泡捕集器的容器内准备一种清洗溶液（按上面步骤进行）。使用试管刷子，清洗每个表面。

（b）用经超滤过的去离子水彻底清洗气泡捕集器并把它重新安装在浊度计本体内。重新安装气泡捕集器罩盖并在本体顶部安装首部总成。

（c）恢复试样液流通过仪表。

⑤ 如果已完成了上述各个清洗步骤但浊度计各个读数仍然波动，可能需要拆下底板和垫片并予以清洗。仔细进行下列各步骤以确保浊度计整体性完好：

（a）切断通过浊度计本体的试样液流。

（b）从本体上拆下首部，气泡捕集器罩盖及气泡捕集器（通过垂直方向提起）。

（c）从本身底部拧下塞堵使本体排液。

（d）把本体提起离开其安装螺钉。

（e）把浊度计头部朝下倒置，拆下两个菲利普斯头螺钉固定底板。

（f）提起底板使其脱离本体。把垫片放在一旁以备必要时使用。

（g）使用一把软毛刷子和一种稀释清洗溶液（按上述制备方法制备）清洗浊度计底板和本体各个内表面。然后用经过超滤的去离子水冲洗整个本体和底板。

（h）把垫片嵌入底板上压制的沟槽内重新组装底板。

（i）把底板安装在浊度计本体上。

（j）重新安装两个螺钉并小心拧紧到最大 151bf·in 的力矩。

（k）把浊度计重新安装在几个壁面安装螺钉上。

（l）重新安装气泡捕集器及气泡捕集器盖罩，并在本体顶部安装首部总成。

（m）恢复试样液流通过仪表。

（14）溶解氧分析仪强制保养：

① 每月对在线监测仪表做一次标定，校正测量曲线，并填写对应记录。

② 每季度进行一次空气标定，并填写对应记录。

③ 每半年更换仪表半透膜等配件，并填写相应记录。

（15）COD分析仪强制保养：

① 每月对在线监测仪表做一次标定，校正测量曲线，并填写对应记录。

② 每月与化验合作，做一次标准物质及水样的数据比对，并填写对应记录同时上传比对试验结果至上级主管单位。

③ 每季度环保局对在线监测仪表进行一次设备验收，两次验收不通过按规定须更换

仪表。

④ 每两个月更换一次在线监测仪表各种试剂（依据仪表实际运行情况各种试剂均每月更换一次），并填写相应记录。

⑤ 定期更换仪表试剂软管等配件，并填写相应记录。

（16）氨氮分析仪强制保养：同 COD 分析仪强制保养。

（17）酸度分析仪强制保养：

① 每月对分析仪进行标定。

仪器必须使用 4.00、6.86、9.18 三种标准缓冲溶液标定。在 pH 值测量之前，首先需要对仪器进行标定。为取得精确的测量结果，标定时所用标准缓冲溶液应保证准确可靠。

仪器的电极插头和插口必须保持清洁干燥，不使用时应将短路插头或电极插头插上，以防止灰尘及湿气浸入而降低仪器的输入阻抗，影响测定准确性。

不同的样品，应选择相适应的 pH 电极（例如测量强酸、强碱或者纯水）。

在样品测量时，电极的引入导线须保持静止，不要用手触摸。否则将引起测量不稳定。配制标准溶液必须使用二次蒸馏水或去离子水，最好煮沸使用。

要保证标准缓冲液的准确可靠，碱性溶液应装在聚乙烯瓶中密封盖紧。标准缓冲液应存放在冰箱（低温 5～10℃）中保存，一般可保存 2～3 个月。发现有浑浊、发霉或沉淀等现象时，不能继续使用。

标定时，尽可能用接近样品 pH 值的标准缓冲液，且标定液的温度尽可能与样品的温度一致，在仪器使用过程中若更换电极，最好关机后再开机，重新进行标定。

② 每季度更换一次电解液。

③ 按使用情况更换探头。

（18）密度分析仪强制保养：

① 每月对在线监测仪表做一次标定，校正测量曲线，并填写对应记录。

② 每季度与化验合作，做一次标准物质及介质的数据比对，并填写对应记录。

（19）水分分析仪强制保养：同密度分析仪。

（20）比值分析仪强制保养：

① 停工大修时检查测量池，更换石英镜片和密封圈。

② 定期检查电路板各数值是否正常。

（21）液相氨碳比分析仪强制保养：

① 每天检查进样压力，保证压力在设定值。

② 每天检查进样流量，保证流量在设定值。

③ 每季度对分析仪冷却水旁放水进行一次电导检测，确定取样三通阀的泄漏情况。

④ 检修期对取样三通阀和冲洗水旁路阀进行维修并打压试验合格。

（22）CEMS 烟气分析仪强制保养：

① CEMS 烟气分析系统强制检定及校验周期。

（a）通过巡检或远程监视（通过网络平台对设备进行远程监视检查），观察设备运行状况是否正常，分析各设备的监测数据是否正常，分析各设备的报警信息。如发现数据有持续异常情况，应立即进行检查或校验。

（b）定期校准：CEMS 运行过程中的定期校准是质量保证中的一项重要工作。定期校准应做到：

启动自动校准功能的颗粒物 CEMS 应每 24h 至少自动校准一次系统零点和量程。启动自动校准功能的气态污染物 CEMS 应每 24h 至少自动校准一次仪器零点，每周自动校准一次仪器量程（全程校准）。

自动校准功能不启动的颗粒物 CEMS 应至少每三个月用校准装置校正仪器的零点和量程。

自动校准功能不启动的气态污染物 CEMS（直接测量法）至少每 30d 用参比方法检查一次准确度是否符合要求。

自动校准功能不启动的气态污染物 CEMS（抽取法）至少每 15d 用零气和高浓度标准气（80%～100%的满量程值）或校准装置校准一次仪器零点和量程。

自动校准功能不启动的流速 CEMS 每三个月至少校准一次仪器的零点和量程。

直接测量法气态污染物 CEMS 每个月用校准装置通入零气和接近烟气中污染物浓度的标准气体校准一次仪器的零点和工作点。

颗粒物的监测系统、烟气监测系统、流速监测系统每次校准后，要填写校准记录，记录校准前的零点、跨度漂移测试记录，以及校准后的零点、跨度测试值。

（c）定期校验：固定污染源烟气 EMS 投入使用后，由于燃料的变化、除尘效率的变动、水分的影响、安装点的振动等都会影响光路的偏移和干扰。定期校验应做到：

至少每六个月做一次标定校验。标定校验用参比方法和 CEMS 方法同时段数据进行对比，按照《固定污染源烟气（SO_2、NO_x、颗粒物）排放连续监测技术规范》（HJ 75—2017）进行。

当校验结果不符合规定的技术指标时，则应扩展为对颗粒物 CEMS 方法的相关系数的校准和／或评估气态污染物 CEMS 的相对确度和／或流速 CEMS 的速度场系数（或相关性）的校准，直到烟气 CEMS 达到 HJ 75—2017 技术指标的要求。

（d）每个季度环保部门对监控设施进行一次监督性比对检测校验。

② CEMS 烟气分析系统耗件强制更换。

（a）烟气分析一级过滤器滤芯与二级过滤器滤芯每 3～6 个月更换。

（b）阻水过滤器每 2～4 周更换。

（c）电化学氧分析仪 12 个月更换传感器。

（d）抽气泵、蠕动泵 12 个月更换。

5.11.5.4　在线分析仪表卫生清理

（1）红外线分析仪卫生清理：

① 定期使用中性洗涤剂，清洗分析仪及附件，确保其整洁完好，至少每季度一次。

② 每季度对预处理系统的过滤器、水冷器、压力调节阀、转子流量计等部件进行一次清洗，确保其整洁完好。

（2）热导分析仪卫生清理：

① 每天检查热分析仪本机表面的污染情况，做必要的清洁工作。

② 每次大检修时需对热导分析仪内部电子部件进行灰尘吹扫。

（3）色谱仪卫生清理：

① 每天检查色谱本机表面的污染情况，做必要的清洁工作。

② 每季度对色谱电子机箱的灰尘量进行检查和停机吹扫。

③ 每次大检修需对吹扫无法消除的电子单元板卡表面的污渍进行清洗（建议使用电子元件清洗剂或无水乙醇）。

（4）露点分析仪卫生清理：同 pH 分析仪卫生清理。

（5）质谱仪卫生清理：

① 每天检查分析仪本机表面的污染情况，做必要的清洁工作。

② 每次大检修时需对分析仪内部电子部件进行灰尘吹扫。

（6）氧化铝、磁压式氧分析仪卫生清理：

① 每周清洁一次分析间卫生，保持环境整洁。

② 每周清洁一次分析仪卫生，保证表体无灰尘。

（7）热值分析仪卫生清理：

① 每天检查热值分析仪本机表面的污染情况，做必要的清洁工作。

② 每月对热值分析仪轴部件和本体箱选用合适的软纸和洗涤剂或溶剂清洗。

③ 每季度对探头进行检查和停机吹扫。

④ 每半年对过滤器进行一次清洗，如果发现沉淀大量累积或者有磁性物质牢固地处于本体中部，检查过滤器并增加清洗的频率。

⑤ 每次大检修需对吹扫无法消除的电子单元板卡表面的污渍进行清洗（建议清洗剂可以用三氯乙烯、氟利昂或类似的溶剂）。

（8）pH 分析仪卫生清理：

① 每周对仪表外观进行清洁，切勿损坏分析仪上的铭牌。不得使用有机清洁剂。

② 每月清理一次探头表面卫生。

③ 每季度应使用清水彻底冲洗测量系统的采样管路。

（9）电导率分析仪卫生清理：同 pH 分析仪卫生清理。

（10）钠离子分析仪卫生清理：

① 每周对仪表外观进行清洁，切勿损坏分析仪上的铭牌。不得使用有机清洁剂。

② 每周清理分析间卫生。

③ 分析仪运行时严禁打开安全面板进行清理。

④ 试剂瓶卫生清理时必须按要求佩戴安全防护用品。

（11）SiO_2 分析仪卫生清理：同钠离子分析仪卫生清理。

（12）浊度分析仪卫生清理：同 pH 分析仪卫生清理。

（13）溶解氧分析仪卫生清理：同 pH 分析仪卫生清理。

（14）COD 分析仪卫生清理：同钠离子分析仪卫生清理。

（15）氨氮分析仪卫生清理：同钠离子分析仪卫生清理。

（16）水分分析仪卫生清理：同 pH 分析仪卫生清理。

（17）比值分析仪卫生清理：

① 每月排风扇除尘。

② 分析间每周清洁。

③ 分析仪电气箱每月清灰除尘。

（18）液相氨碳比分析仪卫生清理：

① 每天检查分析仪本机及附件表面的污染情况，做必要的清洁工作。

② 每次大检修需对各电子单元等进行除尘。

（19）CEMS 烟气分析仪卫生清理：

① 站房清洁。

每月清洁一次操作台、显示器、键盘及鼠标等。

② 室内环境清洁。

每周清洁一次室内卫生。

③ 每周倾倒冷凝器的凝结水。

④ 每月排风扇除尘，每半年空调除尘。

5.11.6 仪表校验

5.11.6.1 检定

检定是指"查明和确认计量器具是否符合法定要求的程序。它包括检查、加标记和（或）出具检定证书"，其中检查指的是"为确定计量器具是否符合该器具有关法定要求所进行的操作"。

5.11.6.2 检定的分类

检定原则上分两类：首次检定和后续检定。

（1）首次检定是对未曾检定过的新计量器具进行的一种检定。首次检定的目的是：确定新生产计量器具的计量性能符合批准时型式规定的要求；对先前未经检定的任何计量器具按检定规程进行一系列检查和直观检验，符合要求的出具检定证书和（或）加标记，也即赋予该器具法制特性。

根据实际情况和法规,首次检定一般由法定计量机构做出规定和要求,由器具的制造者、卖主或使用者提出申请。根据实际情况和法规要求,可在器具出厂前、销售前、安装时或使用前进行首次检定。首次检定的地点可根据情况和法规,能够在工厂、用户现场、法定计量检定机构的实验室或授权的独立实验室内进行。对于进口的器具也可根据需要选择其他首次检定的地点。在检定过程中,首次检定也可分几步来完成。

(2)后续检定是计量器具首次检定后的任何一种检定,包括强制性周期检定、修理后检定,以及周期检定有效期内的检定。

5.11.6.3　校准

校准是指"在规定条件下,为确定测量仪器或测量系统所指示的量值,或实物量具或参考物质所代表的量值,与对应的由标准所复现的量值之间关系的一组操作。"

校准的主要含义是:

(1)在规定的条件下,用一个可参考的标准,对包括参考物质在内的测量器具的特性赋值,并确定其示值误差。

(2)将测量器具所指示或代表的量值,按照校准链,将其溯源到标准所复现的量值。

5.11.6.4　校准的目的

(1)确定示值误差,并可确定是否在预期的允差范围之内。

(2)得出标称值偏差的报告值,可调整测量器具或对示值加以修正。

(3)给任何标尺标记赋值或确定其他特性值,给参考物质特性赋值。

5.11.7　可燃、有毒仪表

5.11.7.1　管理责任与标准

(1)责任。

应用报警器监视生产装置、罐区等可燃、有毒气体泄漏和积聚状况,这是预防爆炸和中毒事故的重要手段,必须加强对报警器的管理工作。

为强化管理,需明确各部门的管理责任:

① 机动设备管理部门负责检查各单位可燃、有毒气体检测报警仪表运行状况及其维护、检修质量。

② 质量安全环保部门负责监管可燃、有毒气体检测报警仪表日常使用情况;审查增设可燃、有毒气体检测报警仪表和投用前验收检查;审查现有可燃、有毒气体检测报警仪表的拆除、停用、临时停用并备案;制订便携式可燃、有毒气体检测报警仪表采购计划及确定费用来源。

③ 生产运行部门负责审批各单位上报的检定计划;负责与检定部门进行沟通和联系

并做好可燃、有毒气体检测报警仪表的检定工作。

④ 专业部门负责公司可燃、有毒气体检测报警仪表设备的维修，对检定不合格的可燃、有毒气体检测报警仪立即组织人员进行维修。

（2）标准。

① 可燃、有毒气体检测报警仪表的安装率、使用率、完好率100%。

② 可燃、有毒气体检测报警仪表的安装必须符合要求：

（a）根据可燃、毒性气体的密度和主导风向，确定检测器的安装高度和位置。

（b）检测器宜安装在无冲击、无振动、无强电磁场干扰的场所。

（c）尽可能减少雨水对检测元件的影响。

（d）指示报警仪或报警仪的安装安置，应考虑便于操作和监测的原则、报警仪应有其对应检测器所在位置的指示标牌或检测器的分布图。

（e）检测器的安装和接线应按制造厂的规定进行，并应符合防爆仪表安装接线的有关规定。

③ 可燃、有毒报警探测器需画分布图。

④ 检测器为隔爆型时，不得在超出规定的条件范围下使用；在仪表通电情况下严禁拆卸检测器。

⑤ 正常情况下，可燃、有毒气体检测报警仪表每年至少应进行"两校一检定"，即每六个月应校验一次，填写"可燃、有毒气体检测报警仪校验记录"。特殊情况下，可根据各单位的报警仪使用情况增加检定次数。

⑥ 可燃、有毒气体检测报警仪表发生故障后，由专业部门负责检修。

⑦ 可燃、有毒气体检测报警仪表的停运、拆除应按要求办理相关手续后方能进行。

5.11.7.2　检定

每年生产运行部门根据各单位上报的检定计划，制订并审批公司年度检定计划；负责与检定部门进行沟通和联系并做好可燃、有毒气体检测报警仪表的检定工作。

（1）检定分类。

根据《可燃气体检测报警器》（JJG 693—2011）和《硫化氢气体检测仪检定规程》（JJG 695—2019）的要求，检定可分为首次检定、后续检定和使用中检查（或检验）。

① 首次检定。

制造厂在获得型式批准后，就可以申请成批生产该种计量器具。但为了查明制造的计量器具是否与所批准的型式完全一致，也就是为了保证用于法制计量的每台计量器具符合法制要求，法定计量机构还要对每台计量器具进行首次检定。也就是计量名词中的"按批准型式"的符合性检查。

由于型式评价的依据也是有关的计量法规，因此首次检定的依据也是有关的计量法规。

　　根据国家规程的规定，首次检定可由计量器具的制造者，进口者或卖方提出，也可由使用者负责提出。首次检定的时间可以是出厂前、销售前、安装时或投入使用前。其地点可以视情况在工厂、法定计量技术机构或授权的实验室进行，而且可根据仪器的复杂情况分阶段进行。

　　② 后续检定。

　　即计量器具首次检定后的任何一种检定，一般有两种情况：

　　（a）强制性周期检定。这是考虑到计量器具的性能由于种种原因会随着时间的推移而变化。为了保证质量，国家规程中规定经过一定的周期，要对计量器具进行检定，以确认计量器具是否继续满足法制要求。

　　（b）修理后的检定。仪器修理后必须通过检定，以确定其是否满足法规要求。

　　③ 使用中的检查（或检验）。

　　经过上述各种检定后，仍不能确保使用中的各种法制计量器具给出的测量结果都准确可靠，需要进行使用中的检查（或检验）。这是因为使用条件不一定能完全满足仪器要求，可能引起仪器失准；而且某些使用者还可能有意利用仪器作弊。因此还需要对使用中的仪器进行监督检验或使用者自我检验。监督检验一般由法制计量机构的监督员进行，其检验的目的和内容为查明计量器具的检定标记及证书是否有效、保护标记是否遭到损坏、检定后计量器具是否遭到明显的改动，以及误差是否超出最大允许误差等。不需对计量器具进行全面的检定。

　　（2）检定项目。

　　检定项目见表 5.3 和表 5.4。

表 5.3　可燃气体检测仪检定项目（据 JJG 693—2011）

检定项目	首次检定	后续检定	使用中检查
外观及结构	+	+	+
标志和标识	+	+	+
通电检查	+	+	+
报警功能及报警动作值的检查	+	+	+
绝缘电阻	+	—	—
示值误差	+	+	+
响应时间	+	+	+
重复性	+	+	—
漂移	+	—	—

　　注：1. "+"为需要检定项目；"—"为不需要检定项目。

　　2. 经安装及维修后对仪器计量性能有较大影响的，其后续检定按首次检定要求进行。

表 5.4 硫化氢气体检测仪检定项目（据 JJG 695—2019）

检定项目	首次检定	后续检定	使用中检查
外观	+	+	+
示值误差	+	+	+
响应时间	+	+	+
重复性	+	+	+
报警设置误差	+	—	—
漂移	+	+	+
绝缘电阻	+	+	+
绝缘强度	+	+	—

注：1. "+" 为需要检定项目；"—" 为不需要检定项目。

2. 经安装及维修后对仪器计量性能有较大影响的，其后续检定按首次检定要求进行。

（3）检定结果的处理。

按 JJG 693—2011 和 JJG 695—2019 要求检定合格的仪器，发给检定证书；检定不合格的仪器，发给检定结果通知书，并注明不合格项目。

（4）检定周期。

仪器的检定周期一般不超过一年。对仪器测量数据有怀疑，仪器更换了主要部件或修理后应及时送检。

5.11.7.3 日常使用

使用者使用探测器和控制器时出现故障的原因十分复杂，总的说来主要有：使用者不了解探测器性能、设备选型不当，以及使用者使用不当等。使用者应从以下几方面注意：

（1）使用探测器时，应注意危险场所的级别要与仪器的防爆标志相适应。探测器的防爆类别、级别、组别必须符合现场爆炸性气体混合物的类别、级别、组别的要求。不得在超过防爆标志所允许的环境中使用，否则起不到现场防爆作用。

（2）检测可燃气体的探测器不能在含硫、砷、磷及卤化物的场所中使用。因为它们会使检测器中的检测元件中毒，使检测器灵敏度下降，使用寿命缩短，严重的还会使检测器失效。要对含有上述元素化合物的可燃气体进行检测，应选用抗毒性催化燃烧型检测器或半导体型检测器。由于催化燃烧型检测器对氢气有引爆性，因此对于氢气的检测应选用电化学型或半导体型检测器。

（3）探测器不能在可燃或有毒气体浓度过高的环境条件下使用，因为会加快传感器老化，缩短传感器寿命。

（4）注意不要使探测器意外进水或受水蒸气喷射。因为探测器中的检测元件进水后会影响其性能，如果意外进水，要重新更换探测器内的检测元件。安装于室外的探测器则应装有防雨罩。

（5）探测器安装位置的高低要与被测气体的密度相适应。比空气轻的气体总是向上扩散，探测器应安装在泄漏源的上方。安装高度应高出释放源所在高度 0.5～2m，且与释放源的水平距离适当减少至 5m 以内，可以尽快地探测到可燃气体。探测比空气重的气体，探测器应安装在释放源的下方，且安装高度应高出地面 0.3～0.6m。过低易因雨水淋溅损害探测器，过高则超出了比空气重的气体易于积聚的高度。

（6）投入运行前，要进行工作电流（电压）的调整。调整后的电流（电压）值应在仪器使用说明书规定的范围内，以保证正常工作。此电流（电压）调整后，除正常检修外，一般无须再动。

（7）进行维护时，不得在通电的情况下现场拆装。拆装防爆零部件时要小心，注意不要损伤隔爆面和夹杂脏物。

（8）要正确选取控制器的安装位置。控制器属于非防爆部分，固定安装于安全场所（大多为装置控制室内）。其安装位置应选择在便于观察维护之处，周围不应有对仪器正常工作有影响的强电磁场。

（9）要正确设定报警值。一般情况下，仪器显示的是可燃／有毒气体的浓度。检测可燃气体的报警设定值一般在 20%～30%（LEL）处，检测有毒气体的报警设定值一般在（5%～15%）×10^{-6} 处。报警设定值可根据安装现场的环境具体设定。

（10）应按检定周期对仪器进行检定，平时应定期检查检测器的报警功能。同时还要加强日常的维护。

5.11.7.4　巡检及维护

（1）对巡检维护人员的要求。

负责日常巡检和维护的人员应具备以下条件：

① 需经培训，熟悉巡检和维护内容，熟悉相应规程。

② 具有一定的电子技术知识。

③ 能识别巡检报警器的状态信息，具有分析判断和处理问题能力。

（2）巡检和维护内容。

每班至少进行两次巡检，主要内容包括：

① 外观检查。

（a）报警器的零部件、附件齐全完好，如指示灯、显示屏是否有损坏，亮度是否清晰等。

（b）报警铭牌、位号清晰。

（c）紧固件无松动、不泄漏、不堵塞，接插件接触良好，可动件调节灵活自如。

（d）报警器外壳无油污、漆面无剥落，无明显损伤。

（e）报警器零点是否正常。

（f）扩散口或吸入口是否堵塞。

（g）报警器内是否进入物料、水或其他异物。

② 环境检查。

（a）防爆现场报警器符合防爆现场等级的要求。

（b）报警器现场所处环境无强烈振动，腐蚀性弱，清洁干燥。

③ 其他。

（a）在巡检中发出不能解决的故障应及时报告，危及报警器安全运行时应采取紧急停表措施，并通知工艺人员及相关人员，上报仪表车间。

（b）按要求填写巡检记录。

（3）巡检及维护安全注意事项。

① 在进行巡检及维护作业时，须两人及两人以上进行。

② 根据巡检位置不同需佩戴相应的安全装备，如便携式可燃 / 有毒气体检测仪等。

③ 报警器是防爆设备，在现场时不可随便开盖，不可带电开盖。

5.11.8　安全仪表系统管理

5.11.8.1　安全仪表系统的运行管理

（1）安全仪表系统按所实现的仪表安全功能实行分级管理，根据其安全完整性等级要求划分为 A、B 两类，见表 5.5。

表 5.5　安全完整性等级划分

安全完整性等级要求	对应级别
SIL3	A
SIL2	A
SIL1	A
SILA	B
无要求但会引起重要单元或设备停机	B

SIL1 及以上的仪表安全功能为 A 类，由公司统一管理，SIL1 以下的由设备所在单位管理，公司备案。

（2）安全仪表系统必须做到资料、图样齐全准确。资料包括设计资料、安全需求规格书 SRS、施工调试原始资料、功能安全评估报告、日常管理资料、产品说明书和指导书、变更资料、组态资料及功能安全审计资料等。

（3）临时旁路仪表的安全功能必须经过评估，并由设备所在单位主管领导同意，办理联锁变更申请单（票证及文档的内容应包括：操作原因、起止时间、处理方案、工作内容、审批、处理经过、处理后的情况及操作、监护和审批人员的签字等）。A 类 SIF 旁路需有关部门（工艺、设备技术管理部门）审批同意后方可执行，并填写关键性操作确认单。如遇紧急情况临时旁路仪表安全功能必须补办联锁变更申请单。临时旁路仪表安全功能必须限期恢复，应向主管部门备案。

（4）仪表工处理安全仪表系统中的问题时，必须确定仪表安全功能旁路方案，采取安全可靠措施。对于安全仪表系统程序的修改、增删，还必须保证不影响当前的仪表安全功能正常运行。对在处理问题过程中所涉及的仪表、开关、继电器、联锁程序、最终元件及其附件等，必须有两人核实确认，执行关键性操作流程，按安全仪表系统的管理规定和操作规程进行。操作要谨慎，要有人监护，以防止误动作。处理后，必须在联锁工作票上详细记载并签字保存。

（5）安全仪表系统的盘前开关、按钮均由操作工操作；盘后开关、按钮均由仪表人员操作。仪表工在处理安全仪表系统中的问题时，如果涉及属于操作工操作的盘前按钮、开关、现场复位等，则必须事先和工艺班长联系好，由操作工操作按钮、开关等，使其处于（进入）需要的位置（状态），以配合问题的处理。仪表工处理完毕后，必须及时通知操作工，由操作工确认工艺状况，将开关、按钮等复位。所有联系工作均应有联锁工作票，双方人员签字。

（6）生产装置正在运行，安全仪表系统投入使用的情况下，不允许调整安全仪表系统设定值。如果生产确实需要，应办理联锁变更申请单，待有关部门审批同意后执行。在采取安全措施、有人监护的情况下，按安全仪表系统操作规程要求进行，并在联锁设定值一览表和其他资料上做相应更正。

（7）安全仪表系统所用器件（包括一次传感器）、仪表、设备，应随装置停车检修进行检修、校验、标定。新更换的元件、仪表、设备必须经过校验、标定之后方可装入系统。检修后必须进行系统联校，联校时一定要有工艺、仪表专业及有关专业的主管人员共同参加检查、确认、签字。

（8）新装置正式投运前或设备大修后投入运行之前，对安全仪表系统，都必须会同有关人员对每个回路逐项确认签字后方可投入使用；对于长时间摘除、停运需恢复使用的安全仪表系统在投运前也应逐项确认，同时应办理联锁变更申请单。

（9）凡与安全仪表系统有关的仪表、设备与附件等，一定要保持有明显标记；凡是紧急停车按钮、开关，一定要设有适当护罩。

（10）无关人员不得进入有仪表安全功能的回路仪表、设备的仪表盘后。

（11）检修、校验、标定的各种记录、资料和联锁工作票要存到设备档案中，妥善保管以备查用。

（12）根据储备标准和备品备件管理规定，应具有足够的备用状态下的备品备件。安全仪表系统的器件、仪表、设备应按规定的使用周期定期更新。

5.11.8.2 安全仪表系统的操作

（1）安全仪表系统在旁路和投入前，必须按安全仪表系统的管理规定，办好联锁工作

（操作）票，实施过程执行关键性操作流程，操作须由两人或两人以上共同完成。

（2）旁路仪表安全功能前，必须跟工艺班长取得联系。调节回路必须由工艺人员切到硬手动位置，并经仪表人员两人以上确认，同时检查旁路灯状态，然后进行旁路操作。旁路后应确认旁路灯是否显示，若无显示，必须查清原因；如旁路灯在切除该联锁前，因其他仪表安全功能已旁路而处于显示状态，则需进一步检查旁路开关，确认旁路正确后，方可进行下一步工作。

（3）核对已旁路的仪表安全功能旁路开关与所需要旁路的相符合（旁路开关、旁路灯），有两人对照图样确认无误。方可进行该回路的所属仪表的处理工作。

（4）对于需要以"强制"方式旁路仪表安全功能的，可依据安全仪表系统操作手册通过软件"强制"变量的方式实现，但因操作风险较高应尽量避免该类操作。

（5）对于要"强制"的变量所属的逻辑和要强制的状态详细分析，应有两人对照逻辑图样确认无误，在仪表工程师的监护下进行操作。操作完成后，对实际强制的变量状态，由两人再次确认无误后，方可对该回路仪表进行处理。

（6）对于需要以短路方式旁路仪表安全功能，但又无旁路开关的回路，可采用短接线，但因操作风险较高应尽量避免该类操作。短接线引线必须焊接可靠经导通检查正常，方可使用。

（7）对短接线所要连接的两点，应有两人对照图样确认无误，在有人监护下进行线夹的操作，夹好后应轻轻拨动不脱落，并对实际所夹的位置，由两人再次确认无误后，方可对该回路仪表进行处理。

（8）仪表处理完毕，投入使用，但在投入前（工艺要求投运），必须有两人核实确认仪表安全功能回路输出正常，对于有保持记忆功能的回路，必须进行复位，使输出符合当前状况，恢复正常；对于带顺序控制的或特殊回路，必须严格按该回路的仪表安全功能原理对照图样，进行必要的检查，经班长或仪表工程师确认后，方可进行下一步工作。

（9）投入联锁，需与工艺班长取得联系，经同意后，在有人监护的情况下，将该回路投入正常（如将旁路开关恢复原位、强制变量恢复到应有状态或拆除短路线夹），并及时通知操作人员确认，以及填写好联锁工作票的有关内容。

5.11.8.3 安全仪表系统的维护检修类型及原则

（1）预防性维护是按照安全仪表系统规定的时间安排和程序，进行检验、测试和维修，例如定期的巡检和保养。预防性维护还可分为：

① 在线维护，在被维护设备处于操作状态下的保养维护。

② 离线维护，必须在被维护设备处于停运状态下才能进行的维护，一般随装置的定期停产大检修进行。

（2）前兆性维护是基于安全仪表系统设备的实时状态出现了故障前兆，或者基于工厂对该设备多年维护记录的故障率统计数据，或者基于制造商的推荐数据，在该设备出现故障或失效前，对其进行维护，包括更换部件等。与预防性维护一样，前兆性维护也是主动的维护。

（3）故障排除维护是一种常见的非定期的维护服务，它的核心是在系统或设备出现故障后，找出故障原因并予以解决。

（4）对安全仪表系统相关故障部件的维修，采用同型替换的原则，以保证其安全完整性等级。

5.11.8.4　安全仪表系统的变更管理

（1）安全仪表系统变更的原则要求：

① 对安全仪表系统的任何变更都应在付诸实施之前，进行相应的计划、审查，并依据管理权限得到批准。

② 变更意味着对原设计的改变，因此"同型替换"不在变更的范畴之内。同型替换是指完全相同的系统或设备的替换，或者用具有相似的特征、功能性，以及故障模式的"批准的替代品"替换。

③ 安全仪表系统的任何变更（包括接线改变、器件、仪表、设备改型或增删，联锁原理、程序或功能变更，设定值变更等）严格按照安全仪表系统及相关变更管理程序执行，必须经公司有关部门会签后，由主管领导或主管总工程师批准，或按技改技措立项审批后方可实施。应做好变更实施记录，并及时在各级资料、图样中准确反映出来，做好存档工作。

（2）建立安全仪表系统变更的管理制度和执行流程，包括管理权限和修改变更的控制。

（3）应该分析拟议中的变更对功能安全的可能影响，依据对安全影响的范围和深度，返回到安全生命周期被影响到的第一个阶段，按照安全仪表系统安全生命周期活动管理的原则，对影响到的环节进行审查和更新。

（4）在对安全仪表系统实施任何修改之前，澄清或者落实下面几个问题：

① 拟议变更的技术基础。

② 对安全和健康的影响。

③ 变更涉及的安全仪表系统操作规程的相应变更。

④ 变更需要的时间和进度安排。

⑤ 拟议变更的审批程序和管理权限。

⑥ 变更涉及的技术细节和实施方案。

⑦ 如果是在线变更，需要做的准备工作、工艺操作的配合、厂商的配合、计划安排、变更的实施步骤，以及风险分析和风险管理。

（5）在变更实施前，根据变更的影响范围和管理权限，应该就以上问题进行安全审查，同时确保新增或变更后的仪表安全功能满足安全功能和安全完整性要求。

（6）遵循文档管理程序，对安全仪表系统修改变更涉及的资料信息做好收集、编制，以及整理归档工作，包括：

① 修改变更的描述。

② 变更的原因。

③ 对涉及的工艺过程危险和风险分析。

④ 变更对安全仪表系统的影响分析。

⑤ 所有的批复文件。

⑥ 对变更的测试记录。

⑦ 对变更影响的图样、技术文件进行更新，并记录变更的背景信息。

⑧ 对变更后的应用软件进行备份存档。

⑨ 备品备件的库存变动记录。

（7）在修改变更完成后，根据变更的影响范围和管理权限，进行必要的审查和验收。对于较大规模的扩容改造，要按照《过程工业领域安全仪表系统的功能安全》（GB/T 21109）的规定，进行修改后的功能安全评估。

（8）针对变更涉及的安全仪表系统操作和维护规程，对操作和维护人员进行相应的培训。

5.11.9　典型事故案例：邦斯菲尔德事故

5.11.9.1　背景介绍

邦斯菲尔德油库坐落于英格兰赫特福德郡的贺梅尔亨普斯德城，是全英国第五大油库。这个油库始建于1968年，像国内的许多危化品一样，建设时周围几乎没有建筑。据英国石油工业协会数据，邦斯菲尔德中转的油料占英国油料市场的8%，占英国东南部地区所需油料总量的20%，希斯罗机场所需航空煤油总量的40%也由邦斯菲尔德油库提供。邦斯菲尔德油库通过三条输油管线（FinaLine、M/B和T/K管线）接收汽油、航空煤油、柴油和其他油料。这三条输油管线采用间歇式操作，分批输送不同的油料。

在油库内有多家油品仓储企业，其中有赫特福德郡石油储存有限公司（HOSL），这是道达尔与雪佛龙在英国的一家合资企业，可以允许储存34000t车用燃油及15000t燃料油。

5.11.9.2　事故简介

2005年12月11日6时左右，发生了一起猛烈的爆炸，随后又发生了一连串的爆炸及火灾。爆炸和火灾摧毁了油库的大部分设施，包括23个大型储油罐，以及油库附近的房屋和商业设施。英国政府动员了一千多名消防队员、二十多辆消防车，以及多名志愿者参与了应急救援。大火持续燃烧了大约5d才完全扑灭。整个事故没有造成人员死亡，但有43人受伤，两千多名居民撤离，救火时的油料和消防水造成了附近区域的污染。整个经济损失大约为10亿英镑。

5.11.9.3 事故调查

2005年12月16日，也就是爆炸发生后的第五天，英国政府成立联合调查组，开始进入现场进行调查，直到2008年12月才发布最终报告。调查小组通过详细的调查分析，包括软件模拟、实物模型等手段，一步一步揭示了事故发生的过程。

事故储罐为内浮顶罐，为HOSL所有，编号为912，是用来接受来自炼油企业的汽油。912号罐容为6000m³，装有自动储罐计量系统（ATG），并在控制室操作站显示液位。912号罐设计有一个远传浮子液位计，并有高液位报警，还安装有一个独立的高高液位开关，在液位到达此开关位置时，联锁关闭进料阀（阀门在简图上没有显示），并给出声音报警。

根据事故调查报告，可以把事故按照时间顺序还原如下：

（1）2005年12月10日19时。

912号罐以550m³/h的流速开始接受来自T/K南部管线的无铅汽油。

（2）2005年12月11日3时。

912号罐液位读数保持不动，三个ATG报警"用户液位""高液位""高高液位"也随之失效。此时管网仍以550m³/h的流速继续送料。真实液位达到液位开关设定值时，该液位开关也处于失效状态，未能启动自动关阀和报警。

经过计算，5时20分左右，912号储罐应该已经充满并且通过顶部8个三角形排气口溢流，并首先在围堰内形成爆炸性汽油蒸气云。

（3）2005年12月11日。

5时38分：隔壁厂区的监控录像显示，蒸气云从912号罐围堰西北面开始溢出，并向西面扩散，蒸气厚度大约1m。

5时46分：汽油蒸气云的厚度已经达到2m左右，并从912号罐区围堰向四面溢流。

5时50分：汽油蒸气云已经扩散到HOSL厂区外，到达邻近的其他厂区。罐区外等候拉油的油罐车司机发现了该蒸气云并通知了现场的员工。

（4）2005年12月11日6时01分。

第一次大爆炸发生了，爆炸发生时，已经有至少250m³汽油从912号罐中泄漏出来。以后又有多次爆炸，大火持续燃烧了好几天，二十多个大型储罐被大火吞没，并对罐区周边造成大量的破坏，43人受伤，630家企业、机构遭受到严重财产损失。点火源最终没有确定，根据事故调查报告，事故直接原因总结如下：

① 912号罐液位计故障卡住，导致操作工无法判断储罐是否高液位。

② 从液位计卡住，液位没有变化开始，到6时01分事故发生，中间有3h，操作工没有和上游装置电话沟通，一直在等液位变化。

③ 液位计故障导致高液位报警失效，操作工失去了系统提醒的机会。

④ 高高液位开关联锁失效，导致溢流。

⑤ 罐区没有安装可燃气报警器，导致溢流后，没有报警。

⑥ 罐区没有安装录像设备，导致溢流后，操作工没法及时发现。

⑦ 在火灾期间和之后，"二级"和"三级"密闭系统（诸如围堰）也相继失效。

⑧ 多公司参与，对日常作业、安全等关注点分散；对所涉及的重大危险源缺乏足够的重视（邦斯菲尔德油库罐区应遵守 COMAH 法规，类似于我国对"两重点一重大"装置或设施的管理规定）。

5.11.9.4 建议

（1）调查组建议：为了防止类似重大事故的发生，事故调查报告提出 25 个方面的建议，建议涉及企业、政府监管部门，以及设计标准的问题。

本书只列出了仪表管理中具有借鉴意义的部分建议如下：

① 涉及防止储罐溢流的保护措施，应采用高 SIL 等级。

② 建立定期测试程序，并按照测试要求，定期对关键性仪表进行测试、维护。

③ 罐区内安装泄漏后的可燃气体探头。

④ 罐区内安装摄像系统。

⑤ 考虑把罐顶溢流的液体接到安全的地方。

（2）对于储罐防止溢流的建议：防止储罐溢流应采用洋葱模型进行层层设防。根据邦斯菲尔德事故调查报告可以知道，罐的防止溢流设计有两道独立的保护层，但非常不幸，还是发生了造成 10 亿英镑损失的爆炸事故。按照现在的标准，防止大型储罐溢流也是两道防护层，可燃气体报警和摄像不能有效降低溢流的风险，只能保证发生溢流后，在操作人员有责任心并且及时干预时可以防止继续溢流。

为了降低大型储罐溢流的风险，在满足国家相关标准的基础上，补充建议如下：

① 容积大于 $100m^3$ 的储罐，应设置液位连续测量装置，且设置高报警。

② 储存 I 级或 II 级毒液体储罐，容积大于 $3000m^3$ 的甲 B 和乙 A 类可燃液体储罐，容积大于或等于 $10000m^3$ 的其他液体储罐应设置独立的高高液位联锁关闭进料阀。

③ 甲 B 和乙 A 类储罐区内阀门集中处，排水井处应设可燃气体或有毒气体报警，并应符合《石油化工可燃气体和有毒气体检测报警设计标准》（GB/T 50493）的要求。

④ 对于储罐的液位计，建议不要使用故障率高的浮子液位计。

⑤ 远传液位计的报警值与联锁值之间差值为：在最大进料时，15min 的液面上升高度，以保证操作工有 15min 的时间进行人员干预。

⑥ 对于高高液位联锁，建议采用 SIL2 以上等级的联锁回路，以保证要求时失效概率小于 10^{-2}。

⑦ 液位计的报警回路，需要定期测试检查。

⑧ 高高液位联锁回路，需要定期测试检查。

⑨ 储罐的进料阀建议选型为气动阀（FC），假如为电动阀，则应考虑防火要求及备用电源。

5.12　危险物品管理

5.12.1　概述

危险物品具有易燃易爆、有毒有害特性，应依法合规管理，严格生产、使用、运输储存等各环节安全监管。

5.12.2　危险化学品管理

企业应建立危险化学品安全监管信息平台，对危险化学品的生产、储存、经营、使用、运输、废弃处置等各个环节实施综合监管。

企业应依法取得危险化学品许可资质，建立生产、储存、经营使用、运输、废弃处置全生命周期安全管理制度规程，突出"两重点一重大"安全管理，落实全环节、全链条管控措施。

企业应建立化学品活性反应矩阵，明确危险化学品的储存方式方法、数量、泄漏处置和应急措施等要求。

危险化学品应储存在专用仓库、专用场地或专用储存室内，由专人负责管理，严格出入库管理。

剧毒化学品应存放在专用仓库或储存室内，设置安全技术防范设施，执行"五双"管理要求，如实记录品种、数量、流向，配备专职治安保卫人员。

危险化学品运输企业应取得相应资质，驾驶人员和押运人员应取得相应资格；运输车辆应配备与化学品性质相应的安全设备设施，并喷涂或悬挂警示标志。

企业采购的所有危险化学品应向供应商索取安全技术说明书（SDS）和安全标签；企业生产的所有危险化学品应编制安全技术说明书和安全标签，并依法办理登记手续。

5.12.3　放射源管理

放射源使用需制定放射性物品管理制度，建立追踪监控系统，加强对放射源储存、运输、使用等全过程实时跟踪监控，明确储存、出入库、监测、使用等各环节安全保卫要求。采购、使用、转移、转让、报废处置放射性物品，应依法取得许可，办理登记和备案手续。

放射性物品需设置并使用专用储存库和设备间，采取可靠的安全防护设施，指定专人保管，严格出入库管理。运输放射性物品应使用专用包装容器，运输车辆和人员应有相应资质，运输过程中按要求对车辆和防护设施检查确认。

使用放射性物品的场所，应防止运行故障，避免发生次生灾害。室外、野外使用时，应加强警戒及防护。

企业应配备放射性监测人员和设备，制订监测计划，对放射性工作人员和场所进行日常辐射监测与评价。

5.12.4 民用爆炸物品管理

生产、销售、购买、运输、储存、使用民用爆炸物品应依法取得政府许可，健全完善管理制度和操作规程，并严格执行落实。

民用爆炸物品需严格落实登记制度，如实将生产、销售、购买、运输、储存、使用民用爆炸物品的品种、数量和流向信息填报国家民用爆炸物品信息管理系统。

对民用爆炸物品生产、销售、购买、运输、爆破作业和储存的相关人员需进行安全教育、法治教育和岗位技能培训，经考核合格后上岗作业；对相关法规标准规定有资质要求的岗位，应配备具有相应资质的人员。

发现民用爆炸物品丢失、被盗、被抢，应立即报告当地公安机关，按程序及时启动突发事件应急预案。

5.12.5 典型事故案例

5.12.5.1 辽宁省本溪市龙新矿业思山岭铁矿"6·5"重大炸药爆炸事故

2018年6月5日16时10分，北京建龙重工集团所属辽宁省本溪市本溪龙新矿业有限公司思山岭铁矿在建设期间，措施井井口发生炸药爆炸事故，造成12人死亡、2人失踪、10人受伤。

据现场调查初步分析，事故原因是由于辽宁同鑫建设有限公司企业主体责任落实不到位，管理混乱，在向井下运送民用爆炸物品的过程中，严重违章作业，炸药、雷管混装吊运，野蛮装卸时发生爆炸；施工单位华煤集团有限公司对爆破作业单位监督不力，在爆破作业单位运送炸药的同时进行井下水泵安装、人员等候入井等违章交叉作业导致人员伤亡扩大；建设单位本溪龙新矿业有限公司对爆破作业单位和施工单位监督不力，没有及时发现和制止爆破作业单位和施工单位的违法违规行为；有关部门对民爆物品监管缺失，对基建项目以包代管、违规违章作业行为查处不严等。这起事故发生在上合组织青岛峰会前夕、全国第十七个"安全生产月"活动期间，社会影响恶劣。

5.12.5.2 山东烟台栖霞市五彩龙投资有限公司笏山金矿"1·10"重大爆炸事故

2021年1月10日，山东烟台栖霞市五彩龙投资有限公司笏山金矿发生重大爆炸事故，造成11人死亡，直接经济损失6847.33万元。

事故发生原因为：笏山金矿井口实施罐笼气割作业产生的高温熔渣块掉入回风井，碰撞井筒设施，弹到一中段马头门内乱堆乱放的炸药包装纸箱上，引起纸箱等可燃物燃烧，导致雷管、导爆索和炸药爆炸。

主要教训：一是井下违规混存炸药、雷管。企业长期违规购买民用爆炸物品，违规在井下设置爆炸物品储存场所，且炸药、雷管和易燃物品混合存放。二是违规进行气焊切割作业。进行气焊切割作业时未确认作业环境及周边安全条件，井筒提升与井口气焊违规同时作业。三是安全管理混乱。笏山金矿对施工单位的施工情况尤其是民爆物品储存、领用、搬运，以及爆破作业情况管理缺失，对外包施工队以包代管，只包不管；承包方未按规定配备专职安全管理人员和技术人员，作业人员使用伪造的特种作业操作证；未按照规定报告生产安全事故；事故发生当日井下作业现场没有工程监理。四是地方有关部门监管责任未有效落实。地方公安部门对民爆物品销售、运输、储存和使用等方面监管不到位；地方应急管理部门对企业及外包施工单位管理混乱等问题监督不到位。五是地方党委、政府履行安全生产领导责任不力。未认真督促相关部门依法履行民用爆炸物品、非煤矿山安全生产监督管理相关职责，栖霞市党委、政府迟报瞒报事故。

5.13　作业许可

5.13.1　概述

作业许可是石油石化、冶金、矿山等高危行业，为了有效防控特殊作业及非常规作业风险，在作业前必须取得授权许可方可实施作业的一种管理制度。

作业许可，通常适用于特殊作业和非常规作业，这类作业要么本身固有风险高，要么施工过程风险未知，需要作业人员通过开展工作前安全分析辨识危害、评估风险、制订风险防控措施。因此，这些作业的防控措施要求更严，审批级别要求更高，过程监管要求更细。

5.13.2　相关术语和定义

（1）特殊作业：石油石化行业生产经营过程中可能涉及的动火、进入受限空间、吊装、盲板抽堵、高处作业、临时用电、动土、断路等，有可能对作业者本人、他人及周围建（构）筑物、设备设施造成危害或损毁的作业。

（2）非常规作业：石油石化行业中临时性的、缺乏作业程序规定的、无规律无固定频次的作业，如装卸催化剂类作业、临近高压带电体类作业、设备（管线）试压类作业、含物料排凝（放空）类作业及酸（碱）洗类作业等。这些作业经工作前安全分析后，如认为风险不可控，必须实施作业许可管理。

为便于对特殊作业项目和非常规作业项目进行有效管控，企业应提前辨识现场可能存在的动火、高处、吊装、受限空间等危险作业项目和临时的、偏离标准程序作业要求的非常规作业项目，建立"作业许可项目清单"；针对作业风险大小，明确防范措施和审批级别，特殊敏感时段还应明确升级防范、升级审批、升级监督、升级检查等措施。

5.13.3 作业许可预约管理

无论是企业内部单位施工还是外部承包商队伍施工，都需要作业区域所在单位提前为施工作业提供必要的安全作业条件，包括关停相关设备、设置相关警戒区域、安排属地监督。涉及许可升级时，还需要协调上一级业务部门和安全部门审批作业许可。因此，施工作业单位应提前预约，以便作业区域所在单位和其上级业务、安全部门评估当日作业量和作业风险，对作业项目的实施做出统筹安排。

动火、吊装、进入受限空间、盲板抽堵等特殊作业必须提前进行预约，未获得预约批准的项目不准擅自作业。作业过程中可能随时出现的非常规作业项目，由于其具有临时性、突发性，此类项目应根据危害分析结果，当评估风险为不可接受时，应预约办理作业许可，由作业区域所在单位进行审批。

5.13.4 作业许可审批

5.13.4.1 审批前应做的准备工作

作业前，针对作业项目和内容，作业区域所在单位应组织作业单位及相关方，开展作业风险评估，制订安全措施，必要时编制作业方案。

作业负责人在向作业审批人提交作业申请前，必须组织作业人员针对作业项目开展工作前安全分析，填写作业许可证，许可证应当包含作业活动的基本信息，基本内容至少包括：

（1）作业单位、作业时限、作业地点和作业内容。

（2）风险辨识结果和安全措施。

（3）作业人员及资格信息。

（4）有关检测分析记录和结果。

（5）明确作业监护人员。

（6）其他需要明确的要求。

5.13.4.2 审批人员和审批过程要求

作业审批人应熟悉作业现场情况，能够提供或者调配风险控制资源，通常为作业区域所在单位负责人或者上级单位、部门负责人。原则上，审批人不准授权，特殊情况下确需授权，应当授权给具备相应风险管控能力的人，但授权不授责。审批流程至少包括：

（1）组织作业负责人和相关方，必要时可组织相关专业人员，对作业申请进行书面审查，并核查作业许可审批级别和审批环节与企业管理制度要求是否一致；书面审查内容主要包括安全措施或者作业方案、相关图纸、人员资质证书等支持文件，以及确认作业许可证期限等。

（2）组织现场核查，核验风险识别及安全措施落实情况，在作业现场完成审批工作；现场核查内容主要包括现场各项安全措施落实情况、设备设施准备情况、作业人员资质及能力情况等。

（3）指定属地监督，明确监督工作要求。

（4）现场核查通过之后，在作业许可证上签字，作业许可生效，现场可以开始作业。

5.13.5 作业许可实施过程

（1）作业负责人应当全程参与作业许可所涉及的相关工作。

（2）作业人员应当严格按照作业许可证和作业方案进行作业。安全措施未落实，作业人员有权拒绝作业；作业中出现异常情况，作业人员有权立即停止作业，并及时向作业项目负责人报告；可能危及作业人员安全时，应当迅速撤离。

（3）作业监护人应当核查现场作业相关要求及安全措施落实情况等，实施全过程现场监护。

（4）作业区域大单位指定的属地安全监督应当在作业过程中，按要求实施现场监督，及时纠正或者制止违章行为，发现异常情况时，要求停止作业并立即报告，危及人员安全时，迅速组织撤离。

（5）作业内容、作业方案、作业关键人员或环境条件变化，作业范围扩大、作业地点转移或者超过作业许可证有效期限时，应当重新办理作业许可证。

5.13.6 作业许可关闭

作业完毕，应当清理现场，恢复原状。作业申请人、批准人和相关方应当及时进行现场验收，验收合格并签字后，方可关闭作业许可。

5.13.7 典型事故案例

5.13.7.1 某公司"8·21"一般坍塌事故

2018 年 8 月 21 日 14 时 41 分，某公司承包的浙江销售宁波亭溪加油站防渗改造工程发生一起坍塌事故，造成 2 人死亡、1 人受伤，事故共造成直接经济损失人民币 150 余万元。

（1）事故原因：

① 直接原因。

清理作业前，未对罐池进行安全支护，人机共同在罐池内进行挖掘清理作业，当北侧的沙土清空后，北侧的挡墙失稳导致坍塌。

② 间接原因。

（a）作业区域所在单位，对该项目的督促管理责任落实不到位。未教育和督促从业人员严格执行本单位的安全生产规章制度和操作规程，以致项目在开工审批、施工技术交底、施工人员教育培训和危险作业许可等诸多环节存在违规行为。

（b）作业单位，未认真落实安全生产主体责任。

安全生产管理措施不到位。项目部未严格落实罐池挖掘作业施工方案；未对挖掘作业进行风险辨识，作业前未对罐池进行有效的安全支护；在未办理挖掘作业和有限空间（罐池）作业许可证的情况下，盲目进行危险作业。

作业现场安全监护人员不到位。在有限空间作业过程中，项目部未安排安全监护人员，致使作业现场无人监护。

项目部主要人员不到位。该工程项目经理和安全员等人均未到岗到位，未实际参与该项目的组织施工和安全生产管理工作。

安全生产教育培训不到位。未按规定对施工人员进行岗前安全生产教育培训，也未进行有限空间作业专项培训，项目部实际相关管理人员不具备与其相适应的安全生产管理能力，导致安全生产管理职责履职不到位。

隐患排查治理不到位。施工期间存在危险作业未办理作业许可证、作业现场未设置安全警示标志，以及未对施工人员进行安全生产教育培训等生产安全事故隐患，但是公司未采取相应的安全管理措施，未能及时发现并消除生产安全事故隐患。

（2）作业许可管控中存在的问题：

① 作业区域所在单位针对承包商施工作业，未进行施工技术交底，未办理作业许可，未明确现场监督，未对承包商人员培训教育、方案执行、监护人员和关键人员在岗情况进行核查，诸多环节存在违规行为。

② 施工方在未办理挖掘作业和有限空间（罐池）作业许可证的情况下，盲目进行危险作业；有限空间作业过程中未安排安全监护人员；施工过程未按作业方案要求落实相关措施等。

5.13.7.2 某公司"3·24"一般物体打击事故

2022年3月24日9时10分，某公司油品部在重整原料303-TK-301B储罐内进行浮盘拆卸作业过程中，浮盘失稳倾倒造成一名现场工作人员受伤，4月1日该伤者经救治无效死亡。

（1）事故原因：

① 直接原因。

现场作业人员未按照浮盘拆除施工方案规定的顺序进行拆除作业，且缺少浮盘拆卸相关工作经验，在拆除浮箱时同步拆除了相应的主副梁、支腿和部分圈梁，造成浮盘侧向支撑结构损毁，浮盘处于不稳定状态，在拆除了部分浮盘后，浮箱密封失效进油，浮箱自重增加，浮盘整体受力不均，发生倾覆落底事故。

② 间接原因。

（a）在没有相关作业经验的情况下，指派安某等四人进行现场施工作业，导致作业人员不清楚浮盘的整体结构，对拆除顺序和浮盘倾覆防范措施不掌握。

（b）该公司未落实安全生产主体责任，对施工方案的编制存在明显缺陷，且未针对罐内实际情况及时修改浮盘拆除施工方案，未及时制止和纠正现场作业人员违反施工方案进行浮盘拆除的行为。

（c）该公司对施工现场的安全管理缺失，现场监护人员未接受监护人相关培训，不了解施工方案和相关安全监护要点，无法履行正常安全监护职责。施工现场负责人未及时将现场施工情况向公司主要负责人报告，导致浮盘拆除施工方案中的浮盘拆除顺序不适用于现场实际情况。

（2）作业许可中存在的问题：

① 作业区域所在单位在审批过程中未发现作业人员缺乏浮盘拆卸相关工作经验，仍然批准作业。未发现承包商施工方案未经第三方评审，方案中未明确浮箱拆卸顺序、浮箱积油的处置方式、浮盘已坍塌部分的拆卸方式、已坍塌部分的风险防护要求等，导致施工方案存在先天缺陷。未安排属地监督进行全程监督，未能及时发现承包商监护人、人员培训交底等方面存在的问题。

② 承包商安排缺乏浮盘拆卸作业经验人员施工，施工期间擅自更换监护人且不能全过程进行监护，未对现场作业人员和监护人员进行相关培训。

5.14　变更管理

5.14.1　概述

企业在生产经营过程中，可能面临来自内外部的临时性或永久性变更，这些变更可能带来 HSE 风险，影响企业职业健康安全绩效。因此，企业应对这些变更带来的危害进行有计划的辨识，确保风险得到有效控制。

5.14.2　变更分类

按照《职业健康安全管理体系　要求及使用指南》（GB/T 45001），变更至少包括：

（1）企业开发的新的产品、服务和过程，或对现有产品、服务和过程的改变，包括：

① 工作场所位置和周边环境的变更，如钻井施工更换井场后现场和周边环境的变化；某个车间为了引入电镀工艺，在原有车间区域内加挖几个电镀液槽等。

② 工作组织的变更，主要指工艺技术等发生变更，包括生产能力、原/辅材料（添加剂、催化剂、介质、成分比例）、工艺路线、流程/操作条件、工艺操作规程/方法、工艺控制参数、仪表控制系统的改变等。

③ 工作条件的变更，如班组生产方式由三班两倒改变为两班两倒，因疫情原因导致员工不能正常倒班休假，车间引入机器增加现场噪声值等。

④ 设备的变更，如设备设施的更新改造、非同类型配件等的替换（型号、材质），安全设施的变更，布局改变，备件材料、监控、测量仪表、计算机及软件的变更等。

⑤ 劳动力和人员的变更，如成熟员工辞职，新招聘的劳务派遣人员或社会化员工上岗，作业现场关键人员的临时替换等。

（2）法律法规和其他要求的变更，如法律法规或相关方要求发生变化，企业应了解这些要求并在内部采取联动措施。

（3）有关危险源和职业健康安全风险信息的变更，如危险化学品运输过程中某段行进路线因发生交通事故，或因雨水冲刷导致坍塌影响通行等。

（4）知识和技术的发展，如有助于危险源消除或降低安全风险的新的知识和技术出现的时候，企业对这些新的知识和技术加以运用，以提高安全绩效。

企业应制定变更管理制度，明确变更类型、分级、申请、审批、变更后续措施落实等管控流程，以规范变更管理。

5.14.3　变更申请

变更管理应落实"三管三必须"原则，即"谁变更谁申请，谁负责谁审批"。变更前，变更的实施部门或人员应对变更过程和变更后的风险组织进行分析，制订风险防控措施，必要时应开展工艺危害分析。变更应提交申请，申请内容通常包括：

（1）变更目的。

（2）变更内容（危害物料改变、设备设计依据改变、工艺或工程设计依据改变等）。

（3）变更的相关技术基础资料。

（4）变更对质量健康安全和环境的影响，以及应对措施。

（5）涉及作业规程和设备操作规程修改的，应提交修改后的规程文本。

（6）对相关人员培训和沟通的要求。

（7）变更的限制条件（如时间期限、物料数量等）。

5.14.4　变更风险评估

所有变更均应进行风险分析，涉及工艺技术的变更应组织开展工艺危害分析，各类变更的评估过程，应根据实际情况由评估申请单位、审批部门，以及变更影响到的相关作业人员、维修人员等参加。

5.14.5　变更审批

企业应对生产经营过程中发生的各类变更进行分级管理，履行审批程序。审批人应在完成变更申请书面审查后，组织申请人、作业人员、其他相关人员对现场变更风险管控情况进行核查，确认风险可控后，方可批准变更申请，同时安排监督人员对变更过程进行监督。

5.14.6　变更实施

施工作业队伍应严格按审批后的变更内容实施，不可逾越变更范围和变更内容，变更过程中监督人员应履行监督职责，确保各项风险防控措施落实到位。

变更完毕后，应对变更涉及的工艺流程图、操作规程等相关资料信息进行及时更新，对相关人员进行培训或沟通。

5.14.7　变更验收和关闭

变更完成后，作业审批人应组织申请人、施工作业单位、现场监督进行验收，在确认无误后，签字关闭变更管理。

5.14.8　典型事故案例

5.14.8.1　英国北海阿尔法平台爆炸事故

1988 年 7 月 6 日 22 时，英国北海阿尔法平台天然气生产平台发生爆炸，约 22 时 20 分气体立管破裂再次发生大爆炸，其后又发生一系列爆炸，整个平台结构坍塌，倒入海中，当时平台上共 226 人，其中 165 人死亡、61 人生还，造成巨大人员伤亡和经济损失。

（1）事故原因：

① 检维修人员拆掉了一台备用泵泄压管线上的压力安全阀，然后在原阀门两端管线上安装盲板法兰，但未上紧，平台工作人员不清楚此事，在启动这台问题备用泵时，导致高压凝析油从盲板法兰处泄漏，引发第一次爆炸。

② 第一次爆炸产生的冲击力破坏了防火墙，碎片撞断冷冻液管路，造成更大的泄漏，引发第二次爆炸。

③ 爆炸产生的巨大能量动摇了平台，钻井平台的原油开始泄漏，滴漏的石油原本应该穿过平台格子板直接入海，但因潜水员在格式板上铺了一层垫子未及时收走，导致泄漏的原油积累在铺垫上燃烧烘烤正上方冷冻液储槽的管路，最终导致管路被高温烧断，造成第三次爆炸，整个平台被大火吞噬，北海石油平台全部沉入大海。

（2）事故暴露出变更管理存在的问题：

在事故众多原因中，变更风险管控不到位是其中之一。

① 盲板抽堵管理过程不严格，检维修人员未按变更要求上紧盲板，导致发生泄漏。

② 压力安全阀拆走没安上这种变更信息未及时得到沟通。

③ 作业许可管理存在漏洞，检维修作业票没有按规定放在操作室，导致其他人不清楚该泵处于维修状态。

5.14.8.2　宁夏亚东化工有限公司"6·3"H_2S 中毒事故

2022 年 6 月 3 日，宁夏亚东化工有限公司（以下简称"亚东公司"）污水站废水收集调节池发生一起中毒事故，造成 2 人死亡，参与救援的 5 人轻微中毒。

（1）事故原因：

① 直接原因。

亚东公司污水站废水收集调节池加盖后形成密闭空间，在调节废水 pH 值作业过程中

产生 H_2S 等有毒有害气体并集聚，操作人员未佩戴防护用品打开废水收集调节池观察取样口覆盖物后，H_2S 气体从观察取样口溢出，造成作业人员吸入 H_2S 气体中毒，救援人员未佩戴防护用品进行盲目施救，导致人员伤亡扩大。

②间接原因。

（a）废水处理设施变更管理不严格。在污水站废水收集池和废水收集调节池上加盖（组织实施环保设施技术改造项目），没有委托有资质的设计单位设计，自行采购玻璃钢进行了封闭安装，形成了密闭空间，企业未严格执行变更管理程序，未进行安全风险分析辨识，未及时修订废水处理有关安全操作规程。

（b）未明确废水存储方式和安全注意事项。企业未对各种废水储存方式开展安全风险分析辨识，各种废水在污水站废水收集池和废水收集调节池内存在随意混存问题，为硫化氢气体产生形成有利条件。

（c）环保处理设施监督管理不力。企业环保设施运行管理制度和操作规程不健全，未制定调节废水 pH 取样检测安全操作规程，企业有关人员发现污水站废水处理区域臭鸡蛋味大，可能存在硫化氢气体的问题后，没有引起管理人员的重视，未有效监督进入污水存储区域作业人员佩戴便携式有毒有害气体检测仪和防毒面具进行作业。

（d）应急培训处置不到位。企业污水站区域没有设置防硫化氢气体中毒有关警示标志和应急处置牌，没有针对硫化氢气体中毒事故进行过演练，员工对硫化氢气体中毒事故应急处置措施不掌握、不熟悉，事故发生后，救援员工未佩戴防毒面具进入事故现场施救，导致事故伤亡扩大。

（2）事故暴露出变更管理存在的问题：

企业未严格执行变更管理程序，在污水站废水收集池和废水收集调节池上加盖（组织实施环保设施技术改造项目），没有委托有资质的设计单位设计，自行采购玻璃钢进行了封闭安装，形成了密闭空间；未进行安全风险分析辨识，未及时修订废水处理有关安全操作规程，未对员工反映的废水处理区域臭鸡蛋味大引起重视，未对人员发生硫化氢中毒后的救援措施进行培训等。

5.15 健康管理

5.15.1 概述

2019 年，全国爱国卫生运动委员会办公室和国家卫生健康委员会等相关部委联合印发《健康企业建设规范（试行）》，强调健康企业是健康"细胞"的重要组成之一。而对于企业来说，员工的健康管理是构建健康企业的基石。建立健全管理制度、建设健康环境、提供健康管理与服务、营造健康文化等方面是企业健康管理的主要内容，要坚持预防为主、防治结合，加强职业病预防、企业公共卫生建设和健康促进，保护员工生命安全、身心健康。

5.15.2 职业卫生管理

国家卫生健康委员会 2021 年发布施行的《工作场所职业卫生管理规定》中对职业卫生管理提出如下要求。

职业病危害严重的用人单位，应当设置或者指定职业卫生管理机构或者组织，配备专职职业卫生管理人员。其他存在职业病危害的用人单位，劳动者超过一百人的，应当设置或者指定职业卫生管理机构或者组织，配备专职职业卫生管理人员；劳动者在一百人以下的，应当配备专职或者兼职的职业卫生管理人员，负责本单位的职业病防治工作。

用人单位的主要负责人和职业卫生管理人员应当具备与本单位所从事的生产经营活动相适应的职业卫生知识和管理能力，并接受职业卫生培训。

对用人单位主要负责人、职业卫生管理人员的职业卫生培训，应当包括下列主要内容：

（1）职业卫生相关法律、法规、规章和国家职业卫生标准。

（2）职业病危害预防和控制的基本知识。

（3）职业卫生管理相关知识。

（4）国家卫生健康委员会规定的其他内容。

用人单位应当对劳动者进行上岗前的职业卫生培训和在岗期间的定期职业卫生培训，普及职业卫生知识，督促劳动者遵守职业病防治的法律、法规、规章、国家职业卫生标准和操作规程。用人单位应当对职业病危害严重的岗位的劳动者进行专门的职业卫生培训，经培训合格后方可上岗作业。因变更工艺、技术、设备、材料，或者岗位调整导致劳动者接触的职业病危害因素发生变化的，用人单位应当重新对劳动者进行上岗前的职业卫生培训。

存在职业病危害的用人单位应当制订职业病危害防治计划和实施方案，建立、健全下列职业卫生管理制度和操作规程：

（1）职业病危害防治责任制度。

（2）职业病危害警示与告知制度。

（3）职业病危害项目申报制度。

（4）职业病防治宣传教育培训制度。

（5）职业病防护设施维护检修制度。

（6）职业病防护用品管理制度。

（7）职业病危害监测及评价管理制度。

（8）建设项目职业病防护设施"三同时"管理制度。

（9）劳动者职业健康监护及其档案管理制度。

（10）职业病危害事故处置与报告制度。

（11）职业病危害应急救援与管理制度。

（12）岗位职业卫生操作规程。

（13）法律、法规、规章规定的其他职业病防治制度。

5.15.3　职业病危害场所管理

产生职业病危害的工作场所应当符合下列基本要求：

（1）生产布局合理，有害作业与无害作业分开。

（2）工作场所与生活场所分开，工作场所不得住人。

（3）有与职业病防治工作相适应的有效防护设施。

（4）职业病危害因素的强度或者浓度符合国家职业卫生标准。

（5）有配套的更衣间、洗浴间、孕妇休息间等卫生设施。

（6）设备、工具、用具等设施符合保护劳动者生理、心理健康的要求。

（7）法律、法规、规章和国家职业卫生标准的其他规定。

工作场所存在职业病目录所列职业病的危害因素的，应当按照《职业病危害项目申报办法》的规定，及时、如实向所在地卫生健康主管部门申报职业病危害项目，并接受卫生健康主管部门的监督检查。

新建、改建、扩建的工程建设项目和技术改造、技术引进项目（以下统称"建设项目"）可能产生职业病危害的，建设单位应当按照国家有关建设项目职业病防护设施"三同时"监督管理的规定，进行职业病危害预评价、职业病防护设施设计、职业病危害控制效果评价及相应的评审，组织职业病防护设施验收。

在醒目位置应当设置公告栏，公布有关职业病防治的规章制度、操作规程、职业病危害事故应急救援措施和工作场所职业病危害因素检测结果。

5.15.4　职业健康监护

生产经营单位是职业健康监护工作的责任主体，其主要负责人对本单位职业健康监护工作全面负责，需依照《职业健康监护管理办法》及《职业健康监护技术规范》（GBZ 188）、《放射工作人员健康要求及监护规范》（GBZ 98）等国家职业卫生标准的要求，制订、落实本单位职业健康检查年度计划，并保证所需要的专项经费。

生产经营单位需组织劳动者进行职业健康检查，并承担职业健康检查费用，应选择由省级以上人民政府卫生行政部门批准的医疗卫生机构承担职业健康检查工作。

对下列类型员工需进行上岗前的职业健康检查：

（1）拟从事接触职业病危害作业的新录用员工，包括转岗到该作业岗位的员工。

（2）拟从事有特殊健康要求作业的劳动者。

根据劳动者所接触的职业病危害因素，需定期安排劳动者进行在岗期间的职业健康检查。对在岗期间的职业健康检查，应按照《职业健康监护技术规范》（GBZ 188）等国家职业卫生标准的规定和要求，确定接触职业病危害的劳动者的检查项目和检查周期。需要复查的，应当根据复查要求增加相应的检查项目。

对准备脱离所从事的职业病危害作业或者岗位的劳动者，用人单位应当在劳动者离岗前 30 日内组织劳动者进行离岗时的职业健康检查。劳动者离岗前 90 日内的在岗期间的职业健康检查可以视为离岗时的职业健康检查。

职业健康检查结果及职业健康检查机构的建议需及时以书面形式如实告知劳动者。

根据职业健康检查报告，应采取下列措施：

（1）对有职业禁忌的劳动者，调离或者暂时脱离原工作岗位。

（2）对健康损害可能与所从事的职业相关的劳动者，进行妥善安置。

（3）对需要复查的劳动者，按照职业健康检查机构要求的时间安排复查和医学观察。

（4）对疑似职业病病人，按照职业健康检查机构的建议安排其进行医学观察或者职业病诊断。

（5）对存在职业病危害的岗位，立即改善劳动条件，完善职业病防护设施，为劳动者配备符合国家标准的职业病危害防护用品。

职业健康监护中出现新发生职业病（职业中毒）或者两例以上疑似职业病（职业中毒）的，应当及时向所在地安全生产监督管理部门报告。

用人单位需为劳动者个人建立职业健康监护档案，并按照有关规定妥善保存。职业健康监护档案包括下列内容：

（1）劳动者姓名、性别、年龄、籍贯、婚姻、文化程度、嗜好等情况。

（2）劳动者职业史、既往病史和职业病危害接触史。

（3）历次职业健康检查结果及处理情况。

（4）职业病诊疗资料。

（5）需要存入职业健康监护档案的其他有关资料。

5.15.5 劳动防护用品

5.15.5.1 基本要求

生产经营单位需建立健全个体防护装备管理制度，至少应包括采购、验收保管、选择、发放、使用、报废、培训等内容，并应建立健全个体防护装备管理档案。

入库前应对个体防护装备进行进货验收，确定产品是否符合国家或行业标准；对国家规定应进行定期强检的个体防护装备，用人单位应按相关规定，委托具有检测资质的检验检测机构进行定期检验。

作业人员在作业过程中，应当按照规章制度和个体防护装备使用规则，正确佩戴和使用个体防护装备。在作业过程中发现存在其他危害因素，现有个体防护装备不能满足作业安全要求，需要另外配备时，应立即停止相关作业，按照要求配备相应的劳动防护用品后，方可继续作业。

生产经营单位需安排专项经费用于配备个体防护装备，在成本中据实列支，不得以货币或者其他物品替代，并且要监督、教育从业人员按照使用规则正确佩戴、使用个体防护装备。

5.15.5.2　配备程序

依据国家法律、法规、标准及专业知识，针对不同作业场所、生产工艺、作业环境的特点，识别可能的危害因素。而后，根据辨识的作业场所危害因素和危害评估结果，结合劳动防护用品的防护部位、防护功能、适用范围及防护装备对作业环境和使用者的适合性，选择合适的劳动防护用品。个体防护装备应按照《个体防护装备配备规范　第1部分：总则》（GB 39800.1）有关规定及相关国家标准规定进行科学合理的选择和配备。

5.15.5.3　培训及使用

生产经营单位需按计划定期对作业人员进行培训，培训内容至少应包括工作中存在的危害种类和法律法规、标准等规定的防护要求，本单位采取的控制措施，以及劳动防护用品的选择、防护效果、使用方法及维护、保养方法、检查方法等。

未按规定佩戴和使用劳动防护用品的作业人员，不得上岗作业。作业人员应熟练掌握个体防护装备正确佩戴和使用方法，用人单位进行监督。

生产经营单位需按照产品使用说明书的有关内容和要求，指定受过培训的合格人员负责日常检查和维护，并按照有效的防护功能最低指标和有效使用期，到期强制报废。

5.15.6　职业卫生档案

根据国家卫生健康委员会发布2021年2月1日起施行的《工作场所职业卫生管理规定》要求，应当建立健全下列职业卫生档案资料：

（1）职业病防治责任制文件。

（2）职业卫生管理规章制度、操作规程。

（3）工作场所职业病危害因素种类清单、岗位分布，以及作业人员接触情况等资料。

（4）职业病防护设施、应急救援设施基本信息，以及其配置、使用、维护、检修与更换等记录。

（5）工作场所职业病危害因素检测、评价报告与记录。

（6）职业病防护用品配备、发放、维护与更换等记录。

（7）主要负责人、职业卫生管理人员和职业病危害严重工作岗位的劳动者等相关人员职业卫生培训资料。

（8）职业病危害事故报告与应急处置记录。

（9）劳动者职业健康检查结果汇总资料，存在职业禁忌证、职业健康损害或者职业病的劳动者处理和安置情况记录。

（10）建设项目职业病防护设施"三同时"有关资料。

（11）职业病危害项目申报等有关回执或者批复文件。

（12）其他有关职业卫生管理的资料或者文件。

5.15.7 企业公共卫生管理

《健康企业建设规范（试行）》要求企业应制订防控传染病、食源性疾病等健康危害事件的应急预案，采取切实可行的措施，防止疾病传播流行。

生产经营单位需加强公共卫生的管控工作，与所在地疾病控制部门或技术机构保持相关信息联络，及时、准确地收集、处理和报告疫情，开展对重大疾病尤其是传染病等的预防和监控工作，并制订本企业突发公共卫生事件应急预案。

在进入野外、海外、项目所在地区之前，应当开展公共卫生影响评价，编制公共卫生风险控制方案，对员工进行身体健康评估、必须的免疫接种、传染病预防等工作。

在施工过程中应当严格落实公共卫生风险控制方案，严格要求员工遵守疟疾等传染病预防措施，并配备相适应的医疗设施和相关药品。

生产经营单位需委托具有资质的医疗、卫生防疫机构，开展人员健康体检与培训、定期对食堂、水源、环境、物品进行消毒和卫生监测工作。

生产经营单位需开展野外、海外员工健康教育，包括卫生防疫、流行病地方病风险、防护措施、心理教育、应急电话、应急程序和撤离预案信息等。

5.15.8 健康企业建设

2019 年，全国爱国卫生运动委员会办公室和国家卫生健康委员会等相关部委联合印发了《关于开展健康企业建设的通知》和《健康企业建设规范（试行）》（以下简称《规范》），其中对健康企业建设提出了四方面的任务。

（1）建立健全管理制度。制订健康企业工作计划，结合企业性质、作业内容、劳动者健康需求和健康影响因素等，建立完善与劳动者健康相关的各项规章制度，规范企业劳动用工管理。

（2）建设健康环境。完善企业基础设施，为劳动者提供布局合理、设施完善、整洁卫生、绿色环保、舒适优美和人性化的工作生产环境。积极开展控烟工作，打造无烟环境。落实建设项目职业病防护设施"三同时"制度，做好职业病危害预评价、职业病防护设施设计及竣工验收、职业病危害控制效果评价。

（3）提供健康管理与服务。鼓励依据有关标准设立医务室、紧急救援站等，配备急救箱等设备。建立劳动者健康管理服务体系，实施人群分类健康管理和指导。制订应急预案，防止传染病等传播流行。制订并实施员工心理援助计划，提供心理咨询等服务。组织开展适合不同工作场所或工作方式特点的健身活动。落实《女职工劳动保护特别规定》。依法依规开展职业病防治工作。

（4）营造健康文化。广泛开展职业健康、慢性病防治、传染病防控和心理健康等健康知识宣传教育活动，提高员工健康素养。关爱员工身心健康，构建和谐、平等、信任、宽容的人文环境。切实履行社会责任。

生产经营单位需结合实际制订健康企业建设推进方案，包含阶段性目标，明确试点单位、责任分工、方法措施、资源保障、完成时限等内容。

生产经营单位需建立健康企业建设标准，标准切合企业实际，内容具有针对性和可操作性。

生产经营单位需组织开展健康企业建设自评和达标验收。可定期开展动态评估，发现问题及时解决，持续改进健康企业建设质量。

某公司健康企业建设的十项具体措施如下：

（1）抓实健康企业创建，健全健康责任体系，建设符合标准的作业场所。

（2）抓实全员定期健康检查，开展员工身心健康风险评估和心理健康服务，建立健康档案并实施科学指导干预。

（3）抓实员工休息休假制度执行，严格遵守法规要求，科学合理安排特殊工种岗位员工轮休补休。

（4）抓实员工健康状况与岗位适配度机制构建，制定特殊区域、特殊环境、特殊岗位工作的健康标准，合理安排员工上岗。

（5）抓实健康幸福文化建设，广泛开展丰富多彩的群众性文体活动，营造团结向上的企业氛围。

（6）员工要增强健康责任意识，树立"每个人是自己健康第一责任人"的理念，主动关注健康、重视健康。

（7）员工要提高身心健康素养，主动学习和了解职业病及常见疾病防治常识，提升个人防护、自救和互救能力。

（8）员工要践行健康工作方式，遵守制度规程，规范使用职业病防护用品。

（9）员工要践行健康生活方式，合理膳食、适量运动，倡导戒烟限酒、心理平衡。

（10）员工要培养诚信友善的精神品质，建立良好人际关系，营造健康工作环境、和睦家庭氛围。

5.15.9 员工健康体检

生产经营单位需定期组织开展员工职业健康检查，建立职业健康监护档案，实施员工岗位适应性健康评估。在进入海外项目所在地区之前，应对员工健康状态进行评估，开展必须的免疫接种，以及传染病预防、预警和管控。

对从事接触职业病危害因素作业的劳动者，应当按照《用人单位职业健康监护监督管理办法》、《放射工作人员职业健康管理办法》、《职业健康监护技术规范》（GBZ 188）、

《放射工作人员健康要求及监护规范》（GBZ 98）等有关规定组织上岗前、在岗期间、离岗时的职业健康检查，并将检查结果书面如实告知劳动者。

5.15.10 员工非生产亡人事件管理

员工非生产亡人事件是指员工因各类疾病和暴力伤害、游泳溺水、自然灾害等因素导致的意外死亡事件，不包含生产安全亡人事件和突发环境亡人事件。

生产经营单位需严格执行劳动安全卫生相关规定，建设符合标准的作业场所，抓实全员定期健康检查，对患心脑血管等高风险疾病人群采取干预措施，落实休息休假制度，保护员工健康。

生产经营单位是员工健康管理的责任主体，谁用工谁负责，谁的属地谁负责，员工是自己健康的第一责任人。所属企业和员工应当增强健康责任意识，主动关注健康、重视健康。

在非生产亡人管理方面，企业应做到：

（1）制定员工非生产亡人事件管理制度，明确相关要求。

（2）监督检查和考核下属单位员工非生产亡人事件管理工作。

（3）及时整改工作场所存在的问题和隐患，制订落实预防措施。

（4）及时报告员工非生产亡人事件，记录或台账完整、准确。

（5）组织开展非生产亡人事件调查，分析员工非生产亡人事件发生的管理原因，采取纠正和预防措施。

（6）定期统计分析员工非生产亡人事件，研究事件发生规律，采取相应预防措施。

5.16 清洁生产

5.16.1 概述

清洁生产是指不断采取改进设计、使用清洁的能源和原料、采用先进的工艺技术与设备、改善管理、综合利用等措施，从源头削减污染，提高资源利用效率，减少或者避免生产、服务和产品使用过程中污染物的产生和排放，以减轻或者消除对人类健康和环境的危害。推行清洁生产是贯彻落实节约资源和保护环境基本国策的重要举措，是实现减污降碳协同增效的重要手段，是加快形成绿色生产方式、促进经济社会发展全面绿色转型的有效途径。

5.16.2 清洁生产方案

5.16.2.1 第一阶段：策划和组织阶段

（1）制订清洁生产审核工作计划。

（2）开展宣传教育，普及清洁生产知识。

（3）确定清洁生产审核重点和目标。

（4）组织、实施清洁生产审核并及时向领导汇报实施情况。

（5）收集和筛选清洁生产方案并组织实施。

（6）编写清洁生产审核报告。

（7）总结经验，制订企业持续清洁生产计划。

5.16.2.2 第二阶段：预评估阶段

预评估阶段主要对企业闲置生产资料进行收集，如生产工艺、原材料、用水、能源、产品资料、环保情况、车间生产成本、人员培训等资料进行收集整理。然后进行现场调查，绘制生产工艺流程图，确定企业在生产过程中各种物料、资源能耗，并对污染物产生量进行了解和记录。之后通过了解相关先进企业的资料情况进行对比收集确定审核重点，从而设置清洁生产目标。

5.16.2.3 第三阶段：评估阶段

评估阶段，首先编制审核重点的生产工艺流程图，详细标示出工艺系统的物料出入、产出产品、副产品、废水、废气、废渣、残液取向等关系图。建立物料输入表、物料输出表、生产用水情况，废水、废气、固体废弃物排放情况汇总，建立物料平衡涂料和主要污染因子平衡图，分析污染物产生原因，为指导清洁生产方案提供科学的依据。

5.16.2.4 第四阶段：方案产生和筛选阶段

在该阶段，企业将收集到的资料进行分类汇总，由审核小组会同相关领导和咨询机构进行定性比较，针对审核重点物料平衡和对废物产生原因分析中出现的问题，提出去除和减少污染物的方案，制订多选备用方案。在方案筛选的过程中，对于投资少、见效快的无 / 低费方案继续实施，并与末端治理效果表进行列表比较，同时向职工宣传实施效果，调动广大员工参与清洁生产的积极性。

5.16.2.5 第五阶段：可行性分析阶段

本阶段主要是对所有的备选方案技术、环境、经济进行可行性分析评估，从而确定正式的实施方案。技术可行性分析主要对企业生产技术的先进性、成熟性、适用性、可靠性、影响力、生产管理、操作员素质等进行分析。环境可行性分析主要针对企业对资源的消耗、资源可持续性利用、污染物排量、污染物毒性及降解、二次污染、操作环境对员工健康影响情况、废弃物处理，以及是否符合相关环保法规及排放标准等情况的分析。经济评估就是对实施方案的费用及产生的效益进行分析，理论上是选择投资 / 利润率最小的方案。所以在经过这一系列的可行性分析后，确定技术、环境和经济上的最佳方案。

5.16.2.6 第六阶段：方案实施阶段

在确定好方案后，需要制定一个方案实施进度计划标准，对资金筹备及落实、技术改进、设备考察订购及安装调试、车间清理准备、人员培训情况、试运行、验收等情况进行跟进。这阶段需要企业领导和审核小组在项目完成后进行跟踪分析，总结取得的环境效益和经济效益，以及实施清洁生产的经验，并与实施前进行对比，列表说明清洁生产评估的效果。

5.16.2.7 第七阶段：持续清洁生产阶段

持续清洁生产阶段就是方案真正实施后，如何让清洁生产得以在企业长期、持续性推行的阶段。建议可以从四个方面入手，即建立和完善清洁生产组织、清洁生产管理制度、制订持续性清洁生产计划、及时总结、编制清洁生产评估报告。

清洁生产方案是一个系统的过程。它要求企业建立清洁生产审核小组、全体员工的参与，也需要清洁生产审核师、环保专家、行业专家等专业咨询服务机构的支持，更需要国家环保部门、行政审核部门的全过程参与和监督管理。

5.16.3 清洁生产实施

生产经营单位需按照减量化、再利用、资源化的原则，对生全过程实施污染预防和生态环境保护，推行清洁生产，发展循环经济。

生产经营单位需改进设计，使用清洁能源和原料，采用先进工艺技术与设备等，从源头削减污染，提高资源利用效率。

生产经营单位需依法落实清洁生产审核制度，制订并实施清洁生产方案，积极开展"绿色达标装置"和"绿色作业队"创建活动。

生产经营单位需加强对资源和能源的合理利用，降低单位产品水、电、气、燃料等资源能源消耗。

5.16.4 绿色企业建设

为了深入打好污染防治攻坚战，强化能源资源高效利用，大幅减少温室气体排放，企业应从绿色产品和服务、绿色生产和工艺、绿色文化和责任三大方面落实绿色低碳发展战略，促进企业实现经济效益、生态效益、社会效益的有机统一。

生产经营单位需把创新作为引领企业绿色低碳发展的第一动力，坚持事业发展科技先行，技术立企、自立自强，依靠科技创新支撑企业应用绿色生产工艺，依靠科技创新开发绿色产品和服务，加强科技和节能控排领域重点工程的早期结合与技术应用，不断推进企业清洁化、低碳化和资源循环化水平提升和能力升级。

生产经营单位需统筹推进适应气候变化与生态保护工作，把降碳作为源头治理的"牛鼻子"，着力解决企业与新形势新任务新要求不相适应的节能环保问题，持续推进污染治理升级和二氧化碳减排行动，实现节能、减污、降碳协同效应。

生产经营单位需加强相关规划制度的有机衔接，加强绿色低碳试点示范宣传，上下达成共识，形成合力，使绿色低碳发展理念融入设计、采购、建设、生产、管理的各方面和全过程，形成日趋完善的绿色低碳发展体制机制，为绿色企业创建营造良好环境。

为了深入推进绿色企业建设，需考虑如下方面：

（1）推进绿色产业结构升级。

（2）构建低碳能源供应体系。

（3）打造高质量产品与服务。

（4）实施清洁生产。

（5）构建绿色供应链。

（6）提升资源能源节约利用水平。

（7）强化污染治理升级。

（8）加强甲烷控排措施。

（9）加强碳资产管理。

（10）保障生态安全。

（11）建立绿色低碳管理考核培训长效机制。

（12）建立和完善绿色企业评价标准体系。

（13）加大绿色低碳技术研发与应用。

（14）培育绿色低碳文化。

（15）加强绿色低碳国际合作交流。

5.17　消防安全管理

5.17.1　概述

以《中华人民共和国消防法》等法律法规为基础，企业制定消防安全管理制度，开展消防安全工作，安装和维护消防设施，组织防火检查，督促落实火灾隐患整改，开展员工安全培训和消防演习，保证企业生产经营活动的安全，减少火灾等意外事故的发生。

5.17.2　消防安全责任

企业消防安全责任管理要求如下：

（1）落实消防安全责任制，制定本企业消防安全制度、消防安全操作规程，制订灭火和应急疏散预案；按照国家标准、行业标准配置消防设施、器材，设置消防安全标志，并定期组织检验、维修，确保完好有效；对建筑消防设施每年至少进行一次全面检测，确保完好有效，检测记录应当完整准确，存档备查；保障疏散通道、安全出口、消防车通道畅通，保证防火防烟分区、防火间距符合消防技术标准；组织防火检查，及时消除火灾隐患；组织进行有针对性的消防演练。

（2）确定消防安全管理人，组织实施消防安全管理工作；企业应建立消防档案，确定消防安全重点部位，设置防火标志，实行严格管理；对职工进行岗前消防安全培训，定期组织消防安全培训和消防演练。

（3）将消防工作与生产、科研、经营、管理等活动统筹安排，批准实施年度消防工作计划；为企业消防安全提供必要的经费和组织保障；根据消防法规的规定建立专职消防队、义务消防队。

（4）根据需要确定消防安全管理人。消防安全管理人对消防安全责任人负责，实施和组织落实下列消防安全管理工作：拟订年度消防工作计划，组织实施日常消防安全管理工作；组织制定消防安全制度和保障消防安全的操作规程并检查督促其落实；拟订消防安全工作的资金投入和组织保障方案；组织实施防火检查和火灾隐患整改工作；组织实施消防设施、灭火器材和消防安全标志的维护保养，确保其完好有效，确保疏散通道和安全出口畅通；组织管理专职消防队和义务消防队；在员工中组织开展消防知识、技能的宣传教育和培训，组织灭火和应急疏散预案的实施和演练；企业消防安全责任人委托的其他消防安全管理工作。消防安全管理人应当定期向消防安全责任人报告消防安全情况，及时报告涉及消防安全的重大问题。

（5）整体考虑建筑物设计、施工、使用及拆除的消防安全要求，强化建筑物消防设施的布置、维护和管理，确保消防系统各部件正常运行。

（6）建立日常消防和安全检查制度，定期开展消防安全检查，配备专人负责巡查和检查消防设施和器材的运行情况，及时发现和消除消防安全隐患。

（7）对于火灾易发区域、火灾危险性大的场所或活动，确定预防和控制措施，明确消防安全管理职责和要求。

（8）强化对消防安全的监管和管理，建立消防安全责任追究机制，对消防安全责任不落实、消防设施和器材未保持良好状态等行为给予惩罚。

（9）加强火灾风险评估，对各种类别的火灾风险进行分类、评估和控制，加强应急管理，建立和规范消防安全应急预案，开展模拟演练，提高应急处理的效率和精准性。

（10）强化消防安全宣传教育和培训，提高职工的消防安全意识和自我防范能力。

（11）建立完善的火灾报警和监控系统，对各种类型的火灾隐患和风险进行全面掌控和管理。严格落实各类火灾预防措施，包括加强火源管理、电气设备安全管理、防火安全制度、防火检查和改进措施等。

5.17.3　专兼职消防队

根据消防法规的有关规定，企业建立由职工组成的专职或者兼职应急救援队伍，建立专职消防队、义务消防队，配备相应的消防装备、器材，并组织开展消防业务学习和灭火技能训练，提高预防和扑救火灾的能力。

消防安全重点企业应当有合法的组织机构和管理制度，制定职责明确的消防队伍管理规定，设置或者确定消防工作的归口管理职能部门，并确定专职或者兼职的消防管理人员；其他企业应当确定专职或者兼职消防管理人员，可以确定消防工作的归口管理职能部门。归口管理职能部门和专兼职消防管理人员在消防安全责任人或者消防安全管理人的领导下开展消防安全管理工作。

专职消防队是承担灭火救援任务的专业化队伍，必须实行昼夜执勤，建立正规的执勤制度，明确各级、各类人员的执勤职责，确保接到报警能够迅速出动，有效地完成灭火救援任务。专职消防队可根据当地公安消防部门的要求，设立经常性战备、二级战备、一级战备等级，并设定不同等级下的战备要求，包括执勤、训练、休假等。专职消防队应建立和完善战备制度，包括以下几个方面：

（1）战备值班制度。明确值班人员基本素质要求、值班职责、信息报送、交接班相关事宜。

（2）战备教育制度。明确战备教育的时限、内容、计划制订和实施要求。

（3）战备检查制度。明确各级战备检查的权限、频次、内容，以及检查中存在问题的报送和处理事项。

（4）装备管理制度。明确战斗装备的配备与购置、日常保管与存放、操作使用管理、定期检查及测试、维护保养与维修、报废更新管理等要求。

（5）水源管理制度。建立辖区消防水源管理制度及辖区水源手册等资料，及时掌握本辖区消防水源规划、建设、管理情况，定期检查熟悉、检查保养，发现问题，及时协调有关部门解决。

（6）辖区情况熟悉制度。建立辖区情况熟悉制度，明确各级值班领导和值班、执勤人员辖区情况熟悉的分工、内容、标准、要求，以及辖区情况熟悉的频次和时限等内容。

危险化学品存在火灾、爆炸、泄漏、中毒等较高的事故危险性和灾情复杂性，专兼职消防员应了解并掌握危险化学品的特点及应急处置措施。专兼职消防队员至少具备初级消防员资格证书。每位消防队员在正式上岗前应参照国家有关消防规定和标准，进行专业化培训和考核，定期进行消防演练和实战演练，提高队员的应变和救援能力，确保队员具有必要的消防知识和技能。专兼职消防队员定期进行消防检查和维护教育，确保消防设施和设备的正常运行。制订完善的应急预案，提高专兼职消防队员的应急处置能力。专职消防员的训练内容包括体能训练、技术训练、战术训练、指挥技能训练、心理训练和现场应急救援训练。专兼职消防队要深入贯彻落实国家有关消防管理的政策和法律法规，发挥好自身作用，积极开展各种消防宣传工作，提高企业员工的消防安全意识。专职消防员要根据训练的基本规律，开展科学正规训练，训练的基本原则包括以下几个方面：

（1）训战一致原则。针对灭火救援特点，紧密结合负担的执勤任务，努力缩短训练与实战的距离，做到"仗怎么打，兵就怎么练"，提高队伍的战斗力。

（2）从难从严原则。把灭火救援准备工作的立足点放在扑救和处置那些现场环境险恶、情况复杂、扑救和处置难度大、容易造成大量人员伤亡的各类灾害事故上，立足于"灭大火、打恶仗"，研究训练的重点，难点。

（3）分类实训原则。依据企业专职消防队担负的灭火救援任务，实施分类训练。

（4）正规系统原则。按照训练大纲规定的内容进行全面、系统、严格、正规的训练，保持良好的训练秩序。

（5）训练一致原则。注重提高正课训练效率，加强平时养成教育，坚持训练与养成相结合，提高巩固训练成绩。

5.17.4　火灾预防

企业根据自身情况制订火灾应急预案，应急预案的基本内容应包括企业的基本情况、应急组织机构、火情预想、报警和接警处置程序、应急疏散的组织程序和措施、扑救初起火灾的程序和措施、通信联络、安全防护救护的程序和措施、灭火和应急疏散计划图、注意事项等。

按照国家有关规定，结合自身特点，建立健全各项消防安全制度和保障消防安全的操作规程，并公布执行。企业消防安全制度主要包括以下内容：消防安全教育、培训，防火巡查、检查，安全疏散设施管理，消防（控制室）值班，消防设施、器材维护管理，火灾隐患整改，用火、用电安全管理，易燃易爆危险物品和场所防火防爆，专职和义务消防队的组织管理，灭火和应急疏散预案演练，燃气和电气设备的检查和管理（包括防雷、防静电），消防安全工作考评和奖惩，其他必要的消防安全内容。

将容易发生火灾、一旦发生火灾可能严重危及人身和财产安全，以及对消防安全有重大影响的部位确定为消防安全重点部位，设置明显的防火标志，实行严格管理。

对动用明火实行严格的消防安全管理。禁止在具有火灾、爆炸危险的场所使用明火；因特殊情况需要进行电、气焊等明火作业的，动火部门和人员应当按照企业的用火管理制度办理审批手续，落实现场监护人，在确认无火灾、爆炸危险后方可动火施工。动火施工人员应当遵守消防安全规定，并落实相应的消防安全措施。公众聚集场所或者两个以上企业共同使用的建筑物局部施工需要使用明火时，施工企业和使用企业应当共同采取措施，将施工区和使用区进行防火分隔，清除动火区域的易燃、可燃物，配置消防器材，专人监护，保证施工及使用范围的消防安全。

保障疏散通道、安全出口畅通，并设置符合国家规定的消防安全疏散指示标志和应急照明设施，保持防火门、防火卷帘、消防安全疏散指示标志、应急照明、机械排烟送风、火灾事故广播等设施处于正常状态。严禁下列行为：

（1）占用疏散通道。

（2）在安全出口或者疏散通道上安装栅栏等影响疏散的障碍物。

（3）在营业、生产、教学、工作等期间将安全出口上锁、遮挡或者将消防安全疏散指示标志遮挡、覆盖。

（4）其他影响安全疏散的行为。

5.17.5　灭火抢险救援

任何人发现火灾都应当立即报警。任何企业、个人都应当无偿为报警提供便利，不得阻拦报警。严禁谎报火警。人员密集场所发生火灾，该场所的现场工作人员应当立即组织、引导在场人员疏散。任何企业发生火灾，必须立即组织力量扑救。邻近企业应当给予支援。

在报警的同时，企业要立即启动应急预案，做好员工的撤离工作。撤离过程中，要清晰明确地指示员工应该经过哪些路线和通道，尽量避免员工的惊慌和混乱，确保员工安全撤离。

专职消防员在接到报警后要询问灾害事故的有关情况，听清事故地点、危害程度和规模等关键性内容，并进行文字或语音记录报警内容。执勤消防人员听到出动信号后，立即出警，迅速、准确、安全地到达现场，有序开展灭火救援行动，包括侦查检测、现场警戒、实施灭火、现场救人、火场供水、保护和疏散物资、现场爆破、现场堵漏、火场排烟、现场清消、收尾等工作。

在灭火过程中，要注意对周围环境的保护，避免器材损坏和二次燃烧的发生。扑救有毒或燃烧产物有毒的爆炸品火灾时，应佩戴隔绝式空气呼吸器。

火灾扑灭后，起火企业应当保护现场，接受事故调查，如实提供火灾事故的情况，协助公安消防机构调查火灾原因，核定火灾损失，查明火灾事故责任。未经公安消防机构同意，不得擅自清理火灾现场。

当企业火灾救援工作完成之后，企业要及时做好事后的监测和整改工作。对已经受到损害的设施和器材进行全面检查、修复和更换。企业还应着手完善火灾预防、预警、救援机制，为员工和企业提供更加全面的安全保障。

5.17.6　典型事故案例：大连"7·16"输油管道爆炸火灾事故

（1）基本情况：

某石油公司所属 30×10^4t"宇宙宝石"油轮在向原油罐区卸送原油；某燃料油股份有限公司委托某作业公司负责加入原油脱硫剂作业，作业公司安排上海某公司在原油罐区输油管道上进行现场作业。

7月15日15时30分左右，"宇宙宝石"油轮开始向原油罐区卸油，卸油作业在两条输油管道同时进行。20时左右，作业公司作业人员开始通过原油罐区内一条输油管道（内径0.9m）上的排空阀，向输油管道中注入脱硫剂。7月16日13时左右，油轮暂停卸油作业，但注入脱硫剂的作业没有停止。

18时左右，在注入了88m³脱硫剂后，现场作业人员加水对脱硫剂管路和泵进行冲洗。18时08分左右，靠近脱硫剂注入部位的输油管道突然发生爆炸，引发火灾，造成部分输油管道、附近储罐阀门、输油泵房和电力系统损坏和大量原油泄漏。

（2）事故后果：事故导致储罐阀门无法及时关闭，火灾不断扩大。原油顺地下管沟流淌，形成地面流淌火，火势蔓延。事故造成103号罐和周边泵房及港区主要输油管道严重损坏，部分原油流入附近海域。

（3）事故原因：

① 事故企业对所加入原油脱硫剂的安全可靠性没有进行科学论证。

② 原油脱硫剂的加入方法没有正规设计及对加注作业进行风险辨识，没有制定安全作业规程。

③ 原油接卸过程中安全管理存在漏洞。指挥协调不力，管理混乱，信息不畅，有关部门接到暂停卸油作业的信息后，没有及时通知停止加剂作业，事故企业对承包商现场作业疏于管理，现场监护不力。

④ 事故造成电力系统损坏，应急和消防设施失效，罐区阀门无法关闭。

⑤ 港区内原油等危险化学品大型储罐集中布置，也是造成事故险象环生的重要因素。

5.18　交通安全管理

5.18.1　概述

道路交通安全工作坚持"安全第一、预防为主、综合治理"的方针，从驾驶员、车辆和交通运行管理三个角度进行有效管理，最大程度减少事故发生的风险，保障企业安全运行。

5.18.2　驾驶员管理

驾驶员管理是交通安全管理的重要基础，属于对人的管理。

驾驶员动态管理与内部准驾管理制度是驾驶员管理的重要抓手。在实际管理中，需要做到：明确驾驶员的选用条件、技术等级与晋级标准，定期开展驾驶员综合素质测评或安全驾驶技能评定；明确内部准驾的条件、考评标准、审验和注销等要求，并按照车辆类别实行内部准驾分类管理；未取得内部准驾资格的人员禁止驾驶所属企业所使用的车辆。此外，企业还需建立驾驶员动态管理长效机制，细化考核标准，从安全意识、法律法规、安全知识、驾驶经历、身体状况、判断能力、反应能力、处置能力、安全业绩及培训考核等方面，定期开展驾驶员能力动态评估工作。建立驾驶员安全行驶里程统计标准和管理机制，根据安全驾驶里程、违章报警等情况，建立驾驶员长周期安全管理数据库，支撑驾驶员动态管理长效机制实施。

驾驶员档案是驾驶员管理的基础。驾驶员档案应包括但不限于驾驶员的基本信息、资质、工作经历、教育培训、奖惩考核、事故记录、证件审验、驾驶员职业健康体检记录及安全行车记录等。企业需进行驾驶员档案的动态更新和管理。

驾驶员需首选取得内部准驾资格。在申请内部准驾资格时，除应持有与所驾驶车辆车型相符的有效驾驶证外，还应通过企业内部组织的身体状况审查及基础理论和实际技能考核。驾驶道路危险货物运输车辆等专用车辆的驾驶员还应取得相应的从业资格证等资质。内部准驾资格的复审周期为一年，复审应通过驾驶员遵纪守法情况、驾驶能力、安全驾驶业绩等内容的考核。驾驶员在一个考核周期（12个月）内，未发生道路交通责任事故、无违法违规行为且日常教育培训考核合格的，可免内部年审。未通过内部准驾资格年审考核、变更准驾车型或其他原因需要停止准驾资格的，企业应及时将其资格注销。新入职驾驶员或初次申领更高类别车型内部准驾资格的，驾驶员所在企业应安排其不少于一个月的跟车实习，实习期满考核不合格的应注销其内部准驾资格。

驾驶员仍需接收定期和不定期的培训，以提升安全驾驶能力。企业建立驾驶员教育培训制度，依据道路安全环境、运输任务和驾驶能力等因素，结合本企业驾驶员特点、违章报警情况，以及道路气候环境、行车任务等阶段性任务特点等，编制驾驶员岗位培训矩阵，利用微课堂、每日安全讲话、每周安全学习、事故分析会等方式，开展以驾车不安全行为危害及防御性驾驶措施为重点的针对性培训。培训内容至少应包括道路交通安全的法律法规、企业规章、车辆技术条件、安全驾驶技能、道路环境风险防范措施及道路交通事故应急处置等。

此外，企业还需强化技术监管，利用技术手段实现和增强驾驶员的安全管理。增加主动安全的行为监测。通过安装传感器，实现对驾驶员的疲劳驾驶、接打电话、抽烟和异常操作进行判断和分析，提前将有危险的信息反馈给驾驶员，使驾驶员能够有时间做出安全规避操作。

5.18.3 车辆管理

车辆管理是交通安全管理的另一重要基础，属于对物的管理。企业自有及租赁车辆应符合《机动车运行安全技术条件》（GB 7258）等国家和行业标准，并在公安交通管理部门审验合格的有效期内。

按照运行风险大小，车辆分为一类车辆、二类车辆和三类车辆。其中，一类车辆包括载运《危险货物品名表》（GB 12268）中的危险货物及《危险化学品目录》（2015版）中的危险化学品的车辆（以下统称"危险货物运输车辆"）、20座及以上大型载客汽车、用于员工通勤的10座及以上中型载客汽车；二类车辆包括其他中型载客汽车、重型载货汽车（总质量为12t及以上的普通货运车辆）、地震仪器车、通信仪器车、消防车、长输管道巡线车等专项作业车，以及各类现场作业半挂车；三类车辆为除一类车辆、二类车辆以外的其他车辆。

对于以上三种车辆，需安装车载终端，以满足对车辆定位、跟踪的需求。其中，一类和二类车辆应安装、使用符合国家标准的卫星定位系统车载终端（以下简称"车载终端"），三类车辆可根据需要安装、使用车载终端。对车辆进行分类之后，可进一步实施专业化管理，制定车载终端安装、分级监控、车辆运行管理等管理制度，明确各类车辆的调派使用、维护保养、检验检查等程序及要求。依据车辆的车型、定员与载荷、运行风险、功能转换及用户变更等，组织车辆与所承担生产经营任务的适宜性评估，保证车辆与所承担的生产经营任务的安全要求相适应。此外，建立完善车辆动态安全监控体系，建立车辆动态监控系统，发挥及时纠正驾驶员超速驾驶、疲劳驾驶等违章行为的作用。严格按照国家相关规定，安装卫星定位车载终端，接入车辆动态监控系统，推动车辆动态监控信息集中管理。建立车辆监控系统安全运行管理相关制度，明确包括系统平台建设、维护及管理，车载终端安装、使用及维护，监控人员岗位职责及值班管理，交通违法动态信息处理和统计分析等管理要求，有效发挥监控系统的安全监管作用。

除此之外，还要建立健全车辆技术档案。车辆技术档案应包括车辆基本情况、主要技术参数、运行记录、维修保养记录、车辆变更等信息。同时，建立车辆维护保养制度，定期开展车辆安全技术状况检查。车辆必须按国家车辆管理机关规定的期限接受检验，未按规定检验、检验不合格，以及隐患整改未合格的车辆不得上路行驶。达到国家《机动车强制报废标准规定》的车辆必须及时报废。报废车辆应按规定交售有资质的机动车回收拆解企业处置，并及时将报废机动车登记证书、号牌、行驶证交公安机关交通管理部门注销。

对外部租赁的车辆进行准入审查，审查内容包括准运资质、强制检验、违章记录等情况，并对车辆运行安全技术条件进行检验，准入审查和检验合格方可租用。车辆租赁应签订安全生产合同，并按照"谁租赁、谁负责，谁使用、谁管理"的原则落实使用方的管理责任。不得向个人或不具备资质的企业租赁车辆。

5.18.4　交通运行管理

交通运行管理是运输系统中各种资源（驾驶员、车辆等）的协调安排。按照国家道路交通安全相关法律、法规中有关道路通行条件的要求，科学评估并确定企业专用公路和内部道路的危险区域或路段，并依法依规设置道路交通标志、标线，对于保障交通安全具有重要意义。

对于企业而言，结合所属专业及道路运输风险特点，建立健全道路交通风险管控和隐患整治机制，根据道路环境、车辆类别、驾驶员素质、承担任务等内容，开展道路交通安全危害因素辨识和风险评估，制订并落实风险防控措施，不定期开展风险防控措施落实情况的监督检查。建立并完善符合国家标准的车辆卫星定位系统监控平台，并按照车辆类别对车辆运行过程进行实时监控与管理。

对于车辆的管理。根据企业建立的车辆调派审批制度进行管理，明确各类车辆调派审批的程序、职责和要求，派车前审批者应向驾驶员明确交代执行任务、行车路线、主要风险与削减措施。

对于驾驶员的管理。驾驶员应执行出车前、行车中和收车后的检查制度，对车辆各部件、安全设施和装载物品进行检查，确保车辆安全行驶。驾驶员应遵守道路交通安全法律、法规和制度的规定，安全规范驾驶车辆。企业应严格驾驶员不安全驾驶行为的监督考核，严惩以下违法违章驾驶行为：

（1）未取得或未携带驾驶证、行驶证、审批调派手续，以及所驾车辆与证件标明车型不符等驾驶行为。

（2）超过限速标志、标线标明和所属企业规定的速度驾驶行为。

（3）酒后驾驶车辆行为。

（4）疲劳驾驶行为。

（5）行驶中强超强会、争抢车道、违法占道等行为。

（6）驾驶员及乘员不系安全带、驾车使用电话等行为。

（7）其他严重违反道路交通安全法律、法规和所属企业相关规定的行为。

对于车辆运行的管理，企业需合理安排车辆任务，保证驾驶员每日累计驾驶时间不超过 8h，以及连续驾驶 4h 应不少于 20min 停车休息的规定。确需连续行驶超过 8h 的车辆，应安排驾驶员轮换驾驶。法定节假日期间，对非生产使用的车辆实行交车辆钥匙、交行驶证及定点封存车辆的制度。载货车辆不得超过核定的载荷运载货物，载客车辆不得超过核定的载人数量运载人员。车辆进入有防火防爆要求的区域或道路，必须履行审批手续并符合防火防爆要求。结合车辆类型、任务特点、运行频次、行驶里程、行车风险，以及违法违规和事故等因素，建立驾驶员安全行驶里程累积统计管理标准，并建立安全行驶目标里程激励机制，表彰奖励安全行驶里程达标的驾驶员。

对于道路交通的安全管理，企业也肩负一定的职业。例如，强化道路运输高风险业务安全管控，严把高风险业务运输承包商准入资质审查关，严格对租赁的外部车辆进行准入审查，完善车辆对外出租安全管理制度，清除不合格的运输承包商及车辆。此外，应加强重点领域关键环节风险管控，涉及危险物品道路运输的企业应建立完善危险物品道路运输车辆在环境敏感区域及关键道路行车的安全预警及监控体系。要强化对危险化学品运输装卸等关键作业环节的安全管理，加强车辆防碰撞和防油品泄漏技术的应用，确保运输危险物品的机动车准运资质合法有效。定期开展机动车检验与检测，确保车辆资质符合法规要求。强化大型客运车辆安全管理，杜绝大型客运车辆发生群死群伤交通事故。加强长途车辆安全管理，健全完善长途车辆运行过程监控管理制度，确保长途行车安全。严格道路交通事故管理，严格执行事故信息报告制度，事故企业都要及时、准确、完整地上报事故信息。完善道路交通事故应急救援机制，加强道路交通事故的应急处置。企业接到事故报告后，要立即启动应急预案，迅速组织救援队伍开展救援。加强道路交通事故应急处置培训及演练，确保相关人员掌握处置流程及处置方法。规范道路交通事故档案管理，及时跟踪道路交通事故结案情况，健全完善包括事故登记表、事故调查报告、事故认定书、事故处理文件等主要内容的事故档案并分级保存。要组织所属车辆企业结合事故中暴露出的驾驶员违章行为、车辆技术状况、天气状况及高危道路环境等因素，细化道路交通风险识别内容、修改完善风险提示图表，明确出车前安全交代要点、规范行车路单审批流程，开展针对性教育培训，确保事故资源得到有效利用。

5.18.5　典型事故案例：京沪高速江苏淮安段 2005 年"3·29"事故

（1）基本情况：

2005 年 3 月 29 日，京沪高速公路南行线沂淮江段 103 千米 500 米处，一辆装运 40.44t 液氯（核载 15t）罐式半挂货车因左前轮突然爆胎，方向失控撞毁中央护栏，冲入对向车道并发生侧翻，与对向驶来的半挂车碰撞，液氯罐车所载液氯泄漏。

（2）事故后果：造成 29 人中毒死亡，456 人中毒住院治疗，1867 人门诊留治。

（3）事故原因：

① 肇事液氯重型罐式半挂货车严重超载，核定载质量为 15t，事发时实际运载液氯多达 40.44t，超载 169.6%。

② 车辆违规使用报废轮胎，导致左前轮爆胎，在行驶的过程中车辆侧翻，致使液氯泄漏。

③ 肇事车驾驶员、押运员在事故发生后逃离现场，失去最佳救援时机，直接导致事故后果的扩大。

④ 车辆没有办理危险品道路运输通行证，属于违法运输。

6 承包商和供应商管理

6.1 承包商管理

6.1.1 概述

《职业健康安全管理体系 要求及使用指南》（GB/T 45001）中对承包方的定义：按照约定的规范、条款和条件向组织提供服务的外部组织。

承包方的活动可能影响企业的正常生产，也可能受到企业活动的影响，在工作场所存在多个承包作业时，相互之间也会产生影响。因此，企业应建立承包商管理制度，明确承包商类型、管理职责与分工、承包商准入与选商、进厂培训与安全交底、作业过程监管、绩效考核、续用及退出等管理要求，以强化承包商管理，防范事故发生。

6.1.2 承包商安全资格预审

企业应确保承包商及其工作人员满足企业职业健康安全管理体系要求，应对承包商资质进行审查。审查内容通常包括：

（1）营业执照、组织机构代码证、税务登记证、开户许可证、法人代码证等。

（2）企业资质等级证书、主管部门或政府部门颁发的安全许可证；国家及行业要求实施质量认证和特殊规定的产品，必须提供国家权威认证机构的质量认可证书。

（3）企业简介，包括企业性质、业务范围、授权委托书、资质等级、技术装备和技术人员情况。锅炉、压力容器、压力管道和消防工程设计、安装的承包商还须出示相应的从业许可证、资质证。

（4）主要技术人员的职称证书、资格证书和特殊工种从业人员上岗证。

（5）近三年的安全业绩。

通过预审的承包商进入企业承包商目录，供今后招标、谈判使用。

6.1.3 承包商安全管理要求

承包商选商确定后，应根据施工项目与承包商签订安全协议或合同附件，其内容应包括：

（1）企业安全政策告知、详细工作范围、清晰界定安全责任。

（2）发包单位提出的确保施工安全的组织措施、安全措施和技术措施要求。

（3）承包商制订的确保施工安全的组织措施、安全措施和技术措施。

（4）承包商应遵照执行的有关安全文明生产、治安、防火等方面的规章制度。

（5）发包单位对现场实施奖惩的有关规定。

（6）有关事故报告、调查、统计、责任划分的规定。

（7）对承包商人员进行安全教育、考试及办理施工人员进入现场应履行的手续等要求。

（8）承包商不得擅自将工程转包、分包和返包。在工作中遇有特殊情况需要由企业配合完成的工作，应书面提出申请，经发包单位领导批准后，指派有关部门、班组配合完成。

（9）承包商在施工过程中不得擅自更换工程技术管理人员、安全管理人员和关系到施工安全及质量的特殊工种人员，特殊情况需要换人时须征得发包单位的同意，并对新参加工作人员进行相应的安全教育和考核，合格后方可使用。

6.1.4　承包商安全培训

企业应对承包商作业人员进行入厂安全教育和施工安全教育，考试合格后方可凭合格证或人员身份证明入厂；应保存承包商人员安全教育记录；对承包商项目管理人员（项目负责人、项目安全管理人员、现场技术负责人）进行专项安全培训。企业应采取有效措施防止未经培训的承包商人员进入厂区。

（1）安全管理部门负责对承包商进行入厂安全教育，内容包括：

① 企业安全规章制度。

② 作业区域概述。

③ 工作场所的风险及安全健康环保要求。

④ 工作场所的有害物质。

⑤ 现场应急反应和报警（包括消防应急）。

⑥ 作业许可证制度。

⑦ 典型事故教训、事故报告。

⑧ 车辆安全。

⑨ 门禁和保卫。

⑩ 法律法规要求的其他内容。

（2）项目负责部门负责对承包商进行相关作业场所的安全规范、规定的培训安全教育，内容包括：

① 工程概况、施工特点和安全管理要求。

② 工作场所的风险及安全健康环保要求（如危险废弃物"三废"排放）。

③ 工程施工区域内的主要危险作业项目和场所风险分析及管控措施，安全注意事项。

④ 工作场所的职业危害因素及个人防护用品的使用要求。

⑤ 现场应急反应和报警；现场紧急情况下的疏散、急救和应急处理，应急救援器材的使用和逃生。

⑥ 事故报告等内容。

6.1.5 承包商现场风险管控要求

（1）企业应为承包商提供安全的作业条件，包括：

① "三通一平"，即道路、给排水、电力均已经打通接通，施工场地已经平整。

② 施工区域周边环境具备施工作业条件（现场无泄漏、周边生产设施生产正常等）。

③ 需要特殊作业时，应及时办理特殊作业票证，提供作业环境安全条件和属地安全监督。

（2）企业应对承包商的施工方案，尤其是其中的风险辨识结果、安全措施和应急预案进行审核。施工方案内容至少包括：作业活动范围、内容、作业活动的主要危险危害因素分析、防范措施及责任人、时间节点和事故应急措施等。

（3）企业和承包商应组织相互间安全交底，双方签字确认。

① 企业向承包商交底内容：作业过程中可能出现的泄漏、火灾、爆炸、中毒窒息、触电、坠落、物体打击和机械伤害等方面的危害因素、防范措施和事故应急措施、作业票证管理、临时用电、厂内机动车等特殊要求；企业生产装置存在退料、吹扫记录，能量隔离记录清单等。

② 承包商向企业交底内容：参加作业人员、安全培训、安全器具准备等方面。

（4）企业应对承包商作业进行全程安全监管，对特级动火作业、进入受限空间作业应全程视频监控。

① 作业前监督管理内容：各级人员安全职责明确，并落实到位；入厂和各级教育均按规定要求进行；特种作业人员持证上岗；设备设施满足施工要求；关键人员未发生变更或已履行变更手续；安全作业规程、施工方案满足要求等。

② 作业过程中监督管理内容：项目施工的直接作业环节危害辨识与控制情况，作业规程和方案执行情况；特殊作业环节危害辨识、票证管理、监护人职责落实情况；变更管理危害辨识、变更申请与措施执行情况；各类违规违纪、人员违章、隐患查改情况；事件和事故报告与处理情况等。

③ 作业后监督管理内容：现场验收，按照施工方案和相关票证完成施工任务，做到"工完、料净、场地清"，所有隐患均得到有效处理，所有特殊作业涉及的能量隔离等措施均已恢复原状，验收通过后签字确认。

企业应建立对承包商的监督检查记录，保存承包商在本企业作业中的事故事件记录。

6.1.6 承包商安全绩效评估

企业应定期评估承包商安全业绩，及时淘汰业绩不达标的承包商，优化承包商资源。

绩效评估一般分为选商阶段的综合能力评价、承包商日常工作表现的评价考核、项目结束后的承包商总体评价等。

企业应针对不同承包商，明确三个阶段的评估标准，组织相关部门、人员共同对承包商进行评估，评估考核结果应由评估人员签字，并及时告知承包商和相关方。

对日常工作表现评估的不合格项，由属地主管要求承包商做出整改计划并督促整改。

6.1.7　评价结果应用

针对评价结果，给出承包商评价结论，通常包括"优秀、合格、观察使用、不合格"四类，企业应针对不同评价结果采取不同措施，如对于评价为"优秀"的承包商，在同等条件下评标时给予优先选择，对于评级为"不合格"的承包商，纳入"末位淘汰"和"黑名单"，一定期限内不得再次进入公司施工作业等。

6.1.8　典型事故案例

6.1.8.1　某公司"4·15"重大着火中毒事故

2019年4月15日，某公司对四车间地下室-15℃冷媒管道系统进行改造时，发生火灾并引发人员中毒，导致10人死亡、12人受伤，直接经济损失1867万元。

承包商管理中存在的问题：企业对外来承包施工队伍安全生产条件和资质审查把关不严，日常管理不到位。承包商公司对项目部聘用人员以考代培，未开展公司级安全教育，施工人员在受限空间内动火切割冷媒水系统管道过程中，引燃附近堆放的冷媒缓蚀剂，燃烧时产生氮氧化物等有毒烟雾，导致现场人员中毒致死致伤。

6.1.8.2　某公司承包商事故

2022年5月18日7时左右，某公司供排水厂发生一起承包商作业单位中毒事故，两名承包商员工进入试验装置现场取样，由于没有佩戴正压式呼吸器，导致两人吸入试验装置反应仓内浮渣挥发出的硫化氢气体，急性中毒死亡，直接经济损失393.95万元。

（1）事故原因：

① 直接原因。

承包商试验装置作业人员未佩戴防护用具进入受限空间，吸入试验装置反应仓内浮渣挥发出的硫化氢气体，导致急性中毒死亡。

② 间接原因。

（a）承包商安全管理不到位。未建立健全浮渣减量试验装置安全操作规程，未为作业人员配备必要的防护用品，未对作业人员进行安全教育培训。

（b）供排水厂对协作单位的安全生产统一协调管理不到位。对承包商浮渣试验装置现场安全检查、巡查不力，未及时发现并制止作业人员违规进入受限空间作业的行为。

（2）事故暴露出的承包商管理中存在的问题：

供排水厂对协作单位的安全生产统一协调管理不到位。对承包商浮渣试验装置现场监督缺失，安全检查、巡查不力，未及时发现并制止作业人员违规进入受限空间作业的行为。

6.2 供应商管理

6.2.1 概述

供应商是指为企业生产提供原材料、设备、工具及其他资源的外部单位。

供应商提供的原材料、设备、工具及其他资源不仅影响企业产品和服务的质量，而且也给生产经营带来安全环保健康风险，因此，企业应建立供应商管理制度，明确供应商的管理职责、供应商准入、日常管理、考核评价等，并按照"谁采购、谁负责"的原则，严格供应商管理，确保采购质量。

6.2.2 供应商准入资格审查

通常情况下，为保证供应商具备提供合格产品的能力，企业应对供应商准入资格进行审查，审查分为资格审查和现场考察。

（1）资格审查应具备的基本条件：

① 一般应具有法人资格。

② 依法合规取得质量、安全、环保认证及其他生产经营许可。

③ 具有良好的商业信誉和合规表现，近三年经营活动中无违法违规记录。

④ 具备完备的质量保证体系，近三年无重大质量问题、事故。

⑤ 具有履行合同的能力、良好的经营业绩和售后服务能力。

⑥ 具备企业规定的其他条件。

（2）现场考察的主要内容：

现场考察应包括供应商企业基本概况、生产设备和经营情况、质量控制、研发能力、产品实际使用情况、HSE及企业社会责任等内容。

考察通过后，一般还要经过公示，公示无误后方可进入企业供应商名录，作为今后产品采购时可供选择的合格供应商。

6.2.3 采购产品安全和质量

企业针对拟采购的产品，应采取适合方式进行选商，无论招标、谈判、还是询价，都应在标书中明确采购产品的安全、质量要求，并通过协商沟通解决其中的分歧，选商结束后，应与供应商签订采购合同，在合同中明确采购产品执行的质量标准及技术协议，约定质量验收方法和质量责任，明确供应商应提交的产品信息资料（如化学品必须提交 SDS）。对于关系到安全生产、健康环保的重要物资，必要时还可约定质量保证金。

6.2.4 采购产品的检验与验收

企业应对采购物资实施质量检验或验收，合格后方可办理入库、结算等手续，企业应在采购合同中明确采购产品的检验与验收方式。

（1）通常情况下，检验方式包括外观检验、验证、理化检验。

① 外观检验是指采购物资到货后，通过外观检查确定物资质量是否合格的检验方法。

② 验证是指通过核验检测机构出具的检测报告、供应商出具的质量证明书、材质单和合格证等质量证明资料提供的相关技术指标是否满足合同中规定的标准、技术协议或图纸的要求而确定物资质量是否合格的检验方法。

③ 理化检验是指委托具备相应资质、良好业绩和检测能力的检验机构应用物理或化学的技术方法，采用理化检验的设备或化学物资，按一定的测量或试验要求对物资进行的检验。

（2）进货检验通常包括资料检验、数量检验、外观检验和品质检验。

（3）企业应规定必检物资，对于直达生产现场的必检物资，可采取驻厂检验的方式进行进货检验，涉及重要物资时，应实施驻厂监造。

6.2.5 供应商考核

企业应针对不同类型的供应商，确定年度考核标准，包括考评对象、考评指标及权重系数、量化评分标准、参与考评人员、考评结果分级等，采用日常考评与年度考评相结合方式，形成供应商综合评价结果。

日常考评可采用"一单一评"的方式，由采购产品使用单位在订单签订和到货验收等环节进行实时评价。

年度考评是企业组织采购单位对供应商整体实力、产品质量、价格水平、供应份额、履约服务等要素进行评价。

企业应根据评价结果，对承包商进行分类分级管理。鼓励选用优秀供应商，在物资采购选商中，对考核靠前的供应商予以适当加分奖励，对考核靠后的供应商予以减分处理。对问题供应商实施退出机制，明确退出情形、处理程序、处理到期管理等。

7 应急管理

7.1 应急准备

7.1.1 概述

应急准备是应急管理过程中一个关键性的过程，是针对可能发生的安全事故，为有效迅速地进行应急行动所做的各种准备工作，其中包括应急组织的建立、职责的落实、预案编写与演练、应急物资配备、与外部应急力量的衔接等，最终目的是保持重大事故应急救援所需要的应急能力和急速反应能力。

7.1.2 应急组织

企业是生产经营活动的主体，是保障安全生产和应急管理的根本和关键所在。做好应急管理工作，强化和落实企业主体责任是根本，强化落实企业主要负责人是应急管理第一责任人是关键，这已经被我国的安全生产和应急管理实践所证明。企业主要负责人作为应急管理的第一责任人，必须对本单位应急管理工作的各个方面、各个环节都要负责，而不是仅仅负责某些方面或部分环节；必须对本单位应急管理工作全程负责，不能间断；必须对应急管理工作负最终责任，不能以任何借口规避、逃避。安全生产应急管理责任体系是明确各岗位应急管理责任及其配置、分解和监督落实的工作体系，是保障本单位应急管理工作顺利开展的关键制度体系。实践证明，只有建立、健全应急管理责任体系，才能做到明确责任、各负其责；才能更好地互相监督、层层落实责任，真正使应急管理有人抓、有人管、有人负责。因此，层层建立安全生产应急管理责任体系是企业加强安全生产应急管理的最为重要的途径。落实企业应急管理主体责任，需要企业在内部机构设置和人员配备上予以充分保障。应急管理机构和应急管理人员是企业开展应急管理工作的基本前提，在企业的应急管理工作中发挥着不可或缺的重要作用，其主要包括：

（1）应急管理机构和人员。

企业应当按照有关规定，成立应急领导机构，设置或明确应急管理综合协调部门和专项突发事件应急管理分管部门，配置专（兼）职应急管理人员，其任职资格和配备数量，应符合国家和行业的有关规定；国家和行业没有明确规定的，应根据本企业的生产经营内容性质、管理范围、管理跨度等，配备专（兼）职应急管理人员。

（2）应急管理工作领导机构。

企业要成立应急管理领导小组，负责统一领导本企业的应急管理工作，研究决策应急管理重大问题和突发事件应对办法。领导机构主要负责人应当由企业主要负责人担任，并明确一位企业负责人具体分管领导机构的日常工作。领导机构应当建立工作制度和例会制度。

（3）应急管理综合协调部门。

应急管理综合协调部门负责组织企业应急体系建设，组织编制企业综合应急预案，组织协调分管部门开展应急管理日常工作。在突发事件应急状态下，负责综合协调企业内部资源、对外联络沟通等工作。

（4）应急管理分管部门。

应急管理分管部门负责专项应急预案的编制、评估、备案、培训和演练，负责专项突发事件应急管理的日常工作，分管专项突发事件的应急处置。

在实践中，由于企业生产经营活动的性质、特点及应急管理的状况不同，其应急管理责任制的内容也不完全相同，应当按照相关法律法规要求，明确在责任体系中各岗位责任人员、责任范围和考核标准等内容，这是所有企业应急管理责任体系中必须具备的重要内容。通过这些手段，最终达到层层落实应急管理责任的目的。

企业安全生产应急管理机构的主要职责包括：

① 加强各类突发事件的风险识别、分析和评估，针对突发事件的性质、特点和可能造成的社会危害，编制企业综合应急预案、专项应急预案和现场处置方案，形成"横向到边、纵向到底、上下对应与内外衔接"的应急预案体系。企业应当加强预案管理，建立应急预案的评估、修订和备案管理制度。

② 加强风险监测，建立突发事件预警机制，针对可能发生的各类突发事件，及时采取措施，防范各类突发事件的发生，减少突发事件造成的危害。

③ 加强企业负责人、各级管理人员和作业人员的应急能力建设，提高应急指挥和救援人员的应急管理水平和专业技能，提高全员的应急意识和防灾、避险、自救、互救能力。要组织编制有针对性的培训教材，分层次开展全员应急培训。

④ 有计划地组织开展多种形式、节约高效的应急预案演练，突出演练的针对性和实战性，认真做好演练的评估工作，对演练中出现的问题和不足持续改进，提高应对各类突发事件的能力。

⑤ 按照专业救援和职工参与相结合、险时救援和平时防范相结合的原则，建设以专业队伍为骨干、兼职队伍为辅助、职工队伍为基础的企业应急救援队伍体系。

⑥ 加强综合保障能力建设，加强应急装备和物资的储备，满足突发事件处置需求，了解掌握企业所在地周边应急资源情况，并在应急处置中互相支援。

⑦ 加强与地方人民政府及其相关部门应急预案的衔接工作，建立政府与企业之间的应急联动机制，统筹配置应急救援组织机构、队伍、装备和物资，共享区域应急资源。加强

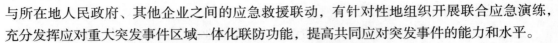

与所在地人民政府、其他企业之间的应急救援联动，有针对性地组织开展联合应急演练，充分发挥应对重大突发事件区域一体化联防功能，提高共同应对突发事件的能力和水平。

⑧ 建设满足应急需要的应急平台，构建完善的突发事件信息网络，实现突发事件信息快速、及时、准确地收集和报送，为应急指挥决策提供信息支撑和辅助手段。

⑨ 充分发挥保险在突发事件预防、处置和恢复重建等方面的作用，大力推进意外伤害保险和责任保险制度建设，完善对专业和兼职应急队伍的工伤保险制度。

⑩ 积极推进科技支撑体系建设，紧密跟踪国内外先进应急理论、技术发展，针对企业应急工作的重点和难点，加强与科研机构的联合攻关，积极研发和使用突发事件预防、监测、预警、应急处置与救援的新技术、新设备。

⑪ 建立突发事件信息报告制度。突发事件发生后，要立即向所在地人民政府和相关部门报告。信息要做到及时、客观、真实，不得迟报、谎报、瞒报、漏报。

⑫ 建立突发事件统计分析制度，及时、全面、准确地统计各类突发事件发生起数、伤亡人数、造成的经济损失等相关情况，并纳入企业的统计指标体系。

⑬ 造成人员伤亡或生命受到威胁的突发事件发生后，企业应当立即启动应急预案，组织本单位应急救援队伍和工作人员营救受害人员，疏散、撤离、安置受到威胁的人员，控制危险源，标明危险区域，封锁危险场所，并采取防止危害扩大的必要措施，同时，及时向所在地人民政府和有关部门报告。对因本单位的问题引发的或者主体是本单位人员的社会安全事件，有关单位应当按照规定上报情况，并迅速派出负责人赶赴现场开展劝解、疏导工作。突发事件处置过程中，应加强协调，服从指挥。

⑭ 建立突发事件信息披露机制，突发事件发生后，应第一时间启动新闻宣传应急预案、全面开展舆情监测、拟定媒体应答口径，做好采访接待准备，并按照有关规定和政府有关部门的统一安排，及时准确地向社会、媒体、员工披露有关突发事件事态发展和应急处置进展情况的信息。

⑮ 突发事件的威胁和危害得到控制或者消除后，企业应当按照政府有关部门的要求解除应急状态，并及时组织对突发事件造成的损害进行评估，开展或协助开展突发事件调查处理，查明发生经过和原因，总结经验教训，制订改进措施，尽快恢复正常的生产、生活和社会秩序。

7.1.3 应急预案

应急预案是在组织风险评估的基础上，针对可能发生的突发事件，为迅速、有序、有效地开展应急行动、降低人员伤亡和经济损失而预先制订的有关计划或方案。

应急预案是在辨识和评估潜在重大危险、事件类型、发生的可能性及发生的过程、事件后果及影响严重程度的基础上，对应急机构职责、人员、技术、装备、设施、物资、救援行动及其指挥与协调方面预先做出的安排。应急预案应该明确在突发事件发生前、突发事件发生过程中和发生后，谁负责做什么、何时做、怎么做及相应的策略和资源准备。

由此可见，应急预案主要是针对突发事件而预先编制的方案，突发事件是指突然发生，造成或者可能造成严重社会危害需要采取应急处置措施予以应对的自然灾害、事故灾难、公共卫生事件和社会安全事件。由于突发事件的特殊性，需要提前编制相应的应急预案，以做好相关的体制机制安排，避免突发事件发生时不知所措、无序应急。应急预案主要有以下几个作用：

（1）应急预案明确了应急救援的范围和体系，使应急准备和应急管理有据可依、有章可循。尤其是培训和演练，它们依赖于应急预案。培训可以让应急响应人员熟悉自己的责任，具备完成指定任务所需的相应技能，演练可以检验预案和行动程序，并评估应急人员的技能和整体协调性。

（2）编制应急预案有利于降低突发事件造成的损失。应急行动对时间的要求非常严格，制订应急预案，有利于及时做出正确的应急响应，从而降低突发事件造成的损失。

（3）编制应急预案有利于应急协调与沟通。当部门发生超过组织应急能力的重大突发事件时，应急预案可以实现不同单位、部门、不同级别政府或部门之间的协调与沟通，从而保证应急救援工作顺利、有序、高效地进行。

（4）编制应急预案有利于提高风险防范意识。应急预案编制过程实际上是一个风险识别、评价和控制措施的设计过程，期间需要多方参与。因此，应急预案编制、评审、发布宣传及学习，有利于各方了解可能存在的风险及相应的应急措施，从而提高风险防范的意识和能力。

根据突发事件的特点和应急管理全过程的需求，应急预案应满足以下基本要求：

① 针对性。编制应急预案要针对重大危险源、针对可能发生的各类事故、针对关键岗位和地点、针对薄弱环节、针对重要工程。

② 科学性。应急预案编制过程必须科学严密，应急预案应当符合客观实际、科学合理。

③ 实用性。应急预案应当符合实际情况、具有可操作性。

④ 权威性。应急预案应当由具有丰富经验的专业及相关人员依法编制，发布前应经过批准，必要时要进行备案审查。

预案编制主体必须具有专业性和权威性，同时有足够的级别，保证其所代表的组织或机构对小组所做的决定负责。企事业单位应急预案编制主体为企业安全生产负责人、总工程师或技术负责人员、安全管理部门负责人、应急救援部门负责人、预案专家和法律顾问。

企业生产安全事故应急预案可以分为综合应急预案、专项应急预案和现场处置方案。

综合应急预案是指生产经营单位为应对各种生产安全事故而制订的综合性工作方案，是本单位应对生产安全事故的总体工作程序、措施和应急预案体系的总纲。

专项应急预案是指生产经营单位为应对某一种或者多种类型生产安全事故，或者针对重要生产设施、重大危险源、重大活动防止生产安全事故而制订的专项性工作方案。

现场处置方案是指生产经营单位根据不同生产安全事故类型，针对具体场所、装置或者设施所制订的应急处置措施。

企业要根据企业自身实际情况、生产工艺和产品特点、风险评估结论等，确定企业的应急预案体系，而不是所有企业都要编制综合应急预案、专项应急预案和现场处置方案。专项应急预案与综合应急预案中的应急组织机构、应急响应程序相近时，可不编写专项应急预案，相应的应急处置措施并入综合应急预案。事故风险单一、危险性小的企业，如加油站、化工试剂经营网点，可以只编制现场处置方案。

为提高岗位应急处置能力，有效"救早救小"，近年来一些企业大力推行应急处置卡，指引从业人员在第一时间采取措施阻止事故的发生和扩大。应急处置卡是企业应急预案体系的有益补充。生产经营单位应当在编制应急预案的基础上，针对工作场所、岗位特点，编制简明、实用、有效的应急处置卡。应急处置卡应当规定岗位、人员的应急处置程序和措施，以及相关联络人员及其联系方式，便于从业人员携带。

应急预案主要由事件情景、责任人、资源、流程与措施四个要素组成，即突发事件在一定的情况下，由哪个部门运用什么样的资源，确定采取什么样的行动，从而及时控制突发事件事态和降低损失。其编制过程主要包括成立编制组、资料收集、风险评估、应急资源调查、应急预案编制、推演论证、应急预案评审、批准实施八个步骤。具体内容如下：

（1）成立编制组。

突发事件的应急救援行动涉及不同部门、不同专业领域的应急各方，需要应急各方尤其是与危险直接利益相关方的密切合作，才能保证预案编制工作的科学性、针对性和完整性。应结合本单位部门职能和分工，成立以单位相关负责人为组长，单位相关部门人员参加的应急预案编制工作组，明确工作职责和任务分工，制订工作计划，组织开展应急预案编制工作，预案编制工作组中可按实际情况邀请周边相关企业、单位或社区代表参加。

（2）资料收集。

应急预案编制工作组应收集与预案编制工作相关的法律法规、技术标准、应急预案、国内外同行业企业事故资料。同时收集本单位安全生产相关技术资料、历史事故与隐患、地质气象水文、周边环境影响、应急资源及应急人员能力素质等有关资料。

（3）风险评估。

开展生产安全事故风险评估，撰写评估报告，主要内容包括：

① 分析生产经营单位存在的危险因素，确定可能发生的生产安全事故类型。

② 分析各种事故类型发生的可能性和后果，确定事故具体类别及级别。

③ 评估现有事故风险控制措施及应急措施存在的差距，提出应急资源的需求分析。

（4）应急资源调查。

全面调查本单位应急队伍、装备、物资、场所等应急资源状况，以及周边单位和政府部门可请求救援的应急资源状况。分析应急资源性能可能受事故影响的情况，根据生产经营单位风险评估得出的应急资源需求，提出补充应急资源、完善应急保障的措施。

（5）应急预案编制。

① 依据事故风险评估及应急资源调查结果，结合本单位组织管理体系、生产规模等

实际情况，合理确立本单位应急预案体系。

② 结合组织管理体系及部门业务职能划分，科学设定本单位应急组织机构及职责。

③ 依据事故可能的危害程度和区域范围，结合应急处置权限及能力，清晰界定本单位的响应分级标准，制订相应层级的应急处置措施。

④ 按照有关规定和要求，确定信息报告、响应分级、指挥权移交、警戒疏散等方面的内容，落实与相关部门和单位应急预案的衔接。

（6）推演论证。

按照应急预案明确的职责分工和应急响应程序，相关部门及其人员可采取桌面推演的形式，模拟生产安全事故应对过程，逐步分析讨论，检验应急预案的可行性，并进一步完善应急预案。

（7）应急预案评审。

应急预案编制完成后，生产经营单位应组织评审或论证。参加应急预案评审的人员应当包括有关安全生产及应急管理方面的专家。应急预案论证可通过推演的方式开展，主要内容包括：

① 评审准备。成立应急预案评审工作组，落实参加评审的单位或人员，将应急预案、编制说明、风险评估及应急资源调查报告和其他有关资料在评审前送达参加评审的单位或人员。

② 组织评审。评审采取会审形式，会议由参加评审的专家共同推选出的组长主持，按照议程组织评审。评审会议应形成评审意见（经评审组组长签字），表决的投票情况应当以书面材料记录在案，并作为评审意见的附件。

③ 修改完善。生产经营单位应认真分析研究，按照评审意见对应急预案进行修订和完善。评审表决不通过的，生产经营单位应重新组织专家评审。

（8）批准实施。

通过评审的应急预案，由生产经营单位主要负责人签发实施。

7.1.4 应急演练

为了保证事故发生时，应急救援组织机构的各部门能够熟练有效地开展应急救援工作，应定期进行针对不同事故类型的应急救援演练，不断提高实战能力。同时在演练实战过程中，总结经验、发现不足，并对演练方案和应急预案进行充实、完善。

（1）事故应急演练的重要性。

通过演练可以检查应急抢险队伍应对可能发生的各种紧急情况的适应性，以及各职能部门、各专业人员之间相互支援及协调的程度；检验应急救援指挥部的应急能力，包括组织指挥专业抢险队救援的能力和组织群众应急响应的能力。通过演练可以证实应急救援预案是可行的，从而增强全体职工承担应急救援任务的信心。应急演练对每个参加演练的成员来说，是一次全面的应急救援练习，通过练习可以提高技术及业务能力。

通过演练还可以发现应急预案中存在的问题，为修正预案提供实际资料；尤其是通过演练后的讲评、总结，可以暴露预案中未曾考虑到的问题和找出改正的建议，是提高预案质量的重要步骤。

（2）事故应急救援演练的形式。

应急演练按照演练内容分为综合演练和单项演练，按照演练形式分为实战演练和桌面演练，按目的和作用分为检验性演练、示范性演练和研究性演练，不同类型的演练可以相互组合。

① 实战演练。

实战演练，要按照应急演练工作方案有序推进各个场景，开展现场点评，完成各项应急演练活动，妥善处理各类突发情况，宣布演练结束与意外终止应急演练。实战演练主要按照以下步骤进行：

（a）演练策划与协调组对应急演练实施全过程的指挥控制。演练策划与协调组按照应急演练工作方案向参演单位和人员发出信息指令，传递相关信息，控制演练进程。信息指令可由人工传递，也可以用对讲机、电话、手机、网络方式传送，或者通过特定声音、标志与视频呈现。

（b）演练策划与协调组按照应急演练工作方案规定程序熟练发布控制信息，调度参演单位和人员完成各项应急演练任务。应急演练过程中，执行人员应随时掌握应急演练进展情况，并向领导小组组长报告应急演练中出现的各种问题。

（c）各参演单位和人员根据导调信息和指令，依据应急演练工作方案规定流程，按照发生真实事件时的应急处置程序，采取相应的应急处置行动。

（d）参演人员按照应急演练方案要求做出信息反馈。

（e）演练评估组跟踪参演单位和人员的响应情况，进行成绩评定并做好记录。

② 桌面演练。

在桌面演练过程中，演练执行人员按照应急演练方案发出信息指令后，参演单位和人员依据接收到的信息，以回答问题或模拟推演的形式，完成应急处置活动。通常按照四个环节循环往复进行。

（a）发布信息。执行人员通过多媒体文件、沙盘、消息单等多种形式向参演单位和人员展示应急演练场景，展现生产安全事故发生发展情况。

（b）提出问题。在每个演练场景中，由执行人员在场景展现完毕后根据应急方案提出一个或多个问题，或者在场景展现过程中展现应急处置任务，供应急演练参演人员根据各自角色和职责分工展开讨论。

（c）分析决策。根据执行人员提出的问题或所展现的应急决策处置任务及场景信息，参演单位和人员分组开展思考讨论，形成处置决策意见。

（d）表达结果。在组内讨论结束后，各组代表按要求提交或口头阐述本组的分析决策结果，或者通过模拟操作与动作展示应急处置活动。各组决策结果表达结束后，协调人员可对演练情况进行简要讲解，接着发布新的信息。

此外，应急演练还有双盲演练、实训演练等演练方式。危险化学品企业组织应急演练应以提高能力、取得实效为出发点和落脚点，争取在一定的周期内，做到企业从业人员演练全覆盖、事故类型全覆盖，不拘泥于形式，把应急演练工作做实做细。

（3）事故应急救援演练的组织。

不论演练规模的大小，一般都要有两部分人员组成：一是事故应急救援的演练者，占演练人员的绝大多数。从指挥员到参加应急救援的每一位专业队成员都应该是现职人员，将来可能与事故应急救援有直接关系者。二是考核评价者，即事故应急救援方面的专家或专家组，对演练的每一个程序进行考核评价。进行事故应急救援模拟演练之前应做好准备工作，演练后考核人员与演练者共同进行讲评和总结。不同的演练课目，担任主要任务的人员最好分别承担多个角色，从而能使更多的人得到实际锻炼。

组织工作主要包括：事故应急救援模拟演练的准备工作；针对演练事故类型，选择合适的模拟演练地段；针对演练事故类型，组织相关人员编制详细的演练方案；根据编制好的演练方案，组织参加演练人员进行学习；筹备好演练所需物资装备，对演练场所进行适当布置；提前邀请地方相关部门及本行业上级部门相关人员参加演练并提出建议。

（4）编制演练方案应注意的问题。

演练项目的内容是根据演练的目的决定的。把需要达到的目的通过演练过程，逐步进行检查、考核来完成。因此，如何将这些待检查的项目有机地融入模拟事故中是演练方案编制的第一步。为使模拟事故的情况设置逼真而又可分项检查，需要考虑如下几个问题：

① 事故细节描述。事故的发生有其自身潜在的不安全因素，在某种条件下由某一因素触发而形成，或者是由此形成连锁影响，从而造成更大、更严重的事故。对事故发生和发展、扩大的原因及过程要进行简要的描述。使演练参加者可以据此来理解和叙述执行该种事故的应急救援任务和相应的防护行动。

② 日程安排。演练时间安排基本应按真实事故的条件进行。但在特殊情况下，也不排除对时间的压缩和延伸，可根据演练的需要安排合适的时间。演练日程安排后一般要事先通知有关单位和参加演练的个人，以利于做好充分的准备。

③ 演练条件。演练最好选择比较不利的条件，如在夜间，能够说明问题的气象条件下，高温、低温等较严峻的自然环境下进行演练。但在准备不够充分或演练人员素质较低的情况下，为了检验预案的可行性或为了提高演练人员的技术水平，也可选择条件较好的环境进行演练。

④ 安全措施。现场模拟演练要在绝对安全的条件下进行，如安全警戒与隔离、交通控制、防护措施，消防、抢险演练等的安全保障都必须认真、细致地考虑。必要时，演练时可在其影响范围内告知该地区的居民，以免引起不必要的惊慌。

⑤ 事故应急救援模拟演练的时间。

一般应根据事故应急救援预案的级别、种类的不同，对演练的频度、范围等提出不同要求。企业内部的演练可以与生产、运行及安全检查等各项工作结合起来，统筹安排。

《生产安全事故应急预案管理办法》（2019修正）第三十三条规定：生产经营单位应当制订本单位的应急预案演练计划，根据本单位的事故风险特点，每年至少组织一次综合应急预案演练或者专项应急预案演练，每半年至少组织一次现场处置方案演练。易燃易爆物品、危险化学品等危险物品的生产、经营、储存、运输单位，矿山、金属冶炼、城市轨道交通运营、建筑施工单位及宾馆、商场、娱乐场所、旅游景区等人员密集场所经营单位，应当至少每半年组织一次生产安全事故应急预案演练，并将演练情况报送所在地县级以上地方人民政府负有安全生产监督管理职责的部门。县级以上地方人民政府负有安全生产监督管理职责的部门应当对本行政区域内前款规定的重点生产经营单位的生产安全事故应急救援预案演练进行抽查，发现演练不符合要求的，应当责令限期改正。

7.1.5 应急培训

由于重大事故往往突然发生，扰乱正常的生产、工作和生活秩序，如果事先没有制订事故应急预案，会由于慌张、混乱而无法实施有效的抢救措施；若事先的准备不充分，可能发生应急人员不能及时到位、延误人员抢救和事故控制，甚至导致事故扩大等情况。要做到事故突发时能准确、及时地采用应急处理程序和方法，快速反应、处理事故或将事故消灭在萌芽状态，还必须对事故应急预案进行培训，使各级应急机构的指挥人员、抢险队伍、企业职工了解和熟悉事故应急的要求和自己的职责。只有做到这一步，才能在紧急状况时采用预案中制定的抢险和救援方式，及时、有效、正确地实施现场抢险和救援措施，最大限度地减少人员伤亡和财产损失。

（1）应急培训的目的。

① 测试应急预案和操作程序的充分程度。

② 测试紧急装置、设备及物质资源的供应情况。

③ 提高现场内、外应急部门的协调能力。

④ 判别和改正应急预案的缺陷。

⑤ 提高企业员工及公众的应急意识。

（2）应急培训的范围、内容和对象。

① 应急培训的范围包括：

（a）政府主管部门的培训；

（b）社区居民的培训；

（c）企业全员的培训；

（d）专业应急救援队伍的培训。

应制订应急培训计划，采用各种教学手段和方式，如自学、讲课、办培训班等，加强对各有关人员抢险救援的培训，以提高事故应急处理能力。

②应急培训的主要内容包括：法规、条例和标准、安全知识、各级应急预案、抢险维修方案、本岗位专业知识、应急救护技能、风险识别与控制、基本知识、案例分析等。

（a）安全法规。

法规教育是应急培训的核心之一，也是安全教育的重要组成部分。通过教育使应急人员在思想上牢固树立法制观念，明确"有法必依、照章办事"的原则。

（b）安全卫生知识。

主要包括火灾、爆炸基本理论及其简要预防措施，识别重大危险源及其危害的基本特征，重大危险源及其临界值的概念，化学毒物进入人体的途径及控制其扩散的方法，中毒、窒息的判断及救护等。

（c）安全技术与抢修技术。

在实际操作中，将所学到的知识运用到抢修工作中，进行安全操作、事故控制抢修、抢险工具的操作、应用；消防器材的使用等。

（d）应急救援预案的主要内容。

使全体职工了解应急预案的基本内容和程序，明确自己在应急过程中的职责和任务，这是保证应急救援预案能快速启动、顺利实施的关键环节。

③应急培训的对象：

（a）企业领导和管理人员。

企业领导和管理人员要负责企业的安全生产，负责制订和修订企业的事故应急预案，在应急状况下组织指挥抢险救援工作。因此，企业领导和管理人员培训的重点应放在执行国家方针、政策，严格贯彻安全生产责任制，落实规章制度、标准等方面。

（b）企业全体职工。

目前，企业的职工中有正式员工、劳务工、属地用工和临时用工等多种成员。由于员工的素质参差不齐，生产技术水平和安全知识、安全技术水平有高有低，必须加强培训，以提高应急反应能力。

对企业职工培训的重点在于：树立法律意识、遵章守纪，应急预案的基本内容和程序，严格执行安全操作规程，与燃气有关的安全技术，自救和互救的常识和基本技能等。

所有员工都应通过培训熟悉并了解自己所在岗位应急预案的内容，知道启动应急预案后自己所承担的相应职责和工作。能够在实际操作中，应用所学到的知识，提高安全生产操作和处理、控制事故的技能。

（c）应急抢险人员。

专职应急抢险人员是发生事故时应急抢险的主力军，因此要大力加强技术培训工作。抢险人员要熟悉应急预案每一个步骤和自己的职责，切实做到临危不乱，人人出手过得硬。对应急抢险人员培训的主要内容包括：熟悉应急预案的全部内容、各种情况的维修和抢险方案；熟练掌握本单位或部门在应急救援过程中所应用器具、装备的使用及维护，掌握和了解重大危害及事故的控制系统；有关安全生产方面的规章制度、操作规程、安全常识；应急救援过程中的自身安全防护知识，防护器具的正确使用；本企业所辖的管道线路、站场、阀室、附属设施及周边自然和社会环境的相关信息；事故案例分析等。

应急抢险人员需要进行定期培训、定期考核，注重培训实效。

（d）社区居民。

由于各地区社会、经济和自然环境的条件不同，居民的安全知识和防灾避险意识差异也很大。需要加强安全宣传教育，使群众了解和掌握一旦突发事件发生后，可能引发的事故和可能引发的次生灾害；了解有关避险方法及逃生技能等。

④ 应急培训的要求：需要对企业所有员工进行应急预案相应知识的培训，应急预案中应规定每年每人应进行培训的时间和方式，定期进行培训考核。考核应由上级主管部门和企业的人事管理部门负责。学习和考核的情况应有记录，并作为企业管理考核的内容之一。

7.2 应急响应

7.2.1 响应分级

应急响应通常是指企业为了应对各种突发事件所做的准备工作，以及在突发事件发生时或者发生后所采取的措施。旨在保护生命、财产和环境，以及稳定局势。应急响应是企业应对紧急情况的重要手段，需要快速、准确和有效地采取行动，以最大程度减少损失和风险。

应急响应的分级通常是根据突发事件发生的紧急程度、发展态势和可能造成的危害程度来划分的。典型的应急响应可以分为一级、二级、三级和四级，分别用红色、橙色、黄色和蓝色标示，其中一级为最高级别。

（1）一级响应（红色）通常表示突发事件特别严重，需要立即采取紧急措施，例如造成30人以上死亡（含失踪），或危及30人以上生命安全，或100人以上中毒（重伤），或直接经济损失1亿元以上的特别重大安全生产事故等。

（2）二级响应（橙色）表示突发事件严重，需要紧急应对，例如造成10人以上、30人以下死亡（含失踪），或危及10人以上、30人以下生命安全，或50人以上、100人以下中毒（重伤），或直接经济损失5000万元以上、1亿元以下的安全生产事故等。

（3）三级响应（黄色）表示突发事件较重，需要立即采取措施控制事态发展，例如造成3人以上、10人以下死亡（含失踪），或危及10人以上、30人以下生产安全，或30人以上、50人以下中毒（重伤），或直接经济损失较大的安全生产事故灾难等。

（4）四级响应（蓝色）通常表示突发事件一般，需要采取措施应对，例如发生或可能发生一般事故等。

7.2.2 响应流程

针对事故危害程度、影响范围和危险化学品企业控制事态的能力等内容，对事故应急响应进行分级，明确分级响应的基本程序和内容。

（1）应急响应分级指标，应急响应分级指标一般有以下三类：

① 将事故伤亡人数、财产损失、社会影响等描述危害程度的内容作为分级指标。譬如：造成或预计可能造成的死亡人数、重伤人数，明确的涉险人数等。

② 将事故影响范围作为分级指标，如按照事故影响范围局限在班组、车间或厂（公司），可相应设为班组级响应、车间级响应、厂（公司）级响应。

③ 将重大庆祝活动、春节、党政要地等敏感时段、敏感区域作为分级指标。

（2）响应程序。

事故发生后，立刻了解主要事故信息，对照事故响应级别启动相应级别的响应。应急指挥部率先运行，应急小组迅速到位。并立即按照预案确定的应急处置与救援基本程序，开展警戒、疏散、资源调集、现场处置、"战后"洗消等一系列救援行动。

在应急处置与救援过程中，指挥部加强动态监测，及时了解事故发展态势与救援进展情况，当出现事故恶化升级或救援能力不足的情形时，立即提高响应等级，对照事故响应指标启动相应级别的响应等级。

当事故信息与事故分级响应指标不能准确对应时，按照就高不就低的原则，启动较高等级的响应，宁可救援力量有余，不可救援力量不足。

7.2.3 处置措施

（1）了解情况。

指挥部应及时了解事故现场情况，遇险人员伤亡、失踪、被困情况。主要了解下列内容：应急处置方法等信息、危险化学品危险特性、数量、周边建筑、居民、地形、电源、火源等情况。

事故可能导致的后果及对周围区域的可能影响范围和程度。应急救援设备、物资、器材、队伍等应急力量情况。有关装置、设备、设施损毁情况。

（2）警戒隔离。

根据现场危险化学品自身及燃烧产物的毒害性、扩散趋势、火焰热辐射和爆炸、泄漏所涉及的范围等相关内容，对危险区域进行评估，确定警戒隔离区，根据事故发展、应急处置和动态监测情况，适当调整。

（3）人员防护与救护。

人员防护与救护主要包括三方面内容：

① 应急救援人员防护。现场应急救援人员应针对不同的危险特性采取相应安全防护

措施后，方可进入现场救援。现场安全监测人员发现直接危及应急人员生命安全的紧急情况，应立即报告救援队伍负责人和现场指挥部，救援队伍负责人、现场指挥部应当迅速做出撤退决定。

②遇险人员救护。应迅速将遇险受困人员转移到安全区，进行急救和登记后，交专业医疗卫生机构处置。

③公众安全防护。根据事故情形及时向政府提出人员疏散请求；根据危险化学品的危害特性，指导疏散人员就地取材（如毛巾布、口罩），采取简易有效的措施进行保护。

（4）现场处置。

根据不同的事故介质、装置、设施和火灾、爆炸、泄漏等不同的事故类型，研究制订科学的处置方案，并有序实施。应加强现场管理，建立良好的交通秩序，进出车辆必须统一指挥，按照规定路线及方向行驶、停驻，保证进出通畅，杜绝易进难退的现象。

（5）现场监测。

对可燃、有毒有害危险化学品的浓度、扩散、风向、风力、气温、装置、设施、建（构）筑物受损情况进行动态监测，及时调整救援方案。

7.2.4　应急解除

根据《国家突发环境事件应急预案》，突发环境事故应急符合下列条件之一的，即满足终止条件：

（1）事件现场得到控制，事件条件已经消除。

（2）污染源的泄漏或释放已降至规定限值以内。

（3）事件所造成的危害已经被彻底消除，无继发可能。

（4）事件现场的各种专业应急处置行动已无继续的必要。

（5）采取了必要的防护措施以保护公众免受再次危害，并使事件可能引起的中长期影响趋于合理且尽量低的水平。

参照以上，可以看出在应急预案中，要明确应急结束的条件。事故现场得以控制，现场抢险救援工作结束，事故现场隐患得到消除，受伤人员得到妥善医治。对事故现场经过应急救援预案实施后，引起事故的危险源得到有效控制、消除；所有现场人员均得到清点；不存在其他影响应急救援预案终止的因素；应急救援行动已完全转化为社会公共救援；应急总指挥认为事故的发展状态必须终止的，应下达应急终止令。

7.3　保障措施

7.3.1　概述

应急保障措施是通信与信息保障、应急队伍保障、应急物资装备保障和其他保障。

7.3.2　通信与信息保障

应急救援信息是指在为有效应对事故而采取的预防、准备、响应和恢复等活动与计划过程中，所提供或产生的各类有效数据。应急救援信息是应急准备工作的重要内容，是消减事故灾害后果的重要支撑，是预测、研判事故，及时启动应急预案的前置条件，是高效实施处置救援的必要条件，是实现多方联动协同救援的重要基础，完整、及时、有效的应急救援信息可以极大地削弱事故应急的复杂性和不确定性，它决定采取何种应急战术，如何调集应急资源和科学施救，它可以变被动的招架为主动的应对，甚至能够扭转局面、转危为安。

企业开展应急救援信息准备工作，持续完善各类有效应急救援信息数据，对应对如泄漏、火灾与爆炸等具有较强突发性、较大破坏性的事故极为重要。在应急准备阶段，建设完善企业基本情况、重大危险源、危险化学品安全技术说明书、应急资源储备、应急处置预案等应急救援信息，不仅可以帮助员工提高风险管控意识，还是及时启动应急响应工作的基本判据。在应急响应与恢复阶段，应急救援信息是应急救援行动的"指南针"，接入事故现场音视频信号、生产工艺参数、剩余物料量、泄漏扩散区域、火灾爆炸能量场范围、警戒与安全区域、周边环境信息数据、应急物资消耗及应急决策指挥指令等信息，对快速调动应急资源，科学制订救援信息，提高救援成效，控制事态发展，减少人民群众生命财产损失具有重要意义。

《中华人民共和国突发事件应对法》（2024）第三十三条提出，国家建立健全应急通信保障体系，完善公用通信网，建立有线与无线相结合、基础电信网络与机动通信系统相配套的应急通信系统，确保突发事件应对工作的通信畅通。《生产安全事故应急条例》（国务院令第 708 号）第十六条提出，国务院负有安全生产监督管理职责的部门应当按照国家有关规定建立生产安全事故应急救援信息系统，并采取有效措施，实现数据互联互通、信息共享。《危险化学品事故应急救援指挥导则》（AQ/T 3052—2015）4.3 规定，坚持信息畅通、协同应对的原则。总指挥部、现场指挥部与救援队伍应保证实时互通信息，提高救援效率，在事故单位开展自救的同时，外部救援力量根据事故单位的需求和总指挥部的要求参与救援。不同于面向社会公众服务的信息保障，应急信息管理中的信息保障更加注重如何把现场收集的各类动静态应急救援信息，持续不断且及时有效地传递给相关方。企业在信息传递过程中所需要的不仅有先进的应急通信技术，还需要依托运行平台作为工作枢纽，打造"平时一张网、战时一张图、指令一条线"，反应灵敏、高效的信息保障系统，来确保应急救援信息的保障任务得以顺利施行。在运行平台建设方面，为了落实国家应急信息管理法律法规要求，提高应对事故的信息保障能力，近年来我国部分大型企业，尤其是危险化学品企业，先后建设了较为完善的应急信息平台，建设应急指挥大厅，配备大屏幕显示系统、分布式信号处理系统、音频扩声系统、多媒体综合调度系统、视频会议系统、智能中控系统和配套辅助系统等软硬件设备，明确部门应急信息平台运维工作职责，配备 24h 应急值班人员，通过互联网、物联网、云计算、大数据等先进的信息化技术手段，应用公用互联网、光纤通信、卫星互联、短波中继等多种有线与无线相结合的通信方式，实现了从企业总部、二级单位到危险化学品生产作业现场的三级互联与应急信息共享。

在应急响应过程中，应急信息平台通过有线与无线相结合的多种通信技术方式接入现场音视频信号、生产工艺参数、剩余物料量等各类动态应急救援信息，为领导层指挥决策提供重要参考依据，同时确保应急决策指挥指令传递通道顺畅。

结合危险化学品企业先进应急平台建设运维工作经验，建设和加强企业应急信息平台建设要点主要有：一是要分门别类、分模块建设，采用模块化思想将复杂的动静态应急救援信息分解为迈界清晰的独立单元。例如企业基础信息、危险化学品安全技术说明书、应急保障资源、应急预案、现场各类动态信息管理及应急辅助决策等多个功能模块，每个模块完成一个特定的子功能，所有的模块按某种方法组装起来，进而实现整个应急平台所要求的全部功能。二是要互联互通、信息共享，通过互联网、物联网、云计算、大数据等先进的信息化技术手段，应用公用互联网、光纤通信、卫星互联、短波中继等多种有线与无线相结合的通信方式，实现互联互通，消除"信息孤岛"。三是要及时更新数据，及时、准确、有效是应急救援信息的基本要求，失去了及时性、准确性、有效性，应急救援信息出现了偏差，应急准备和应急救援工作质量必将大打折扣。危险化学品企业建设应急平台，需要明确应急信息平台运维工作职责，平时需要录入并持续完善各类静态应急救援信息，保证准确无误；"战时"能够接入各方所需实时传输语音、视频、文字、数据等各类应急救援动态信息，保证不延迟、不中断。

7.3.3　应急队伍保障

应急救援队伍是应急体系的重要组成部分，是防范和应对突发事件的重要力量。企业应急救援队常年驻守企业，熟悉企业的生产工艺、重大危险源等情况，发生事故后可第一时间到场参加救援，在事故应急救援中具有重要作用。加强应急救援队伍建设是强化安全生产的具体体现。

（1）危险化学品企业队伍设置要求。

按照《安全生产法》（2021）第八十二条、《中华人民共和国消防法》（2021）第三十九条及《生产安全事故应急条例》（国务院令第 708 号）第十条规定，易燃易爆物品、危险化学品等危险物品的生产、经营、储存、运输单位，应当建立应急救援队伍，其中，小型企业或微型企业等规模较小的生产经营单位，可以不建立应急救援队伍，但应当指定兼职的应急救援人员，并且与邻近的应急救援队伍签订应急救援协议。危险化学品企业应根据国家法律法规，结合工作实际，从组织机构、装备配备、管理制度等方面科学设置其应急救援队伍，优化队伍建设规划，全面提升应急救援专业能力。

（2）化工集中区联合建立应急救援队伍。

根据《生产安全事故应急条例》（国务院令第 708 号）第十条规定，化工集中区可以联合建立应急救援队伍。化工集中区是指按照产业集聚、用地集约、布局集中、物流便捷、安全环保的原则，用以发展石油化工或精细化工产业的特定功能区域。化工集中区应根据本园区危险化学品事故的特点和规律，一体化整合应急资源，优化资源配置，构建一整套完整的应急救援队伍建设体系，形成统一指挥、调度有序、行动迅速的应急救援工作机制，真正做到快速反应、科学处置，最大程度降低人员损伤和经济损失。

（3）应急队伍能力要求。

根据《安全生产事故应急条例》（国务院令第 708 号）第十一条规定，应急救援人员应当具备必要的专业知识、技能、应急救援队伍身体素质和心理素质。锤炼过硬的应急队伍能力是科学、高效、安全、有序开展应急救援处置工作的根本保障。以危险化学品企业为例，对危险化学品企业应急救援管理人员实践能力要求如下：按照安全生产事故应急预案的要求，针对实际生产、储存和运输过程危险化学品事故应急救援案例，结合理论课所掌握的知识，采取多种演练方法，如模拟实战演练，提高学员的应急救援指挥、协调能力和事故应急处置能力。可见，国家不仅要求有关危险化学品企业建立应急救援队伍，而且对应急救援队伍建设目标、建设标准、建设要求、救援人员、救援指挥员的能力素质要求都很高。企业建立应急救援队伍能力主要包括以下几方面（以危险化学品企业为例）：

① 专业知识要求。

应急救援队伍所有人员应掌握事故应急救援相关知识和理论。因岗位不同、职责不同，救援队员和管理指挥人员所需掌握专业知识有所区别，分别如下：

（a）救援队员应具备的知识。

救援队员应具备高中（或同等）学历，年龄在 40 岁以下，由于学历要求不是特别严格，要求其应具备以下知识：

——相关法律法规。救援队员应了解我国应急管理相关法律法规、应急管理政策、措施。

——危险化学品基础知识。包括危险化学品的基本概念、生产特点、危害和控制，危险化学品分类和标志，危险化学品的危险特性及其事故类型，燃烧与爆炸基础知识。

——危险化学品事故应急处置知识。包括危险化学品事故应急处置原理、应急处置程序、应急处置基本方法和关键技术等。

——危险化学品应急救援装备及救护技术。包括危险化学品防护及救护基本知识、应急救援现场抢救与急救技术、应急救援个体防护装备、应急救援车辆、侦检装备、堵漏装备、输转装备、通信装备、照明装备、洗消装备、灭火装备及灭火剂、排烟装备等。

（b）管理指挥人员应具备的知识。

——应急管理理论。主要包括我国应急管理体系的主要内容、我国安全生产应急管理工作重点、我国危险化学品应急管理政策措施和法律法规、我国应急管理相关法律法规。

——危险化学品事故应急救援指挥理论。主要包括危险化学品事故应急救援预案编制、应急救援演练、应急救援战评、应急救援战勤保障等基本理论。管理人员还应掌握危险化学品事故应急救援指挥原则和形式、指挥程序和方法。

② 技能要求。

各级指战员要经过具有相应资质的应急救援培训机构培训，并取得合格证。因岗位不同、职责不同，救援队员和管理指挥人员所需掌握的技能要求有所区别，分别如下：

（a）救援队员技能。

熟练操作、维护保养各类装备器材。熟练穿戴个人防护装备、穿戴灭火防护服、化学防护服，空气呼吸器等，能够根据灾情做好等级防护；使用侦检器材开展侦察检测；使用堵漏器材封堵泄漏；使用输转器材输转泄漏危险化学品；使用灭火器材扑灭火灾；使用通信装备展开通信；使用洗消装备对人员、车辆与装备消洗；使用照明器材。同时，还应掌握各类器材的维护保养方法，时刻保持装备器材有效可用。

现场抢救与急救。救援队员应能识别危险化学品事故中人员受伤的类型，掌握冲洗、包扎、复位、固定、搬运及心肺复苏、中毒、烧烫伤救护等医疗救护技能。

（b）管理指挥人员技能。

熟悉各类装备器材的基本使用方法。同样需要熟练穿戴个体防护装备。

组织指挥事故应急救援。能够组织指挥应急救援队伍开展侦察检测、灾情评估和相关应急处置工作。

组织开展事故应急救援预案编制与实战演练。应根据企业实际情况，编制事故应急救援预案，组织所属队伍开展事故应急救援实战演练。

了解企业主要生产工艺，并能结合生产工艺措施实施救援等。

③ 身体素质要求。

身体健康，具备良好的力量、速度、耐力、灵敏度和柔韧性等身体素质，能适应在复杂、多变和危险的环境中进行应急救援的需要；以最短的时间、最快的速度去完成任务；能适应长时间灭火救援和大负荷量的救人、抢救物资的需要。具备良好的适应自然环境的能力，能在严寒、酷暑及风、雨、雪等气候条件下进行灭火战斗，避免个人伤害。

④ 心理素质要求。

心理素质是人整体素质的重要组成部分。应急救援队伍成员常常承受繁重的训练和危险的应急救援任务，这将给应急救援人员带来沉重的心理负担。因此，只有具备健康的心理才能健康工作。应急救援队伍心理素质要求如下：

（a）高度的自制力。

自制力是指一个人控制和调节自己思想感情、举止行为的能力。应急救援人员需要高度的自制力，应急救援任务不同于其他任务，其高危性、高强度、高难度都需要应急救援人员善于控制自己的感情，调节和支配自己的行动，保持充沛精力去克服困难，摆脱逆境，争取成功；同时还要能够忍受肌体的疲劳、疾病和创伤，有较强的忍耐力。应急救援人员如果缺乏自制力，就会在工作中表现出任意性，不能控制自己的情绪和言谈举止，不顾实际情况需要和原定计划，意气用事，不顾后果地采取行动，这不仅会极大地干扰自己的工作，还会给其他应急救援人员带来不利影响，极有可能对生命和财产造成损失。

（b）准确的判断力。

判断力是区分工作对象本质和确定采取何种行动的前提和基础。在履行应急救援工作时，没有准确的判断力，便无法做好工作。判断力也是应急救援人员独立工作能力的基本要求，一个人没有良好的判断力便无法独立开展工作。在现实工作中，准确的判断力是高效完成任务的保障，特别是在应急救援这个特殊的职业中，具备准确的判断力，是应急救援人员准确搜集线索，及时做出精确判断、捕捉战机、迅速开展工作的关键因素。因此，准确的判断力，是应急救援人员必须具备的心理因素。

（c）高度的责任感。

责任感是应急救援人员为完成使命，不惜付出牺牲，自觉履行应急救援人员职责的根本体现。应急救援人员承担的常常是高风险的灾害事故处置任务，如灭火救援，火场的复杂性、突发性和不确定性使得应急救援更加艰难。面对危险，应急救援人员不仅要承受巨大的心理压力，还要冒着生命危险，没有高度的使命感和责任感，难以担负艰巨的任务。

（d）快速的反应力。

反应力是感觉器官反应灵敏度、机能健康状况及对刺激信号反应快慢的概括。应急救援人员快速的反应力，表现为对刺激因素判断正确，准确地发现刺激源，查找到刺激物，快速有效地做出判断，并分析出其中的重要因素，采取相应措施进行处理，最终取得良好的行动效果。例如，在侦察中应急救援人员能快速准确地感知危化品的刺激信号，快速分析判断，采取有效措施，不仅能迅速有效地开展后续工作，而且能帮助应急救援人员做出正确的反应，保证自身安全，最终顺利完成任务。因此，消防员应具备高于常规水准的快速反应力。

7.3.4　应急物资装备保障

应急物资与装备是突发事故应急救援和处置的重要物质支撑。为进一步完善应急物资与装备储备，加强对应急物资与装备的管理，提高物资统一调配和保障能力，为预防和处置各类突发安全事故提供重要保障，根据"分工协作，统一调配，有备无患"的要求，坚持"谁主管、谁负责"的原则，做到"专业管理、保障急需、专物专用"。

《安全生产法》（2021）第八十二条规定：危险物品的生产、经营、储存单位以及矿山、建筑施工单位应当建立应急救援组织并配备应急救援器材、设备。

应明确应急救援需要使用的应急物资和装备的类型、数量、性能、存放位置、管理责任人及其联系方式等内容。主要包括：

（1）准备用于应急救援的机械与设备、监测仪器、材料、交通工具、个体防护设备、医疗、办公室等保障物资等。

（2）列出有关部门，如企业现场、武警、消防、卫生、防疫等部门可用的应急设备。

（3）列出应急物资存放地点及获取方法。

（4）对应急设备与物资进行定期检查与更新。

应急物资在日常的管理中要做好物资需用量计划及需用量预测，提高计划的准确性及预见性。

根据需用量计划及时衔接物资供应商，平衡供需关系，了解落实供应商原材料、设备运转、电力供应、产量、成品库存、市场需求及销售状况、装运、出库等生产信息，及早发现反馈供需矛盾，及早协调处理供需矛盾。

根据物资市场供需情况与应急物资消耗规律，在各物资供应基点建立科学合理的库存储备，有效化解特殊条件下物资的供需矛盾，保证物资供应工作的延续性。

7.3.5 其他保障

现场应急救援"三原则"。根据《安全生产法》（2021）第八十五条规定：有关地方人民政府和负有安全生产监督管理职责的部门的负责人接到生产安全事故报告后，应当按照生产安全事故应急救援预案的要求立即赶到事故现场，组织事故抢救。

在开展现场事故救援工作的过程中，一是参与事故救援的部门和单位应当服从统一指挥，加强协同联动，采取有效的应急救援措施，并根据事故救援的需要采取警戒、疏散等措施，防止事故扩大和次生灾害的发生，减少人员伤亡和财产损失；二是事故救援过程中应当采取必要措施，避免或者减少对环境造成的危害；三是任何单位和个人都应当支持、配合事故救援，并提供便利条件。

7.4 后期处理

7.4.1 概述

事故发生，打破了企业原有的生产秩序和应急准备常态。企业应在事故救援结束后，开展应急资源消耗评估，及时进行维修、更新、补充，恢复到应急准备常态，包括事后风险评估、应急准备恢复。

应急管理从响应阶段过渡为恢复阶段。企业应建立一套科学有效的应急准备恢复工作流程，评估现场风险，对消耗、损坏的应急资源及时进行补充、维护，恢复到与风险管控相匹配的应急处置能力。同时，对应急处置过程中发现和暴露出的问题进行总结评估并加以改进，进一步提高应急准备的充分性，对于提高企业事故应急保障能力具有重要意义。

7.4.2 恢复期间管理

（1）做好事后风险评估。

应急处置和救援结束后，企业要在专业安全生产应急救援队伍支持下，对事故现场、周边及企业整体环境开展安全检查，并做好事后风险评估。

① 排查消除事故隐患。

消除事故现场残留的危险物品，转移受损的装备、设备及原材料和产品，排查、消除事故隐患。恢复基本的道路、供电、供水和救援设备设施，降低事故现场及周边安全风险。

② 排查消除次生、衍生事故风险。

对现场及周边受损构筑物等开展拆除清理工作，拆除现场可能引发次生、衍生灾害的装置、设备、厂房等。清空事故现场内残存事故废水，防止进入市政管网造成污染事件。严格管控企业周边人员，避免无关人员进入事故现场及周边区域造成伤害。

③ 现场风险评估。

对现场存在的风险进行评估，确定是否继续响应及实施相应的措施。

（2）应急准备的恢复。

事故应急救援过程中，企业储存的应急装备、物资等会产生消耗。因此，在事故救援结束后，企业要对应急装备、物资等资源消耗情况进行统计，尽快补充，始终保持应急装备、物资处于良好状态，确保应急准备有力。

① 摸清消耗具体情况。

由于应急救援的特殊情况，救援结束后现场秩序较乱，要仔细核实装备、物资使用和消耗情况，特别是投放救援现场但未使用的情况，及时开展应急资源消耗评估，维修在救援过程中损坏的装备，整理统计装备、物资消耗清单。

② 补充救援装备、物资。

理清需补充的救援装备、物资清单，这其中既包括事故救援消耗的，也包括应对未来事故需要额外更新、补充采购的。配备标准可参照《危险化学品单位应急救援物资配备要求》（GB 30077）等相关规定。

③ 救援装备、物资日常维护。

认真做好救援装备、物资的维护、保养，确保其始终处于良好状态。要根据装备、物资属性不同，采取实物储备、能力储备等多种形式，储备能够满足重大生产安全事故需求的应急救援装备、物资并使其始终处于准备状态，能够随时投入应急处置和抢险工作。

7.4.3 应急后评估

应急处置评估是应急管理工作的一个重要环节，是持续改进和完善应急准备、应急救援工作的有效手段。在应急处置和救援结束后，及时开展应急处置评估，客观评价和估量事故企业和事发地人民政府应急救援工作情况，总结分析应急救援经验和教训，对评估发现的不足和问题及时改进，从而进一步提高事故应急准备能力。在实际工作中，有些单位和个人错误地认为评估是为了追究责任，有抵触、隐瞒现象，评估效果会打折扣，不能达到评估真正的目的。一般情况下，应急处置评估由事故调查组或事发地人民政府应急管理部门负责，企业要积极配合上述单位做好应急处置评估工作。同时，企业要及时自行进行应急处置评估。

（1）搜集评估所需材料。

企业要按照《生产安全事故应急处置评估暂行办法》（安监总厅应急〔2014〕95号）要求，及时搜集相关材料，主要包括信息接收、流转、报送情况，前期处置情况，应急预案实施情况，组织指挥情况，现场救援方案制订及执行情况，现场应急救援队伍工作情况，现场管理和信息发布情况，应急资源保障情况，次生、衍生事故或灾害防范情况，救援成效、经验和教训，相关建议等。

（2）评估结论应用。

应急评估组提出评估结论或完成应急评估报告后，企业要认真研究、细化落实有关工作措施，针对结论中肯定的工作继续保持；对于结论中指出的问题，根据实际情况，采取有效措施，尽快改进完善、落实到位，让应急处置评估真正成为吸取教训、总结经验、推动工作的有力抓手。

7.4.4 信息公开

企业发生生产安全事故后，接到应急信息的人员在第一时间报告事故，开展企业层面应急响应，启动应急预案并组织抢救，这对于防止事故扩大、有效处置事故、减少事故损失至关重要。企业负责人接报事故后，要按照国家法律法规相关要求，及时、准确、完整报告事故，这对于在政府层面迅速响应，在社会层面组织更加有力的应急外援具有重要意义。因此，要充分认识事故信息接报的重要性，做好企业事故信息接报工作。

（1）明确事故信息接收程序。

企业发生生产安全事故后，事故现场有关人员，包括有关管理人员及从业人员等，应当立即向企业负责人报告事故情况。如果现场人员没有企业负责人联系方式，为提高事故报告效率现场人员可以直接拨打企业值班电话报告事故情况，以便通过值班值守人员快速、大范围通报事故信息。值班值守人员接报后，要立即报告企业负责人，通知相关部门开展应急响应和处置，并立即着手事故信息的收集、整理，事故报告的起草、编辑工作，为下一步上报事故信息、通报事故情况等做好准备。企业负责人要明确值班值守人员及其他人员在信息接收过程中的职责。

（2）明确事故报告要求。

企业要严格按照《生产安全事故报告和调查处理条例》要求，及时向地方政府报告事故情况。单位负责人接到报告后，应当于1h内向事故发生地县级以上人民政府安全生产监督管理部门和负有安全生产监督管理职责的有关部门报告。报告主要内容包括：事故发生单位概况、事故发生的时间、地点及事故现场情况、事故的简要经过、事故已经造成或可能造成的伤亡数（包括下落不明的人数）和初步估计的直接经济损失、已采取的措施及其他应当报告的情况。此外，企业不得故意破坏事故现场、毁灭有关证据，为将来进行事故调查、确定事故责任制造障碍，否则就要承担相应的行政责任，构成犯罪的，还要追究其刑事责任。

（3）做好对外通报要求。

企业发生生产安全事故后，要按照《生产经营单位生产安全事故应急预案编制导则》的要求，即信息传递要明确事故发生后向本单位以外的有关部门或单位通报事故信息的方法、程序和责任人，在做好应急救援和事故报告的同时，要尽快通过一定方式向企业以外的有关部门或单位通报事故信息，避免因事故引发的次生、衍生灾害影响波及周边其他单位。

7.5 典型事故案例

据美国媒体报道，当地时间 2023 年 2 月 3 日晚，一列火车在美国俄亥俄州—宾夕法尼亚州边界附近脱轨，该列火车一共有 141 节车厢，其中脱轨的车厢为 50 节。联邦调查人员宣称，导致火车脱轨的直接原因是铁路车轴的机械问题。美国国家运输安全委员会（NTSB）表示，脱轨的火车中有 10 节车厢装有危险化学品，其中 5 节车厢载有氯乙烯。据报道，美国当局观察到脱轨火车存在"急剧的温度变化"，为防止潜在的灾难性爆炸，决定主动释放并对氯乙烯进行"受控性燃烧"。据称，这个过程包括在车厢上炸出小洞后，将氯乙烯引入槽中，在其释放到空气中之前将其燃烧掉。美国国家环境保护局（EPA）表示，这起事故中主要涉及的化学物质是氯乙烯，以及燃烧后可能产生的光气和氯化氢等。此前，美联社在报道中援引卡内基梅隆大学化学教授尼尔·多纳休的观点，燃烧氯乙烯可能会形成二噁英，而二噁英，是比氯乙烯更糟糕的致癌物质，它可在地下等环境存在多年。事故发生后，当局对事发地点周围 1mile（约合 1.6km）范围内居民发布撤离令。

从报道来看，美国采取将高温车厢中氯乙烯引出并燃烧的处置方式，在美国当局看来是一种"两害相权取其轻"的方法。结合已知的线索，发生脱轨后，车厢温度逐步上升，如果不采取措施，车厢极有可能爆炸，而一旦爆炸，车厢内氯乙烯的燃烧更加不可控。再考虑到事故发生的地方人烟稀少，美国当局选择疏散当地群众，主动引出氯乙烯，试图将其燃烧控制在一个可控范围内。然而，从事故的情况看，一方面氯乙烯燃烧产生的气体扩散范围可能超出了美国当局给出的疏散范围（1mile），据称在距火车脱轨地点约 5mile 的河流中发现了数百条腹部朝上的死鱼等；另一方面，氯乙烯燃烧可能产生了二噁英、光气等剧毒化学品，造成了巨大的环境污染和健康危害，部分居民返回住所后出现了头痛、恶心等症状。因此，从结果上来看，美国当局采用的这种"不得已而为之"的燃烧处置方式，并非是最优解。

氯乙烯是工业上生产聚氯乙烯（PVC）的原料，和其他化学品共聚时，还可用于制作染料及香料的萃取剂，以及冷冻剂等，国内采用电石法生产氯乙烯制取聚氯乙烯，占聚氯乙烯产能的 60% 左右。氯乙烯是无色、有醚样气味的气体，沸点 -13.3℃，气体密度 2.15g/L，饱和蒸气压 346.53kPa（25℃），闪点 -78℃，爆炸极限 3.6%～31.0%（体积分数），视同液化烃类进行管控，其闪点低、爆炸下限低，极易燃爆。且氯乙烯蒸气比空气重，沿地面扩散并易积存于低洼处，遇火源会着火回燃。

同时，氯乙烯也是高毒化学品，集急慢性毒性、致癌性、致畸性、生殖毒性、环境危害性、土壤富集性于一体的"六边形战士"。氯乙烯的急性毒性表现为麻醉作用，轻度中毒时患者出现眩晕、胸闷、嗜睡、步态蹒跚等，严重中毒可发生昏迷、抽搐，甚至造成死亡；慢毒性包括肝、脑、肺、血液和淋巴系统的癌症等。

由于氯乙烯燃烧可能会形成二噁英、光气等剧毒化学品，因此对于氯乙烯泄漏的处置是非常困难的，国内企业的氯乙烯球罐（或储罐）及涉及氯乙烯的反应器等设备的安全阀起跳后多是采取高点直排大气。另外，国内高毒化学品、液化烃等运输量大，如果运输中发生交通事故或泄漏，进行有效的处置也是难度极大的。

上述事故发生后，暴露出在应急管理与应急行动中，不论国内还是国外，在应急准备、应急响应、应急处理等环节均存在不同程度的问题。由此可见，应急管理是为应对突发事件而开展的管理活动，旨在保障公共安全，避免或减少因突发事件所造成的生命、财产损失和社会失序。应急管理是一个完整的系统工程，也是公共安全管理的一个重要组成部分。应急管理不仅关系到一个国家或地区民众根本和长远利益，还关系到一个国家或地区非常规状态下实行法治的基础，因此应急管理需要得到全社会的重视与实施。

8 事故事件管理

8.1 概述

事故事件管理的主要目的是查清原因，吸取教训，避免再次发生同类事故。企业安全管理过程中，应形成鼓励员工报告各类事故、事件的企业文化。企业应制定事故或事件管理程序，鼓励员工报告事故/事件，组织对事故/事件进行调查、分析，找出事故根源，预防事故发生。

事故调查包括事故报告、收集证据、分析原因和责任、提出整改建议等内容。

（1）事故报告。

事故报告要求事故发生单位及时按照事故等级向有关安全生产监管部门上报事故情况，以便有关部门确定事故的严重程度，根据事故情况逐级上报并制订相应的方案和采取有效的措施。

（2）收集证据。

收集证据是为了更好地将事故相关的细节罗列出来，以便事故调查组准确地分析事故原因，确定事故责任。

（3）分析原因和责任。

事故调查组根据所收集的证据，确定事故发生的直接原因和间接原因，并进行责任分析。根据事故原因分析企业管理中存在的问题，包括制度的制定、执行、监督等方面存在的漏洞。

（4）提出整改建议。

事故调查组应在查明事故原因的基础上，提出有针对性的纠正和预防措施，如工程技术措施、教育培训措施、管理措施等。

8.2 事故报告

所有事故，包括死亡事故、伤害、环境污染、财产损失、险情等都应该及时报告。如果不报告，就不可能进行事故调查。对于企业而言，必须制定相关的安全政策和制度，在员工培训中详细说明如何正确和系统地报告事故、事件或小的险情类事件。

（1）死亡事故、伤害、环境污染、财产损失类事故必须在规定的时间内上报。

（2）对于险情和隐患类小事件，应鼓励员工报告，建立激励机制，让员工个人对报告事故／事件没有任何畏惧或其他的担心。

事故发生后，事故现场的有关人员应当在妥善保护事故现场和有关证据的同时，立即向本单位负责人报告，单位负责人接到报告后，应当于1h内向事故发生地县级以上人民政府安全生产监督管理部门和负有安全生产监督管理职责的有关部门进行报告。情况紧急的，事故现场有关人员可以直接向事故发生地县级以上人民政府安全生产监督管理部门和负有安全生产监督管理职责的有关部门报告。

8.2.1　报告内容

事故报告内容包括：

（1）事故发生单位概况。

（2）事故发生的时间、地点及事故现场情况。

（3）事故简要经过。

（4）事故造成或可能造成的伤亡人数及直接经济损失。

（5）已经采取的措施。

（6）其他应报告的情况。

8.2.2　初期事故报告

事故发生后24h内，事故必须上报并存入数据库。

初期报告应包括以下内容：

（1）事故情况描述。

（2）事故发生时间。

（3）事故发生地点。

（4）事故造成的实际影响和潜在影响。

初期事故报告管理能确定事故严重程度，进而认定需要多少细节信息，重要的是及时报告事故，保存证据，以便调查需要时使用。

8.3　事故事件调查

8.3.1　基本原则

事故调查的基本原则为：政府统一领导，属地、分级负责和"四不放过"，"科学严谨、依法依规、实事求是、注重实效"的原则。

事故调查遵从的理念：

首先，应将事故看作是改善管理体系的一次机会，而不是相互推诿扯皮。其次，明确事故的根本原因，才能获得最大收益。因此，查出事故的直接原因只能防止其再次发生；而查出事故的根本原因，才能避免此类事故的再次发生。

8.3.2　事故调查组

（1）基本原则：遵循精简、效能的原则。

（2）调查组的职责：

① 查清事故发生的原因；

② 核实伤亡人员和经济损失；

③ 认定事故性质；

④ 确定事故责任单位和个人，提出处理意见；

⑤ 提出整改意见和建议；

⑥ 完成事故调查报告。

（3）具体要求：通常是指定一名事故调查组长，并由有关人民政府、安全生产监督管理部门、负有安全生产监督管理职责的有关部门、监察机关、公安机关及工会派人组成调查组，并邀请人民检察院派人参加。根据事故复杂程度不同，事故调查组可以聘请有关方面专业人员或专家参与调查，每人负责一个方面。

如果事故涉及承包商的工作还要包括承包业人员或专家参与调查，还有其他具备相关知识的人员和有调查分析事故经验的人员。所选人员应具备所需知识和专长，并与所调查的事故没有直接利害关系。

对企业内部的事故调查，一个调查小组至少应包含下列人员：

组长：由熟悉该项作业类的管理层代表或外部相关人员担任。

成员：

① 事故根源分析专业人员或专家，通常是安全专业人员；

② 了解该项作业的专业技术人员 1～2 人或专家；

③ 其他特殊专业人员和事故调查根源分析的专家等。

（4）事故调查任务与要求。

① 查明事故发生经过、原因、人员伤亡情况及直接经济损失；

② 认定事故的性质和事故责任；

③ 提出对事故责任者的处理建议；

④ 总结事故教训，提出防范和整改措施；

⑤ 提交事故调查报告。

注：报告除包括上述内容之外，还要包含抢险施救及事故是否存在迟、漏、谎、瞒报等情况。

8.3.3 事故等级划分

事故等级划分见表 8.1。

表 8.1 事故等级划分表

事故类别	死亡人数	重伤人数 （含急性工业中毒）	直接经济损失
一般事故	3 人以下	10 人以下	1000 万元以下
较大事故	3 人以上， 10 人以下	10 人以上， 50 人以下	1000 万元以上， 5000 万元以下
重大事故	10 人以上， 30 人以下	50 人以上， 100 人以下	5000 万元以上， 1 亿元以下
特别重大事故	30 人以上	100 人以上	1 亿元以上

注：以上均包含本数，满足一项划分依据即须划入相应事故等级中。

8.3.4 调查方法

事故需要搜集的信息主要包括：是否采取行动以减轻、遏制或控制事故；是否需要隔离事故场所，以保存证据；问题定义（即事故情况）、发生时间、发生地点和影响（损失数量、频繁程度、安全问题等）及对事故的客观描述；对第一时间目击者的询问。

针对不同的信息，需要采取不同的实施方法进行采集。

（1）问题定义。

每份事故报告需要包括问题定义。完整的问题定义包括四部分，即问题是什么、发生时间、发生地点和问题的影响。

① 问题定义是事故后果的影响，即力图避免发生的情况。这有时被称为初步影响，并用一个"名词—动词"的陈述句来进行表述，如"职工跌倒""化学品泄漏""手指划伤"。

② 事故时间是一个相对的时间概念，可包括以下内容：星期几、事故发生是几时几分、事故发生的时间相当于某一时间点的先后顺序，如"水泵重新开始工作之后"。

③ 事故地点是一个相对于事故初步影响的位置概念，可包括以下内容：事故发生的地理位置或相对性的位置描述，如"维修间""水泵以南 5m"。

④ 问题的影响是事故初步影响的相对价值观念。因为事故造成了一定的影响，所以要报告事故。事故的影响包括：受伤情况、泄漏的化学品种类和数量、经济损失。分析事故的影响有助于确定调查的手段和力度。事故的影响越严重，就需要更清楚地了解事情发生的内容、时间和地点等相对概念描述。

（2）保存证据。

如果一开始能搜集到完整的信息，调查就能很快找到事故起因。保存事故证据有很多种方式，得到的证据越充分，就能更清晰地了解事故影响，进而更清楚地掌握事故情况。

（3）对第一时间目击者的询问。

初期响应应该尽可能询问第一时间目击者，以了解事故的内容、时间、地点和影响。不应该要求目击者写下看到的内容。初期事故响应团队应该训练，了解如何从目击者方面获取信息。没有受到训练的人不能参与对事故目击者的询问。进行询问的人必须有事先准备好的问题。等到搞清楚问题并搜集初期证据后，将事故报告存入该工作场所的事故数据库中。基于不同的事故影响，管理层应给出其他报告要求，如电子邮件、声音邮件、直接的电话报告等。

8.3.5　证据采集

证据是用来揭示事故真相的任何东西。在事故调查过程中需要采集的证据主要包括物理证据、位置证据、电子证据、书面证据及相关人员证据等几大类。

（1）物理证据：残余的物料、受损的设备、仪表、管线等。

（2）位置证据：事故发生时人、设备等所处的位置，工艺系统的位置状态。

（3）电子证据：控制系统中保存的工艺数据、电子版的操作规程、电子文档记录、操作员操作记录等。

（4）书面证据：交接班记录、开具的作业许可证、书面的操作规程、培训记录、检验报告、相关标准。

（5）相关人员：目击者、受害人、现场作业人员及相关人员面谈、情况说明等。

8.3.6　事故分析

（1）时间事件链。

随着收集的事故证据越来越多，可以将事件和状态按照时间先后顺序进行分类编排，建立以发生时间为顺序的事件链，简称"时间事件链"。在事故调查的初期，调查人员的目的就是重建时间事件链，整理各项证据、事件和状态之间的顺序与关系。

（2）根本原因。

在时间事件链中，识别出导致事故发生的关键事件和状态，根本原因可能是某项事件、某项作业条件、设备状态、某项操作动作或行为等。例如：

①润滑路线的预防性维护保养自2002年以来就没有修改过。

②泵房区域的责任未得到落实。

③泵断路器无标识。

（3）其他多种根源。

一起事故的发生往往还由多种根源引起，针对这些原因可以采取更综合性的措施，从而提高工艺的安全性。

① 直接原因：包括设备、物质或环境的不安全状态，人的不安全行为等。

② 间接原因：包括设备状况、劳动管理、人员培训、制度建设、安全操作等不合理。

8.3.7 确定事故责任人

根据责任分析，可以明确相应的责任人，根据责任的不同对责任人提出处理建议。

8.3.8 编制调查报告

事故调查完成后需要编制事故调查报告，报告至少包括以下几个内容：

（1）事故发生的日期，简要概述事故的时间与后果。例如：由于轴故障和粉尘积聚导致泵皮带卡住，发生火灾，设备轻度损坏，无人员受到伤害。

（2）调查初始数据。

（3）事故过程、应急抢险、损失的描述。

（4）造成事故的原因。

（5）对责任人员的处理建议。

（6）调查过程中提出的改进措施。识别和评估所建议的预防措施。

8.4 事故事件处理

8.4.1 批复

重大事故、较大事故、一般事故，负责事故调查的人民政府应当自收到事故调查报告之日起 15 日内做出批复；特别重大事故，30 日内做出批复，特殊情况下，批复时间可以适当延长，但延长的时间最长不超过 30 日。

8.4.2 落实整改

（1）落实。

相关部门和单位按照政府对事故调查报告的结案批复，司法、纪委、监察、安监等对事故负有责任的人员、单位，按照调查组建议依法追究相应的刑事、党政纪及行政、经济责任。

（2）整改监督。

安全生产监督管理部门和负有安全生产监督管理职责的有关部门要对事故责任单位落实防范和整改措施的情况进行监督检查。

8.4.3 事故通报

所有初步的事故报告应该通报给受事故影响的人员。通报的主要理由是提高对事故的认识水平，尽量避免再次发生类似事故。通报以电子形式进行，如电子邮件、网站等。除了通报事故初期的情况，重特大事故调查的结果应该通报给受影响的职工。在这个阶段，事故原因和整改措施已经确定。通过通报事故原因和整改措施，能够提高对事故的认识水平，避免类似事故发生。

9 绩效评价

9.1 安全监督检查和监测

9.1.1 概述

企业通过开展安全监督检查和监测，发现并解决安全管理体系运行中的问题。根据风险水平的不同，企业确定监测对象和监测频次。装置或设备的检验频次如有法规规定（如储气罐、锅炉、起重设备），根据危害因素辨识和风险评价的结果、法律及法规要求，企业制订出监测计划，作为安全管理体系的组成部分。

各级管理者按照监测计划，对工艺过程、作业场所和实际操作进行常规的安全监督检查和监测。所有基层监督管理人员对重要作业任务的现场进行检查，以确保与安全管理制度和操作规程相符合。为便于实施系统的检查和监测，可以采用诸如检查表的方式进行。

9.1.2 安全监督

安全监督是安全监督机构和安全监督人员依据安全生产法律法规、规章制度和标准规范，对生产经营单位和作业人员的生产作业过程是否满足安全生产要求而进行监督与控制的活动。安全监督是从安全管理中分离出来但与安全管理又相互融合的一种安全管理方式，是对安全生产工作实施监督、管理两条线，监管分离，以及探索异体监督机制的一项创新。安全管理与安全监督机构相互补充、相互支持、互不替代。

安全监督是与安全管理相辅相成的约束机制，其形式通常由业主（甲方）向承包商（乙方）派驻安全监督人员，总承包商或向分承包商派驻安全监督人员，上级主管部门向项目或作业现场派驻安全监督人员等多种监督运作方式。安全监督是安全工作的重要组成部分，是施工作业现场减少违章行为、保护员工生命健康的重要保障内容。在监督作业现场及监督范围内，作业人员应主动接受安全监督人员的监督检查，对安全监督人员提出的事故隐患和问题要主动沟通，并及时整改。企业各级领导应正确处理好生产管理与安全监督的关系，支持、理解和配合安全监督机构和人员开展工作，树立安全监督机构和监督人员的权威性，确保安全监督人员正常履行职责，减少各类违章行为和生产安全事故的发生。

安全监督的工作程序包括：

（1）收集有关资料。进入现场前，安全监督人员应当收集了解的主要内容包括：项目基本概况，作业计划、作业方法、工艺流程，主要设备的性能和主要危险因素，安全组织机构、安全管理人员和安全管理方式，主要风险及控制措施等有效文本，安全评价报告、应急预案，作业许可制度及作业票证管理，安全设施、监测仪器等配备情况，执行的相关法律法规及标准等。

（2）编制监督方案。在项目开工前完成安全监督方案，经委托方或安全监督机构审批后执行。安全监督方案主要内容包括：监督目的、工作任务、目标指标、编制依据、监督人员与职责、监督方式、监督内容、工作程序、执行文件和采用的表格、日志及记录式样等。

（3）开展现场监督。开工前，对项目开工的能力与条件进行确认，在满足安全开工条件后，签署安全作业许可。开工后，安全监督人员应当认真履行工作职责，严格遵守安全监督行为准则，按审批后的安全监督方案开展工作。对发现问题和隐患的整改情况应当跟踪验证。

（4）参与验收、签署监督意见。项目相应阶段完成或整体完工后，安全监督人员应当参与阶段验收及整体验收工作，签署安全监督意见。

（5）提交安全监督档案资料。在项目监督过程中或完成后，应向委托方提交监督档案资料。主要包括：安全监督方案、监督检查表、变更资料、监督指令和其他约定提交的资料等。

（6）编写安全监督工作总结。安全监督人员应定期向委托方和安全监督机构提交现场监督工作报告，项目结束后应当提交监督工作总结。工作总结主要内容包括：安全监督工作概述、任务目标完成情况评价、改进安全管理的意见和建议等。

9.1.3 安全检查

安全检查是一项综合性的安全生产管理措施，是建立良好的安全生产环境、做好安全生产工作的重要手段之一，也是企业防止事故、减少职业病的有效方法。

9.1.3.1 安全检查的分类

安全检查通常可分为：综合性安全检查、专业性安全检查、季节性安全检查、节假日安全检查、日常安全检查等。

（1）综合性安全检查：以落实岗位安全责任制为重点，各专业共同参与的对生产、运营各个环节进行全面、综合性的安全大检查。

（2）专业性安全检查：各职能部门结合分管业务和风险防控的需要，组织有关专业技术人员和管理人员，有计划有重点地对某项专业范围的设备、操作、管理进行检查。

（3）季节性安全检查：针对气候特点（如夏季、冬季、雨季、风季等）可能对生产活动带来的安全危害而组织的安全检查。

（4）节假日安全检查：在重大节日或重要政治活动日进行的安全检查。

（5）日常安全检查：基层单位开展的经常性安全检查，以及班组、岗位员工的交接班检查和班中巡回检查。

9.1.3.2 安全检查的内容

安全检查的内容一般包括：

（1）查思想：检查企业领导对安全生产工作是否有正确认识，是否真正关心员工的安全、健康，是否认真贯彻执行安全生产方针及各项劳动保护政策法令；检查员工"安全第一"的思想是否建立。

（2）查管理、查制度：检查企业安全生产各级组织机构和个人的安全生产责任制度是否落实；各基层单位和危险工种岗位的规章制度是否健全和落实；安全组织机构和职工安全员网是否建立和发挥应有的作用；"三同时""五同时""三管三必须"的原则是否得以执行等。

（3）查现场、查隐患：深入生产现场，检查劳动条件、生产设备、操作情况等是否符合有关安全要求及操作规程；检查生产装置和生产工艺是否存在事故隐患等。

（4）查纪律：检查各级领导、技术人员、企业职工是否违反了安全生产纪律。

（5）查措施：检查各项安全生产措施是否落实。

（6）查教育：检查对企业领导的安全法规教育和安全生产管理的资格教育（如持证）是否达到要求；检查员工的安全生产思想教育、安全生产知识教育，以及特殊作业的安全技术知识教育是否达标。

9.1.3.3 安全检查的策划

安全检查的策划主要内容包括：制订检查日程安排，确定检查范围、目的、项目、标准和检查重点，明确参加检查人员及分工，落实交通工具、取证器材及检查用具、器具，制定奖罚标准和评优方法，编写检查表，召开检查前预备会。

9.1.3.4 安全检查记录和事故隐患的整改、处置

（1）立即整改的隐患（问题）。

凡是有随时发生重大伤亡事故危险的隐患，应立即整改，由检查组签发"事故隐患停工整改通知书"，被检查单位负责人接到停工整改通知书后，必须迅速组织力量，研究整改方案，立即进行整改，完成后将整改情况反馈至检查组。检查组收到反馈信息后，立即组织复查，确认合格后方可批准复工。

（2）限期整改的隐患（问题）。

凡是隐患较严重，不尽快排除可能发生重大伤亡事故，但由于各种客观条件和困难，不能立即解决的，应限期整改，由检查组签发"事故隐患限期整改通知书"。被检查单位负责人接到限期整改通知书后，须制订有针对性的措施，定人、定时间落实整改方案。完成整改后将整改情况反馈至检查组，检查组收到反馈信息后，立即组织复查，确认合格

后，将隐患销项。

（3）口头提出整改的问题。

对于检查中发现的"违章指挥、违章作业、违反劳动纪律"现象，应立即制止，并告知基层单位当场予以纠正。对现场发现的一般隐患，可口头提出，当场解决。

（4）检查记录。

检查人员对检查情况进行记录，检查记录应当能反映所检查的客观事实包括存在问题和好的做法等，检查人员须保存好各种检查记录、表格、整改通知书。

（5）隐患登记与销项。

检查人员对检查中发现的、开具的停工、限期整改通知书中的隐患进行登记，经复查合格后销项，做好记录。

9.1.3.5　安全检查总结、通报

安全检查的总结、通报主要内容包括：及时整理出检查记录、整改通知书、处罚通知书中相关数据，包括检查项目数量、发现事故问题数量、现场处罚金额累计等；汇总建立问题台账；检查总结、通报的具体内容包括检查中发现的主要存在问题、普遍性存在问题、严重"三违"现象等，对受表扬和批评的单位通报情况，分析存在问题的主要原因，明确下一步主要改进措施和具体要求。

9.1.4　安全监测（检测）

（1）依据危害因素辨识的结果识别职业病危害场所并建立台账，企业编制监测计划，并按照计划对职业病危害场所进行日常监测和定期检测，将检测结果向接害员工公示。对接害员工进行岗前、岗中和离岗前的职业健康检查，及时发现异常情况并进行有效干预，建立职业健康监护档案。

（2）企业建立特种设备及其附件台账，编制检测计划，按要求对特种设备及其附件进行检测、校验或检定，确保特种设备及其附件满足要求。

（3）利用联锁报警等系统对生产工艺过程进行实时监测，利用火灾报警系统、泄漏报警系统等对有毒有害、易燃易爆作业场所进行监测预警，及时发现各类异常险情和隐患问题。

（4）企业应当配齐监测设备（如有毒气体报警仪、噪声测量仪），并对监测设备定期进行检定、校准和维护。

9.2　不符合与纠正措施

9.2.1　概述

企业建立有效的管理制度，用系统的方法识别管理体系运行过程中存在的不符合，采

取措施纠正不符合，分析不符合产生的原因、制度并实施有效的纠正措施，使安全管理体系持续有效运行。

9.2.2 纠正

通过日常监督检查、管理体系审核发现安全管理体系运行过程中存在的不符合，企业责任部门、单位应及时对不符合做出反应，采取措施予以控制和纠正，并处置后果，以消除不符合的影响。

要注意的是，在采取措施予以控制和纠正前，应对新的或变化的危害因素进行识别和评价，确保在受控的情况下采取措施。对于部分不符合可能造成的"紧急情况"，须制订应急响应措施，做好应急准备。

9.2.3 原因分析

有效的解决不符合，是安全管理中一项重要内容，要求管理人员具备分析问题和解决问题的能力。产生不符合的原因多种多样，从广度分析，可分为主观原因（内因）和客观原因（外因）；从深浅程度角度分析，这些原因又可分为直接原因和根本原因。由于基层人员在认知层面存在差异，以及未能掌握科学分析问题的工具与方法，导致责任人员在分析标准实施偏差的原因时，往往避重就轻、敷衍了事，不能深层次、系统性地分析产生问题的原因，也忽略了对各种原因之间内在逻辑关联性的分析与梳理，从而针对标准实施偏差难以制订有效的纠正措施。要从根本上解决不符合，需要对不符合产生的原因进行深入细致的分析，仅仅分析不符合产生的直接原因是不够的，还需要分析不符合产生的根本原因，找到不符合的根源所在，在此基础上采取有效的纠正措施，防止同样的不符合再次发生。

根本原因是指导致事物发生变化的根源或导致事物发生变化的最本质的原因。根本原因是引起事物发展变化的诸多原因中起关键作用、决定作用的最重要的原因。比如，因贯标责任制缺失，导致贯标责任人员贯标不力，执行标准的岗位人员没有及时参加贯标学习，最终导致标准实施存在偏差。在此情况中，贯标不力导致的贯标对象未能参加贯标学习，这是导致不符合的直接推手，属于直接原因；由于公司缺少贯标责任制，对贯标责任人员缺少必要的约束激励机制，导致贯标责任人员未能充分重视贯标工作，也未能掌握贯标的具体要求，这是贯标不力的决定性成因，也是产生不符合的根本原因。

直接原因与根本原因，两者的着眼点不同。其中，直接原因停留在问题表象，相对浅显；根本原因注重透过现象看本质，重在挖掘问题产生的根源，比较深入，故两者之间存在递进关系。按照由浅入深的递进关系，依次是直接原因→主要原因→根本原因。

如何才能从直接原因挖掘到根本原因，一般可以采用根本原因分析法，即针对问题的成因连续追问五个"WHY"进行挖掘。例如，针对产生问题的原因提问为什么，并对可能的原因进行记录，其中最浅显、最直接的原因就是直接原因。然后，逐一对每个直接原因问为什么会产生这个直接原因，并记录下原因，以此类推，连续追问五个"WHY"（通常为五个，视情况可多可少），直至无法继续追溯，最后问到的根源即是根本原因。根本原因分析法的目的就是要努力找出问题的作用因素，并对所有的原因进行分析。这种方法通过反复问一个为什么，能够把问题逐渐引向深入，直到发现根本原因。

9.2.4 纠正措施

在工作人员的参与和其他相关方的参加下，通过下列活动，评价是否采取纠正措施以消除导致不符合的根本原因，防止不符合再次发生或在其他场合发生。

（1）确定导致事件或不符合的原因。

（2）按照控制层级和变更管理，确定并实施任何所需的措施，包括纠正措施。

（3）在采取措施前，评价与新的或变化的危险源相关的职业健康安全风险。

（4）评审纠正措施有效性。

（5）在必要时，变更安全管理体系。

纠正措施应与不符合所产生的影响或潜在影响相适应。企业保存有关文件信息：事件或不符合的性质，以及所采取的任何后续措施；任何措施和纠正措施的结果，包括其有效性。

9.3 审核与考核

9.3.1 概述

在安全管理体系的实施和保持过程中，对管理体系进行审核与考核，以判定安全管理体系是否符合企业对安全管理工作的预定安排和标准的要求，是否得到了正确的实施和保持，是否有效满足企业的方针和目标，包括管理体系审核、诊断评估、绩效考核和安全生产计分。

9.3.2 管理体系审核

管理体系审核是为获得审核证据并对其进行客观的评价，以确定其满足审核准则的程度所进行的系统的、独立的并形成文件的过程。审核是一个独立的过程，审核员应独立于受审核部门或单位之外，即审核应由与受审核对象无直接关系的人员进行。审核是一个系统化、文件化的验证过程，"系统化"是指审核活动必须是一项正式、有序而又全面的验证活动，"正式"主要是指内部审核活动应由管理者授权，"有序"是指审核必须是有组织、有计划并按规定程序进行，"全面"是指要对与审核对象有关的各个方面都要进行审核，以便得出完整的结论，"文件化"是指审核整个过程均应形成文件，这是审核的基本要求，包括审核前应准备的审核计划、检查表，审核中的不符合报告和审核记录，审核后提交的审核报告等。

9.3.2.1 管理体系审核的策划

良好的开端是审核成功的必要条件，在实施审核前应做好以下工作：

（1）领导重视是关键。

管理体系审核牵涉到组织的所有有关部门，需要有高层管理者协调，只靠安全部门的努力，权威性不够。因此，领导对审核的重视、并赋予审核的权威性是十分重要的。

（2）管理者代表要亲自抓。

管理者代表应确保按照安全管理体系规范的要求建立、实施和保持安全管理体系，具体领导审核工作的就是管理者代表。管理者代表负责组织组建内部审核组、培训人员、制订计划、实施审核和审批审核报告。

（3）组建一支合格的审核员队伍。

要有一支合格的审核员队伍才能保证审核的质量，因此，培训审核员是一项重要的工作。应在各部门选择一批熟悉组织业务、专业技术、工艺流程、安全知识和管理知识；了解有关安全相关的法律、法规；有一定学历和工作经验、有交流表达能力和正直的人员进行培训，所有经过培训的审核员需经考核合格后正式任命。在组建审核组时，应该充分考虑以上个人能力和素质，这样组建的审核组才经得起考验，才能有效开展审核工作，才能真正为安全管理体系的持续改进和有效实施发挥作用。

（4）落实审核工作职责。

审核是一项长期的常规工作，需要有一个机构来负责实施。这些机构可能还有一些其他的管理工作，但审核工作应是此类部门的一项重要任务，而审核工作又完全可以与其他工作（如建立体系、修订管理手册和程序文件等）结合进行，为此，内部审核工作一定要得到落实。

（5）有正规的审核程序。

为体现审核的系统性，并有组织有计划地进行，一套正规的文件化审核程序是必不可少的。审核程序应明确审核的目的、范围、执行者的职责，以及具体的实施方法。

9.3.2.2 审核工作的准备

准备阶段的工作内容主要有：确定审核范围、组建审核组、进行文件初审、编制审核计划、准备审核文件五方面的工作。具体工作内容如下：

（1）确定审核范围。

作为管理体系审核的前提，企业已建立了安全管理体系。审核可按照审核方案由具体负责部门组织进行，如安全环保部门。在实施审核之前，必须首先确定此次审核的范围，具体说明受审核部门包括哪些管理部门、二级单位和基层单位。在确定审核范围时，应重点考虑涉及重大危险源、目标指标控制部门及其他关键岗位。

（2）组建审核组。

企业领导层任命审核组长，审核组长从接受过审核员培训并获得审核员资格的人员中选择审核员，尽量选择那些具有专业知识、对体系比较熟悉且独立于受审核部门的审核员。审核组长根据审核范围和内部审核天数来决定审核组成员人数，审核过程由审核组长负责控制。

（3）文件审核。

文件审核包括对安全管理体系文件的初步审核和现场审核时对文件的再次审核。文件审核的目的是：了解体系文件的符合性、充分性和适宜性；了解受审核单位和部门的具体情况，以便进行审核准备。在审核策划和准备阶段，审核组长要对文件进行初审，主要审查组织的体系文件规定与约定的审核准则的符合性，包括管理手册、程序文件、三级文件、方针及其他文件等，另外还要了解最近管理体系发生的变化和更新等方面的内容，以及组织机构、职责、工艺、技术、工作环境等发生的变化，以便深入审查文件的适宜性、符合性和体系运行的有效性。

（4）编制审核计划。

审核计划是对审核活动安排的说明。审核计划由审核组长编制，经最高管理者或管理者代表批准后实施。审核计划可有适当的灵活性，允许在审核过程中遇到特殊情况时进行适当的修改。在编制审核计划时应该考虑上次审核的情况，如上次没有审核到的部门、上次审核发现严重不符合的部门，以及本次审核的重点部门、单位和施工作业现场等。

审核计划的内容包括：审核目的、审核准则、审核范围、审核组成员及其分工、现场审核日程安排、受审核部门和其他内容等。编制审核计划时应注意以下问题：

① 编制审核计划时，要避免"重人日轻"过程的审核安排。

② 编制审核计划时可以按过程和要素进行，也可以按照部门进行。按照过程和要素进行审核时，负责该过程和要素的部门必查，配合该过程和要素的部门选查；按照部门进行审核时，负责的要素和过程必查，配合的过程和要素选查。

③ 对领导层的审核可以在现场审核开始之初或现场审核之末进行。

④ 审核计划经批准确定后，应至少在一周前将审核日程安排通知受审核部门和单位。

9.3.2.3 现场审核实施阶段

审核组在完成了全部准备工作以后，就可按照计划的日程安排和时间规定进入现场审核阶段。在该阶段的工作内容主要有：

（1）召开首次会议。

（2）进行现场审核。

（3）确定不符合项并编写不符合报告。

（4）汇总分析审核结果。

（5）编写审核报告。

（6）召开末次会议，宣布审核结果。

首次会议是由审核组长主持，由组织的高层管理者、部门领导、车间领导、内部审核员、陪同人员等参加的会议。首次会议应包括以下内容：

（1）与会者签到。

（2）向受审核部门介绍审核组成员。

（3）介绍审核范围、目的、审核依据和审核日程安排。

（4）简要介绍审核中采用的方法和程序。

（5）介绍陪同人员，在审核组和受审核部门之间建立正式联络渠道。

（6）确认审核组所需的资源与设备。

（7）确认末次会议的日期、时间和地点。

（8）必要时，介绍审核组开展工作中的现场安全条件和应急程序。

（9）领导讲话。

首次会议后应立即转入现场审核。现场审核是审核员寻找客观证据的过程，是整个审核工作中最重要的环节。在现场审核中，一般要注意以下几点：

（1）审核组长要控制审核的全过程，包括审核进度、审核计划、气氛、纪律、客观性、审核结果。

（2）要科学地选择样本。选择样本时应考虑到部门安全管理工作的复杂性。一般来讲，组织的目标、指标的完成情况，重要危害因素及其控制情况等在审核中都应涉及。在对文件、数据抽样时要体现随机过程。

（3）充分利用检查表。在准备阶段，审核员已经付出很多精力编制检查表，并且在编制检查表的过程中已经审阅了体系文件，因此在审核时应充分利用检查表，不要轻易偏离检查表进行审核。当然也要注意不能过分依赖检查表，当发现可能存在不符合时，应该追溯到必要的深度，不能从表面现象判定，要从多方面取证。

（4）应由受审核方确认事实。当发现不符合时，审核员应尽量征得受审核方的认可，并使受审核部门同意采取纠正措施，如果受审核部门确实有真实的客观证据能够推翻某个不符合项，审核员应撤销该项不符合。

（5）审核员应始终按照审核原则进行工作。审核员在整个审核过程中都应保持良好的职业道德行为，真实准确地报告，在审核中勤奋并具有判断力；独立于审核活动，是审核的公正性和审核结论客观性的基础；要以事实为依据，以准则为准绳。

（6）要注意利用不同的方式，收集客观证据。客观证据的存在是多样的，在审核过程中审核员应注意从不同的角度、采用不同的方法收集客观证据。

审核过程中，可能会发现未满足审核准则要求的审核证据，即没有满足标准、法规、组织的方针、目标、合同的约定等，这就构成了不符合。不符合通常可分为以下几种类型：

（1）体系性不符合：安全管理体系文件没有完全达到法律、法规、标准及其他要求等的要求，即文件的规定不符合约定的准则。

（2）实施性不符合：安全管理体系实施未按文件规定执行。

（3）效果性不符合：体系运行结果未达到计划的目标、指标，即效果不符合所建立的目标。

根据审核结果与审核准则相偏离的严重程度，以及可能带来后果的严重性，可将不符合分为：严重不符合和一般（轻微）不符合。

（1）严重不符合：可能导致重大安全影响和后果，或体系运行严重失效等情况，可判定为严重不符合。一般出现下列情况时，可判定严重不符合：

① 体系系统性失效：同一要素出现多个一般不符合，使该要素或过程无法得到有效实施和控制，而又没有采取有效措施。如在公司办公室、安全环保部、分公司、项目部等都出现文件资料控制方面的不符合，而导致系统失效。

② 体系区域性失效：在某一个部门或场所涉及的要素或程序基本没有运行或控制，导致这个部门或场所体系运行失效。如在机加工车间出现了危害因素识别、运行控制、培训、应急、监测等方面的不符合。

③ 导致或可能导致严重影响或后果，没有完成目标和指标又没有采取措施。如污水超标排放污染地表水、在油罐区动火没有办理动火手续且没有采取预防措施等。

（2）一般不符合：是指孤立的、偶发的不符合事件或活动，不会产生严重后果，且易于纠正。对于审核区域的体系运行的有效性是次要问题。

编写不符合报告是审核员必须掌握的基本技能，在编写不符合报告时应注意文字要简练、事实要准确、陈述要清晰、书写要清楚，并能够正确引导受审核方采取恰当的纠正措施。不符合报告的内容包括：不符合事实描述、不符合条款、不符合性质、原因分析、纠正措施及纠正措施验证等内容。在不符合事实描述时，要写清楚时间、地点、人物、事件、参数、数量、审核发现的细节等具有可追溯性的内容。审核证据可通过与负责人、当事人的面谈，查阅的文件记录及现场观察到的情况等方式获得。但陪同人员、无关人员的谈话、传闻不能作为客观证据。在判定不符合条款时，要以事实为依据，以准则为准绳，不能主观臆断，判定条款应就近不就远，选择最贴切的条款并写明不符合条款的具体内容。

根据审核中收集的客观证据与审核准则进行比较和评价所得出的结果称为审核发现。应对审核发现进行汇总分析，汇总分析应该从正反两个方面考虑，一是体系绩效分析，二是从审核中发现的不符合进行分析，汇总分析应该在末次会议前审核组内部会议上进行，以便对企业的安全管理工作做客观评价，编写出符合组织实际的审核报告。

汇总分析可以考虑以下几个方面：

（1）汇总分析应以客观证据为依据，从正反两个方面综合评价体系的符合性、有效性和适合性，不能单凭不符合项下结论。

（2）从发现的不符合项入手。分析不符合项的总数中严重不符合、一般不符合各有多少项。如果审核是按部门进行的，则列出其不符合项涉及哪些要素，其中哪些要素中发现的不符合最多或最严重，有了这些数据，可以说明该部门在体系运行中的薄弱环节。

（3）从历史和趋势入手。将上次审核发现的不符合的总数及其构成与本次相比较，说明体系的运行情况是改进了还是退步了。同时，也能看出对上次审核中开具的不符合所采取纠正措施的完成情况及有效性。

在以上汇总分析的基础上，可以总结出在体系的建立、实施和保持方面还有哪些薄弱环节及其严重程度，从而得出整体性的结论性意见，并提出一些改进方面的建议。

审核报告一般由审核组长编写，或在审核组长的指导下由审核组成员编写，审核组长对审核报告的准确性与完整性负责。审核报告中应分析组织的体系文件是否符合安全管理体系的要求，运行结果是否符合审核准则的要求；体系文件是否得到有效的实施和保持；安全管理体系运行的有效性如何；危害因素是否得到有效的控制；方针、目标、指标是否得以实现；安全绩效是否在不断提高；管理体系自我发现、自我完善、自我提高的机制是否形成；员工的意识是否提高；员工及其他相关方的满意率是否得到提高等。审核报告中主要包含以下内容：

（1）审核目的、范围。

（2）审核所依据的文件。

（3）审核组成员和受审部门。

（4）审核的日期和时间。

（5）审核过程的简介，包括审核期间遇到的障碍。

（6）不符合项目的数量、分布（将全部不符合项作为报告的附件）。

（7）审核综述，包括体系运行情况、审核组对体系运行的建议等。

（8）审核结论，包括管理体系对审核准则的符合情况；管理体系是否得到了正确的实施与保持。

经过现场审核收集客观证据并得出审核发现、编写审核报告之后，由审核组长主持召开末次会议，组织的管理者和受审部门的负责人员应该参加，末次会议的基本议程如下：

（1）介绍审核的基本过程。

（2）重申审核目的、审核范围和审核准则。

（3）宣读不符合报告。

（4）对组织的体系运行情况做出总体评价。审核组长应就整体安全管理体系的符合性、适宜性、有效性做出总体评价和结论。结论应全面总结安全管理工作的绩效和存在的问题。

（5）说明抽样的局限性。审核组长应说明审核是一种抽样活动，带有一定的风险性和局限性；发现不符合项的部门未必是唯一存在不符合的部门，其他存在不符合项的地方也可能未被查到，要求受审核方举一反三，改进安全管理体系。但审核组应力求使审核结果公正、客观和准确。

（6）对纠正措施提出要求。审核组长应提出对纠正措施的要求，包括纠正措施完成期限和跟踪验证的方式等。

（7）组织领导表态。组织的领导就审核结论和纠正措施要求做简短表态，对不符合的整改和今后体系运行提出要求。

（8）末次会议结束。

9.3.2.4 纠正措施及其跟踪

在审核中纠正措施具有特别重要的意义，审核的重点在于发现问题并加以纠正，使体系得到不断改进，因此内部审核在现场审核完成及审核报告发表后，审核组和管理者代表仍要花许多精力促进纠正措施计划的有效实施。审核组应组织对纠正措施的实施情况跟踪验证，其重要性在于：

（1）使受审部门对已形成的不符合项进行分析和总结，彻底解决过去出现的问题，防止安全管理体系运行受到影响。

（2）监控受审部门对现存的不符合项采取的措施，防止其滋生、蔓延或进一步扩大，造成更大的不良后果。

（3）最重要的是督促受审部门认真分析原因，防止再次发生，立足于改进安全管理体系，为未来体系的运行创造良好的条件。

纠正措施的跟踪是安全管理体系内部审核的重要阶段，其原则是：

（1）所有在审核中发现的不符合项，必须由受审部门切实采取纠正措施，由审核员进行跟踪验证，形成闭环。

（2）根据不符合的性质或程序，可采用不同的跟踪验证方式。

① 再次组织现场审核以检查纠正措施的效果，这适用于严重不符合项或只有到现场才能验证的一般不符合项的纠正措施跟踪。

② 由受审部门提交纠正措施的实施记录，审核员据此验证其是否已完成，这适用于一般不符合项的纠正措施跟踪。

③ 在下次内部审核时再予复查，这适用于短期内无法完成而又制订了纠正措施计划的一般不符合项的跟踪验证。

需要规定纠正措施完成期限，一般情况下如下：

（1）严重不符合项一般在三个月内完成，其中由相当数量同类性质的轻微不符合形成的严重不符合项完成时间可再短些。

（2）一般不符合项在一个月内完成。

（3）对性质非常轻的轻微不符合项可在现场审核期间由受审核方立即完成整改，审核员及时进行纠正措施跟踪验证，如确已完成，应在不符合项报告中注明。

9.3.3　诊断评估

安全环保专项诊断与评估是针对重点单位、重点领域和重大项目的安全环保风险专项开展的技术诊断或管理评估活动。

安全环保专项诊断与评估的目的是评估企业安全环保风险总体管控情况，总结提炼安全管理典型经验和有效做法，查找管理短板和漏洞，提出整改建议和措施，为解决上级公司当前的安全环保重点、难点问题提供决策支持和依据。

安全环保专项诊断与评估工作的依据是国家安全环保相关法律法规，相关制度标准及企业相关管理文件等。

安全环保专项诊断与评估工作流程主要包括确定诊断评估对象、工作策划准备、抽调人员及培训、召开首次会议、现场诊断评估、问题梳理分析、召开末次会议、编制总结报告等环节。根据不同项目的具体情况，工作流程可以进行适当调整或简化。

在进行前期策划准备时，应针对企业安全环保管理现状及风险等情况编制详细的工作方案，明确时间安排、工作重点、方式方法、抽样计划等内容，并提前与企业进行对接和确认。同时，应针对企业特点编写诊断评估标准或清单，作为现场实施的依据和参考。进驻企业后，诊断评估工作组应进行现场实施前的准备工作，查阅企业相关管理制度文件，了解企业安全管理的运行现状。

应根据企业规模和专业性质，抽调安全、环保、工艺、设备等不同专业的技术和管理专家组成诊断评估工作组。诊断评估工作组成员应是在相关专业领域有权威性的专家，具有高级工程师及以上技术职称。在进驻企业前，应组织对所有诊断评估工作组人员开展集中培训，统一工作思路、方法和要求。

按照计划安排，诊断评估工作组组长主持召开首次会议，企业主要领导及相关人员参加会议，由诊断评估工作组组长说明开展安全环保专项诊断与评估工作的主要目的、时间安排及相关要求等。

现场开展诊断评估时，可采取领导访谈、员工座谈、现场观察与沟通、文件资料查阅、安全文化感知度调查、安全环保履职能力测评等多种方式，获取企业安全环保管理情况和风险管控现状的相关证据和信息。诊断评估工作组应定期召开内部会议，总结评估发现，沟通存在问题。

现场工作结束后，诊断评估工作组应对诊断评估的发现进行汇总统计，总结好的做法，对问题进行分类分级分析，查找管理短板，确定建议措施，为组织召开末次会议做好准备。

按照计划安排，由诊断评估工作组组长主持召开末次总结会议，企业主要领导及相关人员参加会议，由诊断评估工作组通报和反馈诊断评估工作的总体情况，提出下步改进建议和要求。

根据现场诊断评估工作总体情况，诊断评估工作组负责编制总结报告，内容上应突出安全环保重大风险和管理短板的剖析，并至少包括以下方面：

（1）基本情况，包括工作目的、诊断评估范围、工作依据、工作方式、诊断评估准备等。

（2）诊断评估发现，包括企业安全环保管理好的做法、存在突出问题与重大风险分析等。

（3）诊断评估结论及建议，包括总体结论、技术和管理方面的改进建议、措施及要求等。

9.3.4　绩效考核

9.3.4.1　概述

安全绩效考核的目的及意义是着眼于企业和员工的安全发展，并非仅是简单的奖与罚，安全绩效管理的根本目的是提高企业和员工的安全绩效能力，从而实现企业卓越的安全绩效水平，达到企业可持续的安全发展前景。

（1）通过安全绩效管理实现企业安全目标。安全绩效管理是连接员工个人行为和企业安全目标之间最直接的桥梁。企业的安全目标是与每一位员工都有着息息相关的联系和关系的。

（2）通过安全绩效管理改善企业整体安全管理。通过安全绩效管理可以掌握企业整体安全管理状况，及时了解企业安全工作规划实施过程中存在的问题，并通过修正策略，跟踪行动计划和绩效结果，从而保证安全发展战略的实现。

（3）通过安全绩效管理提高员工安全培训水平。持续的建立安全绩效考核档案，可以了解员工长期的安全绩效表现，因而可以有针对性地开发安全培训计划，提高员工安全绩效能力。

（4）通过安全绩效考核实现共赢。安全绩效考核必须建立在"共赢"的基础上，也就是说企业与员工各取所需共同赢得这场胜利。其一，企业赢得安全与效益；其二，员工赢得自身的安全、职业发展和家庭的幸福。

（5）为下一期的安全绩效指标完成做准备。安全绩效管理的关键在于持续改进，包括对于安全绩效考核体系的改进。通过在安全绩效考核实施的过程中找出安全管理上存在的问题，并依此对安全管理过程持续改进、提高和完善，顺利完成以后的安全管理目标。

9.3.4.2　安全绩效考核的方法

（1）确定重点部门。

企业内部设有不同职能的管理部门，其中根据承担的安全职责不同，以及管理内容和区域不同，又有安全重点部门和非安全重点部门之分，如果一刀切地采取同一绩效考核标准难免有失公允，既不利于企业安全绩效考核工作的开展，又会影响到被考核部门的工作积极性，容易造成"费力不讨好"的结果，有违安全绩效考核的初衷。

确定安全重点部门，企业可根据本企业具体情况确定，没有统一标准可循。但要遵循一个原则，即生产第一、一线第一。就是把与生产一线有关的部门列为安全重点部门，这样基本可以把企业的安全重点部门都划列进来。比如，可以把生产车间、仓储部门、设备管理部门及安全管理部门等列入安全重点部门，列入与不列入安全重点部门，还要由企业根据企业性质、特点和安全管理重点来具体确定。另外，安全重点部门还可以再细化为重要的和次要的，除此以外的部门则列为一般部门。这样，就把一个企业的所有部门划分为三类，即重要安全重点部门、次要安全重点部门和一般部门。

（2）确定考核部门权重。

安全重点部门确定以后，就可以设定考核部门权重了。如：以 100 分为基准分，根据承担安全责任的大小依次递增，即一般部门满分为 100 分，次要安全重点部门满分为 105 分，重要安全重点部门满分为 110 分。在具体考核时，按照重要安全重点部门每 4 分折算为 1 分，非重要安全重点部门每 3 分折算为 1 分，一般部门每 2 分折算为 1 分，分别进行考核兑现。这样折算考核既体现了安全重点部门的重要性，又避免了"费力不讨好"的结果，平衡了安全重点部门和非安全重点部门因安全责任不同造成的考核不公平，强调了安全责任心的考核。

（3）考核内容的确定。

考核内容大致可以分为以下三部分：

① 根据安全生产目标管理责任书进行考核。企业每年都要层层签订安全生产目标管理责任书，未实现企业与部门签订的安全生产目标管理责任书上规定的安全目标的部门，实行"一票否决"，相应考核时段的安全绩效考核得 0 分。

② 按扣分标准进行考核。现在，施行安全生产标准化的企业越来越多，以依此作为检查考核标准既可行又科学，而且使检查考核覆盖了企业安全管理的各个方面，涵盖了基础安全管理和安全技术及现场安全管理，形成不留死角的检查考核体系。

③ 年终安全绩效考核。为了体现安全绩效考核的连续性，并与安全生产目标管理挂钩，在每年年底，可以汇总全年企业各部门的安全生产绩效考核情况进行兑现。安全绩效考核在企业安全管理中发挥的作用越来越大，科学合理的安全绩效考核体系对企业实现安全目标、提高员工安全工作绩效，有着深远影响和现实意义，企业安全管理也会步入一个更加科学、有效的良性发展阶段。

9.4　管理评审

9.4.1　概述

管理评审是最高管理层对安全管理体系的适应性、充分性及有效性进行的正式评审。根据评审结果和不断变化的客观环境持续改进组织的承诺，达到全面改善组织安全绩效的目的。管理评审的意义在于：

（1）评审安全方针和目标的实现情况，确保企业持续不断地满足相关方和社会的期望和要求。

（2）检查安全管理体系的薄弱环节，识别改进的需求。

（3）评估安全管理体系因外部条件变化而需要改进的需求。

（4）在安全管理体系发生重大变更后，评价体系的有效性和适应性。

9.4.2 评审要求

管理评审通常是在体系审核基础上进行的，它不是对体系审核结果的评审或复查，也不是每次体系审核后均要进行评审，但内、外部体系审核的结果都是管理评审的重要信息来源。总之，管理评审有其显著的特色，主要体现在如下的"三高一前"方面：

（1）高级别：由最高管理者组织，由高层管理者参加。

（2）高视角：从全局性、战略性角度对管理体系做出评审，而且还包括对承诺、方针、目标完成情况和适宜性的评审。

（3）高层次：高屋建瓴地对管理体系进行全局性、总论性的评价。

（4）前瞻性：高瞻远瞩，审时度势，超越自我的剖析和总结管理体系。

通常情况下，管理评审一年一次，在发生以下情况时，可随时进行：

（1）法律、法规及相关方的愿望与要求有重大变化时。

（2）采用新的技术、新工艺、新材料和新能源，对安全管理将造成较大影响时。

（3）商业策略、产品与活动发生重大变更时。

（4）组织机构、资源发生重大变化时。

（5）生产规模扩大时。

管理评审由最高管理者主持，通常以会议的形式进行，高层管理者参加会议并认真进行评审，与安全管理体系相关的部门、单位的负责人参加会议并汇报本部门体系运行情况。

9.4.3 评审内容

管理评审主要是评审安全管理体系的适应性和有效性，应特别强调但不限于以下方面：

（1）安全管理体系内、外部审核的结果，尤其应对内部审核中发现的重大问题、审核组做出的审核结论及体系的改进建议加以审查和确认。

（2）组织的方针、目标的完成情况及适宜性，以及改进的必要性。

（3）组织的体系文件的适宜性及可操作性。

（4）针对相关方的要求和意见，组织需要在体系的哪些方面进行改进和调整。

（5）对事故、事件、不符合和纠正措施的实施情况及效果。

（6）为建立、实施和保持安全管理体系的资源分配情况。

（7）对危害因素的控制情况。

（8）组织机构、人力资源情况。

（9）应急管理的全面性、完整性及应急能力等。

9.4.4 管理评审的准备

企业体系主管部门负责拟订管理评审计划，包括但不限于以下方面：

（1）确定本次管理评审的日期、地点。

（2）管理评审内容。

（3）确定评审的形式和组织。

（4）要求参加管理评审的部门和人员做好充分准备。

管理者代表和企业各职能部门分别向管理评审报告以下内容：

（1）以往管理评审所采取措施的状况。

（2）与安全管理体系相关的内部和外部议题的变化，包括相关方的需求和期望、法律法规要求和其他要求、风险和机遇。

（3）方针和目标的实现程度。

（4）安全绩效方面的信息，包括：事故事件、不符合、纠正措施和持续改进，安全监督检查和检测的结果，对法律法规和其他要求的合规性评价的结果，审核结果，工作人员的协商和参与。

（5）保持有效的安全管理体系所需资源的充分性。

（6）与相关方的有关沟通。

（7）持续改进的机会。

9.4.5 管理评审的实施

企业按照计划和以下议程举行管理评审会议。

（1）最高管理者主持管理评审会议。

（2）管理者代表汇报体系运行情况。

（3）部门专题汇报。

（4）高层管理者讨论评审。

（5）最高管理者总结，形成结论。

会后整理形成管理评审报告，由最高管理者批准、发放。评审报告包括以下内容：

（1）评审的日期、主持人，参加管理评审的人员。

（2）对每一个评审事宜进行简要描述。

（3）安全管理体系在实现其预期结果方面的持续适宜性、充分性和有效性。

（4）持续改进的机会。

（5）对安全管理体系变更的需求。

（6）所需资源。

（7）改进措施（若需要）。

（8）改进安全管理体系与其他业务过程融合的机会。

（9）对组织战略方向的任何影响。

9.4.6　跟踪验证

（1）对管理评审提出的问题应分析原因。

（2）责成责任部门制订纠正、预防措施并实施。

（3）对纠正、预防措施的实施跟踪验证，进行有效性分析。

管理评审的完成并不意味着体系运行的终结，而是下一个运行过程的开始。在管理评审中形成新的目标和指标，制订新的管理方案，并对确定的危害与影响因素实施控制和管理，实现新一轮的持续改进。

10 发展与展望

10.1 本质安全

本质安全的基本出发点是要从根本上消除或减少工艺系统存在的危害，换句话说，就是要把"老虎"变成"羊"，或者把"大老虎"变成"小老虎"。如果"老虎"变成了"羊"，就可以省略关"老虎"的笼子；对于工艺系统而言，就可以省略不必要的保护层，不仅节约了投资，还可以使生产操作和维护维修变得更加安全和容易。

10.1.1 引言

谈及"工艺安全"的时候，我们就会想到"工艺危害"。"工艺危害"是工艺系统内在的物理或化学特性，当它被激活时就可能导致事故，造成人员伤害、环境破坏或财产损失。

第二次世界大战以后，石化行业获得了长足的发展。工厂规模日趋扩大，工艺过程愈加复杂。在享受规模经济效益的同时，也面临了另一个问题，即一旦这些规模庞大的工艺装置中所存在的危害被激活，导致的事故后果可能异常严重，通常表现在以下三个方面：

（1）工厂员工或周围公众的严重伤亡（例如，1984 年 12 月发生在印度博帕尔的 MIC 泄漏事故导致了数千人死亡）；

（2）财产的巨大损失（例如，1998 年 7 月发生在英国北海的 PiperAlpha 海上平台事故，导致 167 人死亡和整个平台沉没）；

（3）对环境的严重破坏（例如，1976 年 7 月发生在意大利的 Seveso 事故，有毒物料意外泄漏造成约 $26km^2$ 土壤遭受长期破坏）。

化工或石化工艺过程中存在的危害通常源于以下两个方面：

（1）工艺系统中所涉及的化学品的危害。例如，硫化氢对人体有毒、硫酸对皮肤有腐蚀性、氢气易燃等。只要工艺系统涉及这些化学品，就同时也接纳了它们自身所具有的这些危害。

（2）工艺过程的特征所决定的危害。对于同样的工艺介质，不同的工艺过程或处理方式可能带来不同程度的危害。例如，在大气中的空气没有太大的危害，但将它压缩并储存在压力为 10MPa 的气瓶中，这种处理方法使空气获得了一定的能量，从而具备了超压造成气瓶破裂和人员伤亡的危害，类似地，平时看起来没有危害的空气，如果与设备内的易燃物质混合，就可能形成爆炸性混合物。对于同一种工艺介质，不同的处理方式可能形成不同形式和不同程度的危害。

石化工艺过程中总会涉及各种化学品，并且包括对它们进行储存和处理等活动，这些工艺过程中注定会存在某种危害，因此，除非消除这些化学品或者改变它们的储存和处理方式，否则系统所具有的危害就总会存在。

人们想尽了各种办法来控制危害，以确保化工和石化工艺系统的安全。较传统的做法，是在危险物料（或能量）与外部环境之间设计或安排保护措施（也称为"保护层"）来控制危害，如图 10.1 所示。这种做法犹如用笼子关老虎：为了防止"老虎"伤人，所以用"铁笼子"把它关起来，为了防止"老虎"抓破"铁笼子"跑出来伤人，就安排足够层数的"铁笼子"。这样一来，只要还有一层没有被抓破，就可以把"老虎"牢牢地关起来，避免人员伤害。这些"保护层"通常按照一定的次序发挥作用，来降低事故发生的频率、减轻事故发生的后果，或者两者兼顾。

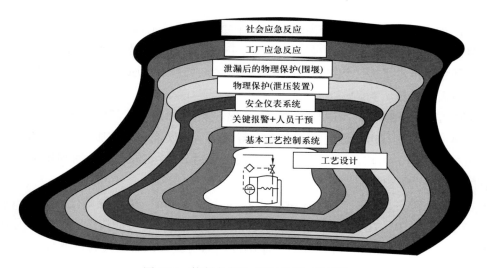

图 10.1　控制危害的"保护层"示意图

用"笼子"关"老虎"有时候也不完全可靠，例如"笼子"年久失修自己破了，或者"笼子"的层数不够多，最后都被"老虎"抓破了，这样"老虎"还是可以伤人。为了关住"老虎"，需要经常检查和维护这些"笼子"，确保它们处于可靠的状态。类似地，对于工艺系统而言，由于危险总是存在，假如有足够数量的"保护层"，并且它们都可靠，当然可以将事故风险降到某个可以接受的水平。但是，一旦所有的"保护层"同时失效（虽然可能性很低，但仍有可能发生），"危害"这只大老虎就会跑出来，并酿成严重的事故。为了确保这些"保护层"可靠地发挥作用，需要花费大量的时间和费用对它们进行维护，并且需要对操作和维修人员进行足够的培训，这在建设初期也会增加投资的成本。

采用保护层来控制危害是传统的事故预防方法，本章要讨论的本质安全策略是从另一个角度思考如何预防工艺安全事故。

本章先介绍一起炼油厂"导热油"收集储罐爆炸事故，然后详细介绍实现本质安全的一些基本策略。

10.1.2 典型事故案例

1993 年 6 月 3 日，M 炼油厂的一个"导热油"收集储罐（27-V16）发生爆炸，泄漏的油料持续燃烧，导致了 7 人死亡和 18 人烧伤。

在事故发生前，整个炼油厂维修停产了大约一个月。在工厂恢复投产过程中，尝试启动导热油系统时发生了本次事故。爆炸发生后，大部分的罐壳碎片都落在 100m 以外的地方，罐顶沿焊缝断开，落在离储罐基础 190m 以外的地方，人孔也成两半，落在 150m 远处。罐内的油料在爆炸后起火，造成多人烧伤，主要的受害者是在该储罐附近从事维修作业的工人。

（1）"导热油"系统简介。

炼油厂加工原油获取各种烃类组分的一个重要环节是精馏。精馏塔需要从外部热源获取热量才能完成精馏过程，经过加热达到一定温度的导热油是精馏塔可以采用的一种热源。在循环泵的推动下，导热油在封闭系统内流经加热炉，并通过一系列的换热器给精馏过程提供所需的热量。

图 10.2 是发生爆炸的"导热油"系统流程。泵 27P-31A 或 27P-31B 从储罐 27V-16 抽取"导热油"并将其送往燃烧炉 13F-2，"导热油"在燃烧炉中被加热到约 300℃，然后进入下游换热机组，将热传给工艺介质。完成换热后，"导热油"重新回到储罐 27V-16，这时它的温度约为 150℃。

事故储罐 27V-16 是一个立式罐，直径 3.2m，高 6m。在该储罐上有两个调节阀 27PCV-7A 和 27PCV-7B，它们的作用是使储罐的操作压力尽可能接近正常工作压力。阀门 27PCV-7A 打开后可以将可燃气体（原本设计的是氮气，后来改为可燃气体）导入储罐，以防止储罐的压力偏低；阀门 27PCV-7B 打开后，可以将储罐内的蒸气排放至工厂排放系统，以防止储罐的压力偏高。除了以上压力调节阀门之外，该储罐还有一个安全阀 27V-16，它的出口连接至工厂的排放系统。

（2）储罐爆炸原因。

事故调查小组设想了两种可能的事故原因：

① 事故储罐 27V-16 内的燃油与空气混合，形成爆炸性混合物，混合物被未知的着火源点燃后发生爆炸。

② 爆炸也很可能是水进入导热油系统所造成的。在启动导热油系统前，整个炼油厂刚刚完成大修并恢复生产，维修过程中产生的水残留在未投入运行的管道或支管中。在上述管道或支管相连的换热器投入运行时，水就进入了导热油系统；当"导热油"流经这些含水的管道或支管时，水就一起进入了储罐 27V-16。罐内的温度约为 150℃，水进入储

罐后快速蒸发，安全阀未能及时排放掉在瞬间产生的大量蒸汽，因此短时间内的储罐压力迅速升高，直至超压爆炸。

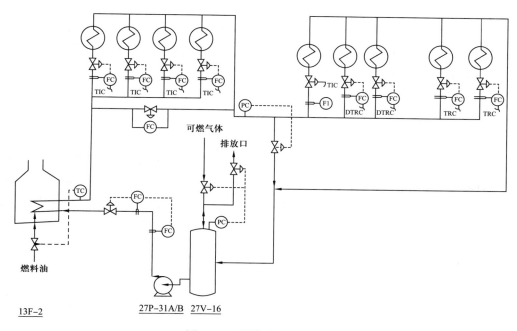

图 10.2 "导热油"系统流程

③ 工艺设计缺陷。

根据工厂的文件记录，导热油系统的最初设计是采用导热油，并且使用氮气来调节系统内的压力（氮气来自气瓶）。虽然很容易从当地市场上购买到沸点和燃点都较高的导热油，但工厂仍然使用来自工艺装置的燃料油代替了导热油。与导热油相比，该种燃料油在远低于系统操作温度的条件下很容易挥发，只要空气进入储罐，就很容易形成爆炸性混合物，导致爆炸事故。

在用燃料油代替导热油的同时，工厂决定用来自工艺系统的可燃气体代替原本为系统设计的氮气，原因是可以方便地从工艺系统获得可燃气体。氮气能有效地防止可燃气体与空气在储罐内形成爆炸性混合物，降低发生化学爆炸的可能性。将氮气换成可燃气后，失去上述优点。

当用燃料油代替导热油，以及用可燃气体代替氮气后，工艺系统增加了新的危害，相对而言，该系统"本质上"变得更加不安全了。此外，这些改变也使得储罐的安全阀不再满足新的工艺条件的要求，但是工厂并没有及时更换。

除了设计方面的缺陷以外，安全管理上的缺陷也是导致本次事故的重要原因。例如，擅自对工艺系统进行变更却没有履行必要的变更管理程序，操作人员缺乏必要的培训；对工艺系统的危害缺乏足够认识，操作程序中没有清楚说明系统开（停）车过程中的安全注意事项，部分仪表在事故发生之前存在故障但又没有及时修复等。

10.1.3　实现"本质安全"的策略及其应用

10.1.3.1　本质安全策略

1974 年发生在英国 Flixborough 的爆炸事故，使人们质疑在工艺系统之中滞留如此大量易燃物料的必要性，并反思是否有必要在那么高的温度和压力下进行操作。1977 年 12 月 14 日，英国帝国化学工业集团（ICI）石化部的资深安全顾问 Trevor Kletz 在英国化学工业协会 50 周年年会上发表了一篇题为《如果没有，就不会泄漏》的演说，第一次清晰地提出了一种新颖的事故预防概念，即"本质安全"，并提出引导词（表 10.1）。基本思路是通过改变工艺系统中所使用的材料和化学品，或工艺条件，来消除或减少危害。通过这种方式消除了的危害不再存在于工艺系统中，使"本身不存在危害或危害更小"成为工艺系统内在的一种特征，也就是说，工艺系统本身具有了所谓的"本质上更加安全"的特征。相应地，只需要更少的安全保护层就可以将"本质上更加安全"的工艺系统的风险降低到某个可以接受的水平。

表 10.1　Trevor Kletz 提出的"本质安全"引导词

序号	引导词	说明
1	减量	减少危险物料的数量
2	替代	使用更安全的物料或工艺
3	缓和	在更加安全的条件下操作工艺系统
4	简化 / 容错	简化工艺系统及其操作，以避免操作错误；系统能够容忍某些操作错误

针对石化行业的特征，如果从损失预防的角度，可以运用下列四项实现"本质安全"策略：

减量：也可以叫做"最小化"，尽可能减少危险化学品的使用量。

替代：用危害小的物质（或工艺）替代危害较大的物质（或工艺）。

缓和：使物质或工艺系统处于危险性更小的状态。

简化 / 容错：尽量剔除工艺系统中繁琐的、冗余的部分，使操作更加容易，减少操作人员犯错误的机会；即使出现操作错误，系统也具有较好的容错性来确保安全。

（1）减量。

本策略的要点是，减少工艺过程中（反应器、精馏塔、储罐和输送管道等）危险物料的滞留量和工厂范围内危险物料的储存量，以降低工艺系统的风险。具体做法诸如：

① 通过创新工艺技术和改变现有工艺，减少工艺系统中危险物料的滞留量。例如，用管式反应器代替釜式反应器，以连续操作取代间歇操作，都能减少工艺系统中滞留的物料数量。又如，对于某些进程较慢的反应，为了达到一定的产能，要求使用容积较大的反应器，通过加深对反应机理的研究和反应物理条件（传质、传热和搅拌等）的分析，使用

高效能的催化剂或者改善搅拌效果，找到加速反应的方法，从而在满足同样产能的情况下明显减少反应器的容积，减少危险反应物或危险产物在反应系统中的滞留量，还可能减少投资并提高产品的质量和产率。

② 减少设备数量和采用容积更小的设备。在设计工艺设备时，用最少数量和容积更小的设备满足工艺需要，不但有助于减少系统内危险物料的滞留量，也节约投资。

③ 安排合理的原料和中间产品的储存量。通常，设计者总是围绕"生产操作需要"来安排原料和中间产品的储存量，结果往往是原料和中间产品的储存量远远超过生产的实际需要，不但不经济，而且增加了潜在的危害（需要建造更多的储罐和配套设施，储存物料也占用更多的流动资金；一旦发生泄漏或火灾，后果更加严重）。因此，在考虑原料和中间产品的储存量时，要综合考虑整个供应链，在满足工艺基本要求的前提下，尽量减少危险原料和中间产品的储存量。

④ 提高工厂维护和维修水平，减少危险中间产品的储存量。加强预防性维修，特别是提高关键设备的可靠性，可以减少不必要的停车和生产故障，从而显著地减少危险中间产品的储存量。

⑤ 应用合理的工艺控制，在满足工艺操作要求的情况下，将危险物料储罐的液位控制在较低的范围内，也可以减少工艺系统中危险物料的滞留量。

⑥ 选择合适的储存地点。在决定工厂区域危险物料的储存量时，可以考虑几个基本的问题：原料用尽时的意外停车会带来什么风险，是否有必要将所有的原料都储存在工厂区，是否有其他更加安全的储存地点（如码头或第三方储存设施）。

⑦ 尽可能就地生产和消耗危险物料，以减少它们的运输。对于化工厂或石化厂而言，危险化学品的运输是危害较大的操作（包括管道输送、车辆输送和船舶运输），宜减少化学品的运输量和减少运输途中的中转。在考虑原料或中间产品的运输时，可以考虑能否就地生产危险的物料，是否能够采用管道输送。

（2）替代。

本策略的要点是，用危害小的物质替代危害较大的物质，或者用危害小的工艺替代危害较大的工艺。例如：

① 采用闪点更低的导热液；

② 用热水加热替代热油加热；

③ 用挥发性低和闪点较高的溶剂替代易挥发和闪点低的溶剂；

④ 改变现有的危害较大的化学品运输方式；

⑤ 用焊接管替代法兰连接的管道；

⑥ 用新材料替换工艺系统中与工艺介质不相容的施工材质；

⑦ 管道系统清洗时，用水溶性的清洗剂替代溶剂清洗剂。

"替代"策略的另一方面重要应用是，假如工艺过程中存在某种危害很大的原料或中间产品，可以通过调整工艺路线，避免使用该原料或生成危害大的中间产品。

（3）缓和。

本策略的要点是，通过改善物理条件（如操作温度、化学品浓度）或改变化学条件（如化学反应条件）使工艺过程的操作条件变得更加温和，万一危险物料或能量发生泄漏，可以将后果控制在较低的水平。以下是一些应用"缓和"策略的途径：

① 稀释。对于沸点低于常温的化学品，通常储存在常温带压的系统中。假如工艺条件许可，可以采用沸点较高的溶剂来稀释，从而降低储存压力。不幸发生泄漏时，储罐内、外压差相对较小，泄漏速度会较低；如果容器破裂，泄漏区的危险物料浓度相对较低，可减轻事故造成的后果。例如，在工艺过程中，如果工艺条件允许，通常宜选择氨水而非无水氨、盐酸而非氯化氢。

② 冷冻。这种方法通常用来储存氨和氯等危险物质。与稀释的效果类似，冷冻可以降低储存物的蒸气压，使储存系统与外部环境之间的压差降低，如果容器出现破口或裂缝，泄漏速度会明显降低。冷冻物料的储存温度通常低于其在大气压下的沸点，由于没有过热，在泄漏的瞬间不会出现闪蒸，蒸发量会相对减少；储存物较低的温度也有助于减少蒸发量。此外，还可以通过合理限制储存区域围堤内的面积来减少蒸发量。

③ 温和的工艺条件。采用更温和的工艺条件生产，可以减轻事故的后果。能够在常温常压下进行的工艺过程，尽量在常温常压下进行；倘若必须要在高温或高压条件下进行生产，在满足工艺要求的前提下，尽量设法降低操作温度和压力。例如，20 世纪 30 年代的合成氨操作压力约为 60MPa，50 年代经过改进后约为 30~35MPa，而到了 80 年代，降到 10~15MPa。工艺改进使操作压力降低后，不但提升了系统的安全性，还可以降低设备造价并提高效率。又如，完全的间歇操作需要将所有的原料一次性加入到反应釜中；对于存在放热反应的间歇操作，如果将它改变成半连续流程，在反应途中将一种或数种原料补加入反应器中，就可以避免短时间内在反应器内产生和聚集大量的能量。

④ 泄漏容纳。储罐区的围堤、泵区的地面围堰等都是典型的泄漏容纳系统，它们在发挥作用时，不需要有人去开启，也不依赖自控装置的触发。虽然它们不能够消除泄漏，但是可以明显地减轻泄漏后果。只是，工厂应该安排必要的维护，以确保它们的完整性，假如储罐区的围堤破裂或出现缺口却不及时修复，或者围堤内的雨水排放阀总是处于开启状态，一旦发生泄漏，围堤就丧失了其应有的容纳作用。

（4）简化 / 容错。

早在 1182 年，火车机车技术的先驱罗伯特·史蒂文森就开始意识到简化系统设计的重要性，他在一次讨论中提出：

"……一种替代方案应能减少设备的数量和对于管理控制的依赖，……它们现有的复杂程度使得'傻瓜'难以控制它，那么，就需要对它进行修改或改进。"

史蒂文森认识到它的机车操作起来过于复杂，他首先考虑的不是增加安全保护装置和加强对人员的培训，而是优先对系统进行简化，以消除因系统过于复杂导致的容易发生误操作的危害。

"简化/容错"策略的要点，是在设计中充分考虑人的因素，尽量剔除工艺系统中繁琐的、不必要的组成部分，使操作更简单、更不容易犯错误，而且，系统要有好的容错性，即使在操作人员犯错误的情况下，系统也能保障安全。例如：

① 整齐布置管道并标识清楚，便于操作人员辨别。

② 控制盘上按钮的排列和标识容易辨认。

简化设计也是防范人为错误的重要途径之一。例如两台相邻布置的离心过滤机的开、停车按钮，一起装在车间的同一面墙上。正常情况下，两台离心机同时工作，工人用桶将结晶器底部来的物料放入离心机，就绪并启动机器，离心操作数分钟后，停机，用瓢从离心机内将甩干的物料挖出，清洗滤布并重新安放，然后往离心机内加料，重复下一个操作周期。采用这种间歇的离心过滤机处理可燃物料具有一些固有的严重危害，在此不予讨论。仅仅就两台离心机开、停车按钮而言，虽然在布线和安装时容易，但却使操作变得复杂。工人按下按钮时，需要非常仔细地分辨，而且这些按钮没有标识，更增加了操作人员的困难。

设想有人正从离心分离机 A 中将物料舀出来，另一个人正准备开启离心机 B，却按错了按钮，开动了离心机 A，后果就可想而知了。人总是会犯错误的，上述情况完全可能出现。就本例而言，只需要将离心机 A 和 B 的按钮分别安装在靠近它们自己一侧的墙上，并且贴上明显的标识，操作起来就会简单得多，而且会更加安全。

10.1.3.2 "本质安全"策略的实际应用

"本质安全"的概念与策略可以应用于工厂生命周期的各个阶段：研究、工艺开发、工程设计、生产操作维护、工厂改造和关闭等。前期的研究阶段和工艺开发阶段有充分的自由度来改变工艺过程，它们是应用"本质安全"概念和策略提升工艺系统安全的良好时机。试设想，如果在确定工艺合成路线时，消除了某种有毒化学品，那么，在其后的工程设计和工厂操作中，就不必考虑其他措施来防止泄漏和避免人员暴露。在工厂建成之后，改变工艺系统的自由度相对较小，但仍然可以采用"减量""替代""缓和""简化/容错"等策略来提升工艺系统的安全性。

调查发现，一些工程师在工作中广泛应用"本质安全"的概念和策略，并从中受益。以下汇总了这些工程师应用"本质安全"策略提升工艺系统安全性的实际例子：

（1）消除或明显减少原料、中间产品和产品的储存量。

（2）减小反应器的容积。

（3）用危险性小的化学品替代危险性较大的化学品（包括溶剂），或用水稀释。

（4）用热水系统代替热油系统。

（5）降低操作温度（压力），同时也降低了放热反应失控的风险。

（6）将可燃粉末制成浆料，以降低运输途中的风险。

（7）简化复杂的工艺系统。

（8）修改模棱两可的操作指令，以避免误操作。

（9）将靠近危险生产装置的办公楼迁移到更远的地方。

（10）修建围堤，用于泄漏容纳。

（11）为 LPG 罐砌筑隔热层以避免发生沸腾液体膨胀蒸气爆炸（BLEVE）。

（12）将间歇反应改变为连续反应，明显减少中间产品的储存量。

（13）管道输送时，将输送介质从液相变为气相，以减少管道内危险物料的滞留量。

（14）以水溶液代替有机溶剂。

（15）将危险性大的物料与其他物料分开储存。

（16）按照真空要求设计系统，以防真空破坏。

（17）减少仪表管线上的阀门和接头。

调查还表明，在应用"本质安全"的概念和策略时，并不一定会增加成本；如果在项目的早期（如研发阶段）就应用这些概念和策略，可以明显地节约投资和投产后的运营费用。

10.1.3.3　不同方案的冲突和综合评估

理论上，希望可以找出消除或减少所有现在危害的"本质安全"方案，但事实上却难以如愿。不同的设计方案各有其优缺点，当消除了某种危害时，可能同时引入一种新的危害。例如，某种溶剂不燃但有毒，而可选择用来替代它的另一种溶剂虽然无毒，但却可燃，到底哪种溶剂更加适合很难有统一的答案。类似地，对同一工艺介质所涉及的不同工艺过程，其危害的大小也不尽相同。例如，某个工厂的工艺系统需要用到氯气，可以选择使用气瓶供气，也可以选择用槽车运到工厂。对于数千米以外的邻居而言，使用气瓶较为安全，他们不在意少量的氯气泄漏，因为即使气瓶发生泄漏，对他们的影响也很有限；而工厂的操作人员可能更倾向于使用槽车，那样可以节省连接和拆除管道的次数，减少发生泄漏（包括少量泄漏）的机会。邻居和操作人员都没有错，因为他们各自站在各自的立场上，关心的是不同的事故和后果。工程设计有时候是一种"折衷"的艺术，设计人员需要了解这些冲突，根据工艺的具体特征和工艺设计的目标，综合考虑各种危害来确定设计方案。

在应用"本质安全"的概念和策略时，回答下列问题有助于选择综合危害较小的方案：

（1）能否消除危害？

（2）如果不能，能否减少危害？

（3）如果采用替代的方案，是否会增加新的危害？

（4）需要采用什么样的工程控制和管理手段来控制那些无法消除的危害？

为了评估不同方案的优劣，工业界开发了一些评估工具，其中某些工具也广泛地应用于风险控制和损失预防，例如事故后果分析、道化学火灾和爆炸指数等。

10.1.3.4　案例分析（印度博帕尔 MIC 泄漏事故）

1984 年 12 月 3 日，发生在印度博帕尔的甲基异氰酸酯（MIC）泄漏事故是迄今为止最严重的化工事故。事故中有约 25t 的 MIC 发生泄漏，造成大量的人员和牲畜死亡。调查发现事故工厂在很大程度上依赖工程控制和程序运用来保障安全。假如合理地运用"本质安全"策略，或许该事故可以避免，至少可以有效地减轻事故的后果。

（1）运用"减量"策略。

事故工厂的 MIC 既不是原料也不是产品，而是一种中间产品。在工厂现场储存足够量的 MIC 固然可以增加操作的方便性，但并不是"必须"的要求。调查发现，在工厂生产中，MIC 储罐的实际液位也超出规定的高度。运用道化学指数法对本次事故进行模拟显示，如果泄漏的孔径从 50mm 减少到 30mm，危险暴露的距离就可以减少 28%。假如运用"减量"策略减少 MIC 的储量，即使发生泄漏，后果也会相对较轻。

（2）运用"替代"策略。

MIC 只是事故工厂的中间产品，因为其毒性，一些其他类似的工厂选择了不同的工艺路线来生产同类产品，避免了工艺系统中 MIC 的存在。如果在开发该工艺的初期运用"替代"策略，就能消除 MIC 带来的危害，或许可以避免本次事故。

（3）运用"缓和"策略。

工厂的设计要求 MIC 的储存温度为 0℃，而在实际操作中，工厂停运冷冻系统，使得 MIC 的实际储存温度接近室温（也更接近它的沸点 39.1℃）。如果按照"缓和"策略，使储罐保持较低的温度，在事故发生前，即使水进入储罐发生放热反应，其反应的剧烈程度应该会小得多，相应地，事故的后果也会更轻一些。

（4）运用"简化/容错"策略。

事故储罐有复杂的监测和控制系统，但缺乏必要的维护，它们的可靠性一直备受质疑。这样就出现两方面的问题：一方面，在必要时，这些检测与控制系统不能起到应有的作用；另一方面，操作人员对它缺乏信任，结果忽视了最初的超压报警。这也是该事故给予我们的另一个重要教训：应该尽量简化操作和监控系统，并确保它们处于良好的工作状态。

10.1.4 本质安全与工艺风险控制的关系

风险是对经济损失、人员伤亡或环境破坏的度量，它包括两方面的内容：一是事故发生的可能性，二是经济损失、人员伤亡或环境破坏的后果严重程度。因此，在化工或石化工艺系统的操作过程中，尝试减小风险的途径可以是设法降低事故发生的可能性、减轻事故可能导致的后果，或者两者兼顾。

工艺系统风险控制的途径可以分成四大类，按照可靠性的降序排列依次为：

（1）本质安全。使用没有危害或危害更小的化学品，或者通过改善工艺条件以消除或明显减少危害，使安全性成为工艺系统本身的一种属性。

（2）被动保护。依靠工艺或设备设计上的特征，降低事故发生的概率、减轻事故发生的后果，或者两者兼顾。这类"保护"在发挥作用时，不依赖任何人为的启动或控制元件的触发。例如，在设计反应器时，使它们本身能够承受工艺过程中可能存在的最高压力，即使反应器内压力出现波动，也总能保障安全，而且可以省掉复杂的压力联锁控制系统和超压泄放系统，如收集罐、洗涤器、火炬等。也可以将此策略归于广义的"本质安全"。

（3）主动保护。又称工程控制，即采用基本的工艺控制、联锁和紧急停车等手段，及时发现、纠正工艺系统的非正常工况。例如，当化学品储罐的压力升高到设定压力时，调节阀自动开启调压以防止储罐超压，就属于此类保护。

（4）程序运用。又称管理控制，即运用操作程序、维修程序、作业管理程序、应急反应程序或通过其他类似的管理途径来预防事故，或者减轻事故所造成的后果。例如，在工厂生产区域进行焊接作业时，为了控制着火源，需要严格执行动火作业许可证制度。人总是可能犯错误，而且可能出现判断上的失误，所以程序运用属于低层次的风险控制策略，但它仍然是风险控制的一个重要环节。程序运用的另一方面重要意义在于，它是被动保护装置和主动保护装置处于可靠、可工作状态的保障，例如，工厂依据维护检测程序确保各种关键联锁都能够正常工作。

图 10.3 反映了"本质安全"与风险控制的相互关系。"本质安全"是工艺风险控制的

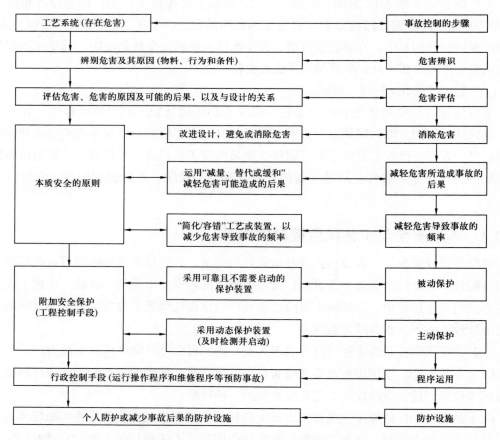

图 10.3　本质安全与风险控制的关系

基本途径和有机组成部分。在考虑风险控制时，宜优先考虑"本质安全"和"被动保护"两种途径，因为它们更加可靠，且不依赖于仪表控制、管理程序和人的努力等外部因素。

上述四类风险控制途径主要是预防事故，为了在事故发生时保护操作人员，有必要采取必要的个人防护。个人防护是保护操作人员免受伤害的最后环节。

10.1.5　小结

追求工艺系统的"本质安全"是一种超越传统的事故预防思想，可以运用"减量""替代""缓和""简化/容错"等策略尽可能消除或减少工艺系统本身的危害，从而省略或减少用于危害控制的"保护层"。

"本质安全"的概念可以应用于工厂生命周期的各个阶段，即使在已经投入运营的工厂也可以从中受益。"本质安全"策略的应用是工艺风险控制的一个重要方面，值得优先考虑。鉴于工艺过程（包括所使用的化学品）往往存在多种危害，在选择"更安全"的替代方案时，需要围绕工艺系统的总体安全目标，综合考量。

"本质安全"的策略不一定能够完全消除工艺系统的危害，但是对于同样的工艺系统，如果可以接受的风险标准不变，运用本质安全策略可以减少保护层，节约投资和运营费用。因此，运用本质安全策略在实现安全的同时，还可以节约成本，这也从一个侧面说明安全工作不仅需要投入，也可以帮助工厂节约成本。

10.2　工业互联网+安全技术

2020年10月，工业和信息化部与应急管理部联合印发了《"工业互联网+安全生产"行动计划（2021—2023年）》（工信部联信发〔2020〕157号），提出"通过工业互联网在安全生产中的融合应用，增强工业安全生产的感知、监测、预警、处置和评估能力，从而加速安全生产从静态分析向动态感知、事后应急向事前预防、单点防控向全局联防的转变，提升工业生产本质安全水平。""到2023年底，工业互联网与安全生产协同推进发展格局基本形成，工业企业本质安全水平明显增强。"

2021年4月7日，应急管理部印发了《"工业互联网+危化安全生产"试点建设方案》，旨在"工业互联网+危化安全生产"整体架构设计上，按照"多层布局、三级联动"的思路，推动各主体多级协同、纵向贯通，覆盖危险化学品生产、储存、使用、经营、运输等各环节，实现全要素、全价值横向一体化。

2021年11月30日，工业和信息化部正式印发《"十四五"信息化和工业化深度融合发展规划》（工信部规〔2021〕182号），对"推进安全生产领域数字化转型"做出了具体部署："协同开展'工业互联网+安全生产'行动，推动重点行业开展工业互联网改造，加快安全生产要素的网络化连接、平台化汇聚和智能化分析。建设国家工业互联网大数据中心安全生产行业分中心和数据支撑平台，分行业开发安全生产模型库、工具集，推进安全生产管理知识和经验的软件化沉淀。深化工业互联网融合应用，引导工业企业加快构建安全生产快速感知、全面监测、超前预警、联动处置、系统评估的新型能力体系。"

目前，各行各业在开展"工业互联网＋安全生产"的试点应用。对于石油石化行业，国家管网集团正推进"工业互联网＋油气管道安全生产"试点启动工作（工业和信息化部官网2021-08-09），探索新型现代信息技术在油气管道安全生产上的应用，构建基于安全生产关键数据与周边数据集的多种类、多功能服务性平台，以此有效提升油气输送管道安全生产水平和突发事件应急处置能力。除此之外，一些石化企业也在推进"工业互联网＋危险化学品安全生产"的建设和试点工作，以实现提质增效、提升本质安全水平、实现高质量安全发展的目标。

对于石化企业，工业互联网和安全生产的结合是化工安全管理发展的一个重要抓手。工业互联网对安全管理进行信息化、数字化赋能，依托互联网、大数据、物联网、云计算、人工智能、区块链等新技术建成一套数字化、信息化、智能化的安全管理系统，实现来源可查、去向可追、责任可究、规律可循的功能，使安全管理信息化、规范化、标准化、智能化、精细化。工业互联网在快速感知、实时监测、超前预警、联动处置、系统评估方面与化工企业安全生产结合，利用态势感知、大数据技术实现化工工艺流程关键管控环节及安全要素的智能管控、风险分析和主动预警，推动安全监督管理由"人防"向"技防"的有效转变，有力促进化工企业高质量发展。

10.3 智能化工厂

10.3.1 智能工厂

智能工厂是在科学管理实践的基础上，以自动化、信息化技术为基本框架，深度融合人工智能技术，围绕数据、信息和知识建立的更智能、更敏捷、更高效的新一代工厂及其生态系统。

当前随着全球新一轮科技革命和产业变革深入发展，新一代信息技术、人工智能、生物技术、新材料技术、新能源技术等不断突破，并与先进制造技术加速融合，为制造业高端化、智能化、绿色化发展提供了历史机遇。在我国发布《"十四五"智能制造发展规划》、美国"先进制造业领导力战略"、德国"国家工业战略2030"、日本"社会5.0"和欧盟"工业5.0"等以重振制造业为核心的大环境下，智能工厂以智能制造为背景，为了使得工业生产更加可控、更少人控、高效高质、绿色低耗而提出建设适应智能化、数字化的新工厂。智能工厂通过监控技术和物联网技术来加强生产信息管理服务，是未来生产制造领域一大发展趋势。

智能工厂具有自主、自动化特性，对于生产更趋向于个性化，同时分工明确且具有自我学习能力。其自主性体现在，对实时环境进行自主感知、判断、分析，进而做出规划的能力，在大规模生产中，智能工厂在信息物理系统（CPS）和物联网的支持下，将整个工业系统有机结合，实现生产按照既定的规划高度有序地进行。个性化体现在产品可以根据具体需求意愿进行生产制造，通过对原料进行分析、设计并给出相应的解决方案，借助于整体可视技术和仿真模拟技术来进一步演示制造过程，从而达到个性化的目的。自行排除故障并进行维护是智能化自我学习能力的具体体现，人机交互在智能工厂中依然必不可少，由少量的人工中心进行监控与控制，通过工厂与控制台的数据交换、反馈，最终达到批量高效生产的目的。智能工厂建设中所需的关键技术有柔性制造、人工智能、智能机器人技术、大数据、云计算等。

智能工厂建设的中心目的是为工厂的人员服务，使其更加安全、方便和高效地工作。智能工厂通过智能化的设备和系统为工艺操作人员和维护人员提供工作平台。智能工厂的核心是数据，而这些数据的利用依赖于网络。智能工厂由很多可靠和成熟的子系统构成，这些子系统的典型结构如图 10.4 所示。

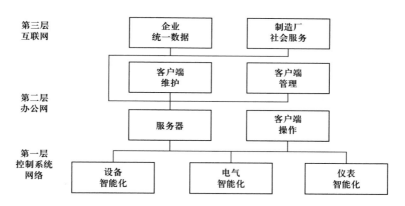

图 10.4　智能工厂子系统的典型结构示意

在我国，钢铁产业、汽车制造、电子信息、生物医药、航空航天等高端制造业领域，已有企业成功实施了黑灯工厂模式。其核心特征在于，从原材料加工到最终成品的整个生产流程，包括运输和检测环节，均能在无需人工直接参与的条件下自动完成。之所以将此类工厂称为"黑灯工厂"，并非意味着其内部环境完全无光，而是用以形象地表达其在生产活动中所展现的高度自动化水平和无需依赖人工照明的优势。

10.3.2　智能炼化

炼化产业作为传统的流程工业，面对新能源、新材料等多种因素的冲击，迫切需要通过技术革新大幅提高生产效率和降低生产成本，并为未来及时满足客户定制化的产品需求做好技术支撑。炼油行业除了对传统的单元技术继续进行工艺和催化剂方面的改进外，与信息化、数字化、智能化技术的融合发展也成为一种趋势。

2022 年 11 月 4 日，工业和信息化部为深入落实《国家标准化发展纲要》《"十四五"

数字经济发展规划》《"十四五"智能制造发展规划》《"十四五"原材料工业发展规划》，充分发挥标准引领性作用，指导石化企业进行智能化改造升级，提升石化行业智能化整体水平，以《国家智能制造标准体系建设指南（2021 版）》为基础，印发了《石化行业智能制造标准体系建设指南（2022 版）》。目标是到 2025 年建立较为完善的石化行业智能制造标准体系，累计制修订 30 项以上石化行业重点标准，基本覆盖基础共性、石化关键数据及模型技术、石化关键应用技术等方面。

石化行业具有原料复杂、工艺和生产过程复杂、涉及专业繁杂、随市场变化大等特点，因此，无论是国内智能炼厂的探索，还是国内外技术公司针对智能炼厂技术的研发集成，现阶段各自都带有鲜明特点，并没有固定模式。总体而言，针对炼化企业的智能化建设，均涵盖在工业和信息化部提出的"生产管控、供应链管理、设备管理、能源管理、安全环保、辅助决策"六个主要业务领域，只是各企业现阶段的侧重点有所不同而已。

国外先进石化企业重点围绕"生产优化、智能运营、能源管控"等方面开展了局部智能应用。以美国埃克森美孚公司为例，在供应链方面，该公司最早启动了全球油品移动（GOM）项目智能化建设，实现了炼厂、油库、加油站油品移动的动态监控和调度管理，提供需求预测保持一致性、调度及时性，优化产品库存，提高了供应链上下游一体化业务协同运营的能力。在生产链方面，首先提出分子管理理念，并于 2002 年启动分子炼油项目。通过开发的分子管理技术，对众多炼油装置的反应动力学模型进行优化，开发出实时优化模型，结合先进控制系统实现了炼油装置的实时优化，进一步提高了炼油生产效率。在能源管理方面，建立了全球能源管理系统（GEMS），总结了两百多个节能最佳实践和 12 类绩效衡量计算方法。

国内领先石化企业的智能工厂建设主要围绕供应链、生产管控、HSE 管理、能源管理、设备管理及决策支持等业务领域，提升各业务的感知、分析、优化及协同能力，通过新技术来推动企业提质增效转型升级。如中国石化九江石化、茂名石化，中国石油长庆石化、广东石化，中国海油惠州炼化等。其中，2023 年 2 月 12 日投产的广东石化，其智能工厂建设是中国石油第一个实现同步规划设计、同步建设、同步投入使用的项目。通过工业互联网、智能仪表、云计算、数据集成等先进技术，打造了 31 套直接参与生产运行的智能化系统，建设了智能化项目数据中心，建成了国内领先的 PaaS、IaaS 平台，实现了生产指挥、工艺操作、运行控制、储运计量一体化智能管控，确保对人、物、环境安全风险能够全网管控、实时受控。

目前来看，智能炼化建设已经在提高劳动生产率，降低单位产值能耗，实现集约化、一体化生产管控，提高风险预测预警能力和本质安全环保水平等方面已经见到了明显的效果。但也存在一些短板亟待解决：

（1）理论体系和标准体系还不完善。

（2）关键装备和核心部件被国外垄断。

（3）核心工业软件受制于人。

（4）智能制造复合型人才短缺。

（5）智能化应用和数据分析水平急需提高。

（6）缺乏与智能制造相匹配的体制机制。

（7）石化行业智能制造生态亟需扩大和深化。

10.3.3 智能炼化对安全风险防控的意义

智能化工厂具有融合企业所有信息并打通传递信息渠道的功能，利用其三维图像及立体建模、物联网、移动互联、大数据等先进信息技术，可以为炼化企业运行安全管理提供预测、监测、决策、防护与应急方面数据、信息与管理工具手段的支撑。智能炼化在安全方面的主要作用体现在：能够监测和预测安全生产过程中的事故诱因；监视和约束员工的不安全行为，提升员工安全意识；给决策层提供充分透明的关键信息；落实各层级人员的安全生产主体责任，规范安全管理活动等方面。下面以动设备和静设备安全为例，加以说明：

（1）动设备故障诊断与预警。

在炼化企业安全事故中，设备故障是导致事故发生的重要原因之一。某大型国企下属的炼化、销售企业运行的动设备就多达十万台左右，主要包括泵、压缩机、汽轮机，这些设备中的介质大多易燃易爆，一旦发生安全事故，将给企业的正常生产和企业效益带来不同程度的损失，同时可能使企业面临巨大的社会舆论压力。如 2017 年某石化公司 140×10^4 t/a 重油催化裂化装置因原料泵泄漏发生的火灾事故虽然没有造成人员伤亡和次生灾害，但是事故发生在关键时期、特殊敏感地区，引起了社会的高度关注和巨大反响，党中央、国务院领导分别做出重要批示，国家安全生产监督管理总局、国务院国有资产监督管理委员会等部门陆续带队去企业进行事故分析、召开事故处置督导专题会议，给企业造成严重负面影响。

智能化工厂通过对转动设备安装监测传感器，并配备具备数据处理、特征提取、危险报警和趋势预测等功能的软件平台，监测设备的振动值、温度、噪声、压力、流量等测量值，获取监测数据波形图，利用大数据统计与分析、信号处理、机器学习及深度学习等先进技术，提取危险变化信息及发展趋势，实现复杂多变工况下动设备早期故障的动态智能预警，避免依赖人工监测与诊断出现的误报漏报，防止故障进一步发展为安全事故，为检维修提供准确的决策支持。

目前，中国石油、中国石化、中国海油等石油化工企业均在大力推动动设备状态监测与故障诊断技术发展，并在智能炼化建设中加以应用，如中国石油于 2019 年成立了专门的炼化设备技术研究与服务中心，与国内的知名高校合作，从故障机理、数据库建设、分析诊断方法、智能化工具、大型监测与诊断平台等角度，全方位开展技术攻关，逐步地提升故障诊断水平，不断弥补与美国 GE Bently、美国 IRD、日本三菱重工等先进企业之间的差距，也为智能炼化设备管理提供了先进的技术工具。研发形成的炼厂往复式压缩机组在线监测与故障诊断系统的成功应用使事故率明显降低，事故前合理的停车保护使损失降到最低。

（2）静设备腐蚀智慧防腐。

炼化静设备失效的后果往往十分严重，导致的泄漏、中毒、着火、爆炸事故，轻则影响生产，需要停工处理，重则发生人身伤亡、造成环境污染等重大恶性后果。而腐蚀是炼化静设备失效的最主要原因，影响腐蚀的因素众多，且在一定条件下不同因素均可能成为关键因素，如设备运行的温度、压力、流速等工艺条件，生产介质中的酸、碱、盐、硫化物、氢等腐蚀成分，设备管线材质本身的抗腐蚀能力，建设与生产过程中导致的应力状态，应用的涂层、镀层、缓蚀剂、阻垢剂等防腐手段。因此，静设备腐蚀状态的精确预警与风险防控，对于炼化企业安全保障十分关键，需要集成包括设计、建设、运行、监检测、风险评估、事故事件等方面的多源数据，且需要应用大数据、数据融合、机器学习、模糊数学等多种智能手段，也是技术难度极大的一项工作。

当前，国内外在炼化静设备腐蚀与防护方面开展了大量的研究与应用，如腐蚀监检测技术、工艺防腐技术、耐腐蚀设备材料开发与选用、防腐蚀涂层镀层技术、腐蚀药剂开发、腐蚀风险评估与检维修管理、腐蚀预测等，但距离智慧防腐还有很大差距；材料腐蚀学科是严重依赖数据的学科，智慧防腐需要历经三个阶段才能实现，分别是数字防腐、智能防腐、智慧防腐。智能炼化所具备的环境自主实时感知、数据高速传递与集成融合、智慧判断分析与规划、内外部信息高效分享等功能和能力，将为静设备智慧防腐的实现提供有力支撑。

总的来看，智能炼化在安全风险防控方面的意义，除了可以为企业安全管理提供预测、监测、决策、防护与应急方面的智能技术与工具手段支撑，利用原始的数据和在生产运营过程中积累的大数据为智能炼化安全管理提供基础训练数据和各类优化算法，实现各种风险的科学合理预测，进而开展有效的维修维护和防控处置，以此来预防各种安全事故的发生也是其关键作用之一。

参考文献

［1］刘强.化工过程安全管理实施指南［M］.北京：中国石化出版社，2014.

［2］中国安全生产科学研究院.安全生产管理［M］.北京：应急管理出版社，2022.

［3］中国石油天然气集团有限公司质量安全环保部.综合专业安全监督指南［M］.北京：石油工业出版社，2019.

［4］韩宗，刘德志，史焕地.化工HSE［M］.北京：化学工业出版社，2021.

［5］陈全.GB/T 45001—2020《职业健康安全管理体系要求及使用指南》理解和应用［M］.北京：中国标准出版社.2020.9.

［6］尚勇，张勇.中华人民共和国安全生产法释义［M］.北京：中国法制出版社，2021.

［7］王云皓，黄强，张力.基于危险源理论的风险评价研究综述［J］.科技情报开发与经济，2011，21（22）：124-127.

［8］王春燕，邓曦东，危宁.风险评价方法综述［J］.科技创业月刊，2006，19（8）：43-44.

［9］巫志鹏.风险分析与风险评价方法综述［J］.安全.健康和环境，2015，15（12）：6.

［10］杨林娟，沈士明.工业风险分析与评价方法综述（二）［J］.压力容器，2005，22（8）：5.

［11］杨林娟，沈士明.工业风险分析与评价方法综述（一）［J］.压力容器，2005，22（7）：6.

［12］张来斌，王金江.油气生产智能安全运维：内涵及关键技术［J］.天然气工业，2023，43（2）：15-23.

［13］孙万付，郭秀云，翟良云，等.危险化学品安全技术全书（增补卷）［M］.3版.北京：化学工业出版社，2018.

［14］张来斌，谢仁军，殷启帅.深水油气开采风险评估及安全控制技术进展与发展建议［J］.石油钻探技术，2023，51（4）：55-65.

［15］张来斌，王金江.工业互联网赋能的油气储运设备智能运维技术［J］.油气储运，2022，41（6）：7.

［16］杨哲.工业互联网在危险化学品安全生产中的应用与展望［J］.安全.健康和环境，2021，21（8）：4.

［17］张国之，王云龙，穆波.工业互联网在化工企业安全生产中的研究现状和发展趋势［J］.应用化工，2022，51（5）：5.

［18］刘敬.工业互联网在危险化学品安全生产监管领域的应用探述［J］.清洗世界，2021，37（6）：2.

［19］谭伯祥.企业安全文化建设研究［J］.中国安全生产科学技术，2005，1（6）：2.

［20］王澄宇.浅谈企业安全文化建设［J］.东方企业文化，2014（2）：1.

［21］曹旭，王如君，魏利军，等."工业互联网＋油气管道安全生产"系统架构研究［J］.中国安全生产科学技术，2021（S1）：5-9.

［22］董绍华，袁士义，张来斌，等.长输油气管道安全与完整性管理技术发展战略研究［J］.石油科学通报，2022，7（3）：12.

［23］唐仕川，张美辨，方四新.用人单位职业卫生管理与危害防治技术［M］.2版.北京：科学出版社，2019.

［24］黄志刚.5G＋工业互联网在危险化学品企业安全生产管理中的应用［J］.新型工业化，2021，11（7）：2.

［25］鞠小冬.工业互联网在危险化学品安全生产监管领域的应用［J］.管理学家，2022（14）：83-85.

［26］刘涛，于富强，王永胜."工业互联网＋安全生产"在工程建设企业项目安全管理中的实践［J］.安全、健康和环境，2022（009）：022.

［27］雷兆武，张俊安.清洁生产及应用［M］.3版.北京：化学工业出版社，2020.